国家科学技术学术著作出版基金资助出版

# 可燃固废的热解气化与燃烧

张衍国　周　会　龙艳秋　李清海　著

科学出版社

北　京

## 内 容 简 介

针对当前城市固废、工业固废、生物质等可燃固废的热解、气化、燃烧的研究与工程应用过程中的普适性、代表性问题，本书提出了可燃固废基元的理论体系。全书共9章，在概述了可燃固废及其热化学转化过程的基础上，提出了基元的思想，并进行了基元的筛选和性质分析；进而构建了基元物质表征可燃固废的模型，并进行了实际可燃固废热转化特性的预测，建立了相应的数据库。最后，分析了基元物质的热解机理及其影响因素。

本书可作为能源、环保、化工相关研究人员及工程技术人员的参考资料，也可供相关专业的高等院校学生及研究生参考。

**图书在版编目（CIP）数据**

可燃固废的热解气化与燃烧 / 张衍国等著. —北京：科学出版社，2022.8

ISBN 978-7-03-072820-3

Ⅰ. ①复… Ⅱ. ①张… Ⅲ. ①可燃性-工业废物-固体废物-热解气化 Ⅳ. ①X705

中国版本图书馆CIP数据核字（2022）第142050号

责任编辑：范运年 高 徽 / 责任校对：王萌萌
责任印制：吴兆东 / 封面设计：赫 健

科学出版社 出版
北京东黄城根北街16号
邮政编码：100717
http://www.sciencep.com
北京中石油彩色印刷有限责任公司 印刷
科学出版社发行 各地新华书店经销
*
2022年8月第 一 版 开本：720 × 1000 1/16
2023年8月第二次印刷 印张：14 1/2
字数：284 000

**定价：138.00元**

（如有印装质量问题，我社负责调换）

# 前　言

燃料，是国民经济与人民生活的核心资源之一。无论是火力发电、工业用热，还是冬季取暖、家庭烹饪，都离不开燃料的使用。以煤炭、石油、天然气为代表的传统化石燃料正面临着资源枯竭、温室效应加剧等严峻问题，因此，农林废弃物、城市固体废弃物(简称固废)、可燃工业固废等可再生燃料正得到广泛的应用。与化石燃料相比，这一类燃料成分复杂，热化学转化过程更复杂，给技术研发和工程应用带来了较大的困难。

以城市固废为例，可燃组分包含厨余、木竹、纸张、织物、塑料、橡胶等，不可燃组分包括金属、玻璃、砖瓦、灰土等。每一种组分又包含若干亚组分，例如，塑料包括聚乙烯(PE)、聚丙烯(PP)、聚苯乙烯(PS)、聚对苯二甲酸乙二醇酯(PET)等，而每一种亚组分的性质可能相似，也可能截然不同。现行的一部分实验研究与工程应用只是以一两种亚组分代替所有组分，难免以偏概全，同时往往忽略了组分的相互作用，因此带来较大的误差。

笔者在多年可燃固废理论探讨、实验研究及工程应用的基础上，提出了可燃固废基元的思想，旨在通过一组特定的简单的标准物质来表征可燃固废。本书的核心是在大量热化学分析实验的基础上，筛选基元物质，构建基元物质表征可燃固废的模型，并成功通过基元物质的性质预测可燃固废的热化学转化特性。本书的最终目标是通过基元的理论和模型，提供一种简便、准确的预测可燃固废热化学转化特性的方法，这不仅可以统一科研基准，确保科研结果的通用性，还可以指导设计更高效、清洁的可燃固废热化学反应器，最终成为科研和产业应用的标准化方法。

本书以热化学分析实验为基础，在筛选基元物质的过程中应用统计学工具，在构建基元物质表征可燃固废时借鉴了数值分析的思想，在研究基元物质的热化学转化机理时涉及了化学反应的基本知识。整体而言，这些运用到的学科交叉的知识比较基础，笔者在撰写过程中也力求简明易懂，因此，不影响相关知识基础相对薄弱的读者阅读。

本书由张衍国、周会、龙艳秋和李清海共同完成，得到了清华大学能源与动力工程系各位同事的支持与帮助。蒙爱红参与了部分成果的分析、讨论与总结，杨潇潇、陈荣杰、于士杰完成了大量的文稿修改与校对的工作，在此一并致以深深的谢意！同时在本书撰写过程中，得到了北京衡燃科技有限公司和北京环清环境科技有限公司的陈宣、陈新、贾天新等的支持和关心，在此感谢关心、支持本书写作的所有同仁！

本书中的部分研究获得了国家重点基础研究发展计划(2011CB201502)、国家重点研发计划(2017YFB0603901、2020YFC1910101)、广东省重点领域研发计划(2020B1111380001)等的支持，在出版过程中得到了国家科学技术学术著作出版基金的资助，同时得到了科学出版社编辑范运年老师的大力支持，在此深表谢意！本书的部分内容获得2020年国际空气与废弃物管理协会Arthur C. Stern杰出论文奖，一并致谢！

作　者

2022年4月于清华园

# 目　录

前言
第 1 章　可燃固废概述……1
1.1　背景……1
1.1.1　可燃固废的定义……1
1.1.2　中国城市固废产量……1
1.1.3　城市固废的处理方式……1
1.2　物理组成……3
1.3　化学组成与燃料特性……9
1.4　主要大类的性质……10
1.4.1　厨余……18
1.4.2　木竹……18
1.4.3　纸张……18
1.4.4　织物……18
1.4.5　塑料……19
1.4.6　橡胶……19
1.5　当前可燃固废研究应用的困难……19
参考文献……20
第 2 章　热化学转化……26
2.1　热化学转化的基本概念……26
2.2　干燥……28
2.3　热解……28
2.4　气化……29
2.5　燃烧……31
2.6　水热转化……32
参考文献……34
第 3 章　现有理论的缺陷……36
3.1　现有理论的框架……36
3.1.1　当前研究的方法和描述框架……36
3.1.2　现行工程设计的方法……36
3.2　现有理论的不足……37

3.3 改进现有理论的思路……38
**第 4 章 基元思想**……39
4.1 基元方法概述……39
4.1.1 确定性……39
4.1.2 独立性……40
4.1.3 完备性……40
4.2 基元筛选……41
4.2.1 可燃固废成分分析……41
4.2.2 生物质类主要化学成分分析……44
4.2.3 可燃固废组分的分类……45
4.2.4 基元选取结果……52
4.3 基元的基本性质……54
4.3.1 化学结构……54
4.3.2 热失重特性……58
参考文献……59
**第 5 章 实际可燃固废的基元表征**……61
5.1 表征方法……61
5.1.1 思路……61
5.1.2 灰色关联度分析……61
5.1.3 计算方法……64
5.2 计算方法比较……66
5.2.1 全程(60～1000℃)直接拟合……67
5.2.2 全程(60～1000℃)归一化拟合……72
5.2.3 重要反应区间(100～800℃)归一化拟合……77
5.2.4 主要反应区间(200～600℃)归一化拟合……81
5.2.5 部分可燃固废单基元拟合……85
参考文献……90
**第 6 章 实际可燃固废热转化特性预测**……91
6.1 挥发分和热值……91
6.2 TGA 程序升温……93
6.2.1 $N_2$气氛下的热解过程……93
6.2.2 空气气氛下的燃烧过程……98
6.2.3 $CO_2$气氛下的气化过程……102
6.3 Macro-TGA 快速热解过程……106

**第 7 章 实际可燃固废混合反应的基元表征与数据库呈现**……121
7.1 基元混合反应模型……121
7.1.1 混合效应判定……121
7.1.2 双组分变比例混合……125
7.1.3 三组分混合特性……128
7.1.4 多组分混合特性……135
7.2 实际可燃固废混合反应模型……138
7.2.1 模型概述……138
7.2.2 模型验证……138
7.3 数据库呈现……146
7.3.1 数据库的功能……146
7.3.2 数据库的结构……147
7.3.3 数据库的应用……147
**第 8 章 基元物质的热解机理**……149
8.1 动力学特性……149
8.1.1 动力学分析方法……149
8.1.2 TGA 实验台上的动力学特性……152
8.1.3 Macro-TGA 实验台上慢速热解的动力学特性……156
8.1.4 Macro-TGA 实验台上快速热解的动力学特性……159
8.1.5 不同条件下动力学特性的对比……163
8.2 质量分布特性……164
8.3 气体生成特性……165
8.3.1 TGA-FTIR 实验台上的气体生成特性……165
8.3.2 固定床快速热解的气体生成特性……171
8.4 多环芳烃生成特性……171
8.5 基元物质热解及多环芳烃生成的机理……174
参考文献……178
**第 9 章 基元物质热化学转化特性的影响因素**……181
9.1 温度的影响……181
9.1.1 温度对木质素热解特性的影响……181
9.1.2 温度对 PVC 热解特性的影响……187
9.2 升温速率的影响……193
9.2.1 升温速率对木质素热解特性的影响……193
9.2.2 升温速率对 PVC 热解特性的影响……195
9.3 气氛的影响……197
9.3.1 气氛对木质素热化学转化特性的影响……197

9.3.2　气氛对 PVC 热化学转化特性的影响……203
9.4　无机物的影响……208
9.4.1　无机物对木质素热解的影响……208
9.4.2　无机物对 PVC 热解的影响……211
9.5　木质素与 PVC 热化学转化及多环芳烃生成机理……214
9.5.1　木质素的热化学转化及多环芳烃生成机理……214
9.5.2　PVC 的热化学转化及多环芳烃生成机理……216
参考文献……216

# 第1章　可燃固废概述

## 1.1　背　景

### 1.1.1　可燃固废的定义

本书中，可燃固废是指成分复杂的可燃烧的固体废弃物，包括城市居民日常生活中或为城市日常生活提供服务的活动中产生的固体废弃物(即城市生活垃圾)，以及农林生产、加工过程中产生的废弃物(即生物质)；还包括工业生产过程中产生的可燃烧固体废弃物(即工业垃圾等)[1]。

### 1.1.2　中国城市固废产量

随着国民经济快速增长、城市化进程加快和人们生活水平的提高，城市固废的产量持续增加。图1.1汇总了我国城市固废历年清运量[2-10]。据《中国统计年鉴》[10]报告，2018年我国的城市固废产量已达2.3亿t。

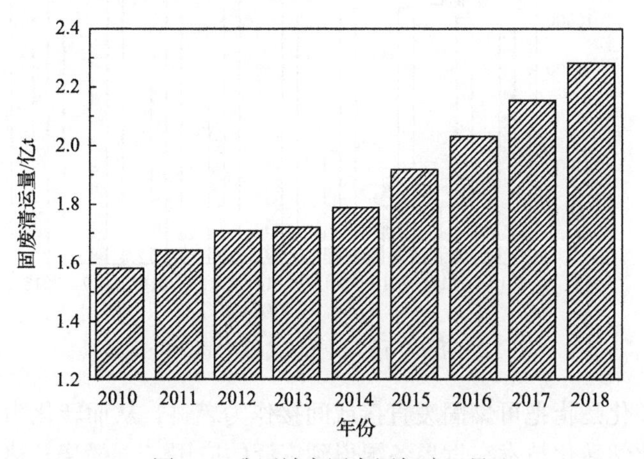


图1.1　我国城市固废历年清运量

近年来持续产生的大量城市固废导致了一系列的环境问题，如侵占土地、污染空气、污染水源等。因此，如何安全可靠地处理城市固废对于城市持续发展是一项紧迫而重要的课题[11,12]。

### 1.1.3　城市固废的处理方式

当前，城市固废的无害化处理方式主要有3种：填埋、堆肥和热化学转化。

填埋是最古老的固废处理方法，至今仍在世界范围内许多国家和地区应用。填埋法的主要优点是成本较低，适用的固废种类广泛，同时，填埋也是其他处理方式的最终手段，如燃烧底渣和飞灰的填埋处理[13]。填埋的主要缺点是占用大量的土地资源，这个问题在我国东部沿海人口密度大的地区尤其严重，许多城市面临着无地可填的困境。同时，填埋产生的气体是危险的二次污染源，其中甲烷作为强温室气体，直接排放将加剧温室效应，大量的甲烷也可能达到爆炸极限度。此外，填埋产生的渗滤液属于毒性较强的污染物，会污染土壤和地下水。

堆肥是有机物的好氧发酵过程，如庭院垃圾和厨余垃圾在一定温度、湿度条件下进行需氧生物降解，得到的降解产物相对稳定，可以添加到土壤中改善土壤结构，或者作为肥料提高营养成分，同时可以帮助保持土壤水分。然而，堆肥过程会产生二氧化碳和甲烷等温室气体，同时，由于城市固废分类不当，肥料中可能含有重金属等污染物[13]。更重要的是使用该方式处理固废，其降解速度过慢，很难满足当前日益增长的固废处理需求。因此，近几年以堆肥方式处理城市固废呈逐年下降的趋势，从 2011 年起，城市固废堆肥处理量已经不在中国统计年鉴之内，如图 1.2 所示。

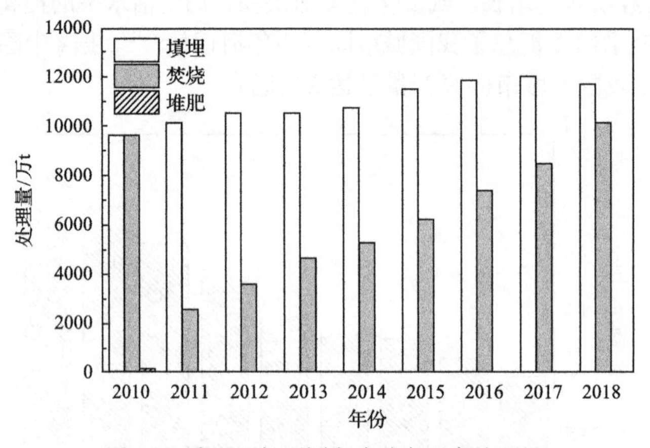


图 1.2　我国历年不同方式城市固废处理量

热化学转化是指把可燃固废直接或间接作为燃料，从而转化为能源的过程。近年来，热化学转化技术在世界各国得到广泛的应用[14]。燃烧、热解和气化是典型的热化学转化技术，它们在较高的温度下，以较快的速率对可燃固废进行处理。热化学转化可以对不同种类的可燃固废进行有效的处理，尤其是针对未经分类的生活垃圾，其主要优点：①实现减量化：可燃固废质量减少 70%～80%，体积减小 80%～90%，可以节省填埋土地[15]；②破坏有机污染物，如卤代烃[16,17]；③聚集并固定无机污染物，保证安全有效的后续处理；④从底渣中可以回收金属；⑤减少有机物厌氧分解的温室气体的排放；⑥可以将可燃固废转化为能源的不同形式，如电能、热能等[18]。

其中燃烧被认为是替代填埋的固废处理技术[19]。自 20 世纪 70 年代以来，随着烟气处理技术和燃烧设备制造技术的发展，可燃固废燃烧技术正逐步被越来越多的国家所采用[20]。我国自 20 世纪 80 年代开始引进国外先进的燃烧工艺和设备以处理可燃固废，并逐渐实现可燃固废燃烧技术和设备的自主研发[21]。如图 1.2 所示，燃烧法处理量从 2010 年的 2317 万 t 增加至 2018 年的 10185 万 t，燃烧厂也由 2010 年的 104 座增加至 2018 年的 331 座[2,10]。

近年来，可燃固废的热解、气化和水热转化也吸引了广泛的关注[22]。热解、气化和水热转化代表了新的可燃固废能源化利用的方法，可以将可燃固废转化为可供二次利用的气体、液体和固体，从而提高经济效益[23]。

## 1.2 物理组成

可燃固废是复杂的混合物，其特性与各构成组分的性质有着密切的关系。可燃固废的物理组成与气候、生活方式、经济情况有关[20,24-27]。在经济发达、生活水平较高的城市，可燃固废中塑料、纸张、纤维等含量较高；在以燃煤为主的城市，可燃固废中煤渣、沙石所占的份额较多[24]。近年来，我国城市固废总量增加的同时，成分也发生了变化，出现了无机物含量持续下降、有机物含量不断上升、可燃物增多、可利用价值增加的趋势[28-30]。

生活垃圾采样和分析方法[31]规定，城市固废组分分为有机物和无机物两大类，如表 1.1 所示，有机物包括厨余、木竹、纸张、织物、塑料、橡胶等组分；无机物包括金属、玻璃、砖瓦、灰土等组分。

表 1.2 汇总了近年来文献报道的中国典型城市固废的物理化学特性，可以看

**表 1.1　城市固体废弃物分类**

| 分类 | 组分 | 具体来源 |
| --- | --- | --- |
| 有机物 | 厨余 | 米面、动物尸体、肉类、蔬菜、果皮 |
| | 木竹 | 废木材、方便筷子、插花、杂草、落叶、树枝 |
| | 纸张 | 包装纸、纸板、办公用纸、生活用纸、报纸、杂志 |
| | 织物 | 破旧衣物、布鞋 |
| | 塑料 | 薄膜、瓶、管、袋、玩具 |
| | 橡胶 | 胶鞋、皮带、包 |
| 无机物 | 金属 | 铁片、铁丝、罐头、零件、玩具、家具、锅 |
| | 玻璃 | 碎片、瓶、管、镜子、仪器、球 |
| | 砖瓦 | 石块、瓦、水泥块、缸、陶瓷件、石灰片 |
| | 灰土 | 炉渣、泥土 |
| | 其他 | 电池、石膏 |

**表 1.2　中国典型城市固废物理化学特性**

| 城市 | 年份 | 物理组成/wt% | | | | | | | 工业分析/wt% | | | | 元素分析/wt% | | | | | | 湿基低位热值/(kJ/kg) | 干基高位热值/(kJ/kg) | 参考文献 |
|---|---|---|---|---|---|---|---|---|---|---|---|---|---|---|---|---|---|---|---|---|---|
| | | 厨余 | 木竹 | 纸张 | 织物 | 塑料 | 橡胶 | 无机物 | $M_w$ | $A_d$ | $V_d$ | $FC_d$ | $C_{daf}$ | $H_{daf}$ | $O_{daf}$ | $N_{daf}$ | $S_{daf}$ | $Cl_{daf}$ | | | |
| 北京 | 1990 | 24.9 | 4.1 | 4.6 | 1.8 | 5.1 | | 59.5 | | | | | | | | | | | | | [32] |
| | 1995 | 36.0 | 8.4 | 16.2 | 3.6 | 10.4 | | 25.6 | | | | | | | | | | | | | [32] |
| | 1995 | 25.2 | 7.2 | 3.3 | 1.9 | 4.9 | | 57.6 | | | | | | | | | | | | | [33] |
| | 1996 | 56.0 | 8.6 | 11.8 | 2.8 | 12.6 | | 8.3 | | | | | | | | | | | | | [34] |
| | 1998 | 35.4 | 2.9 | 19.2 | 5.3 | 15.8 | | 19.4 | 39.3 | 34.7 | 57.1 | 8.3 | 58.5 | 8.3 | 31.8 | 1.2 | 0.2 | | 8242 | 16343 | [35] |
| | 1998 | 36.7 | 9.1 | 17.9 | 4.1 | 11.4 | | 20.8 | | | | | | | | | | | | | [36] |
| | 2000 | 44.2 | 7.5 | 14.3 | 9.6 | 13.6 | | 10.9 | | | | | | | | | | | | | [37] |
| | 2000 | 44.4 | 7.5 | 14.4 | 2.0 | 13.7 | | 18.1 | | | | | | | | | | | | | [38] |
| | 2003 | 48.0 | 8.0 | 18.3 | 1.8 | 10.3 | | 13.6 | | | | | | | | | | | | | [37] |
| | 2003 | 56.3 | 4.0 | 6.7 | 1.9 | 10.3 | | 20.9 | | | | | | | | | | | | | [38] |
| | 2004 | 59.5 | 5.7 | 14.6 | 5.6 | 11.3 | | 3.4 | | | | | | | | | | | | | [36] |
| | 2004 | 54.6 | 3.0 | 7.6 | 1.8 | 11.3 | | 21.7 | | | | | | | | | | | | | [38] |
| | 2005 | 63.8 | 1.3 | 9.8 | 1.7 | 11.8 | | 11.8 | | | | | | | | | | | | | [30] |
| | 2005 | 54.6 | 3.0 | 7.6 | 1.8 | 11.3 | | 21.7 | 56.2 | | | | | | | | | | 3710 | | [39] |
| | 2006 | 63.4 | 1.8 | 11.1 | 2.5 | 12.7 | | 8.5 | 61.0 | | | | 58.3 | 7.8 | 32.1 | 1.6 | 0.3 | | 4560 | | [40] |
| | 2006 | 64.8 | 1.6 | 14.9 | 1.9 | 14.1 | | 2.7 | | | | | | | | | | | | | [36] |
| | 2008 | 66.2 | 3.3 | 10.9 | 1.2 | 13.1 | | 5.3 | | | | | | | | | | | | | [41] |
| | 2008 | 50.7 | 1.6 | 15.7 | 3.3 | 19.6 | | 9.1 | | | | | | | | | | | 3895 | | [42] |
| | 2009 | 63.2 | 3.2 | 12.6 | 1.2 | 15.3 | | 4.5 | | | | | | | | | | | 5322 | | [42] |
| | 2010 | 64.9 | 1.5 | 12.9 | 3.1 | 15.1 | | 2.5 | | | | | | | | | | | | | [36] |

续表

| 城市 | 年份 | 物理组成/wt% | | | | | | | 工业分析/wt% | | | | 元素分析/wt% | | | | | | 湿基低位热值/(kJ/kg) | 干基高位热值/(kJ/kg) | 参考文献 |
|---|---|---|---|---|---|---|---|---|---|---|---|---|---|---|---|---|---|---|---|---|---|
| | | 厨余 | 木竹 | 纸张 | 织物 | 塑料 | 橡胶 | 无机物 | $M_w$ | $A_d$ | $V_d$ | $FC_d$ | $C_{daf}$ | $H_{daf}$ | $O_{daf}$ | $N_{daf}$ | $S_{daf}$ | $Cl_{daf}$ | | | |
| 长春 | 2000 | 75.7 | | 6.1 | 1.3 | 2.2 | | 11.3 | 51.0 | | | | 54.7 | 8.6 | 33.9 | 1.6 | 1.2 | | | | [1] |
| 常州 | 1997 | 44.4 | 1.8 | 3.6 | 3.2 | 8.0 | | 39.1 | 43.0 | 65.0 | 30.0 | 5.0 | 55.8 | 8.1 | 34.0 | 1.7 | 0.4 | | 3007 | 7733 | [43] |
| 成都 | 1996 | 71.5 | | 3.3 | 1.3 | 6.9 | | 17.0 | | | | | | | | | | | | | [34] |
| 重庆 | 1998 | | | | | | | | | | | | 54.3 | 7.6 | 36.1 | 1.8 | 0.3 | | 3155 | | [35] |
| | 2002 | 59.2 | 4.2 | 10.1 | 6.1 | 15.7 | 0.3 | 4.5 | | | | | | | | | | | | | [44] |
| 大连 | 1993 | 85.8 | 1.3 | 4.3 | 1.1 | 4.9 | | 2.5 | | | | | | | | | | | | | [34] |
| | 2007 | 59.9 | 2.1 | 14.4 | 4.7 | 16.2 | 1.4 | 1.4 | 61.7 | | | | | | | | | | 4491 | | [45] |
| 东莞 | 2002 | | | | | | | | | | | | 60.4 | 8.2 | 29.4 | 1.6 | 0.3 | | 8847 | | [35] |
| 阜阳 | 2000 | 38.6 | 2.6 | 7.1 | 6.0 | 17.9 | 0.3 | 28.8 | | | | | 61.1 | 8.7 | 28.5 | 1.5 | 0.3 | | 6901 | | [35] |
| 福州 | 1999 | 36.1 | 1.4 | 6.3 | 2.4 | 12.3 | 0.1 | 40.2 | | | | | | | | | | | | | [46] |
| | 2000 | 60.2 | | 13.7 | 4.2 | 10.7 | | 9.1 | 53.1 | 28.0 | 62.4 | 9.6 | 56.9 | 8.0 | 33.4 | 1.5 | 0.2 | | 6055 | 16912 | [35] |
| | 2000 | 41.7 | 1.5 | 5.1 | 2.7 | 8.9 | 0.6 | 37.4 | | | | | | | | | | | | | [47] |
| 广州 | 1994 | 76.1 | | 2.8 | 4.0 | 9.6 | | 7.7 | | | | | | | | | | | | | [33] |
| | 1996 | 60.2 | 1.1 | 5.4 | 3.4 | 9.0 | | 21.0 | 53.5 | 46.8 | 46.0 | 7.2 | 56.5 | 8.0 | 33.5 | 1.7 | 0.3 | | 4326 | 13023 | [43] |
| | 2008 | 48.5 | 7.1 | 9.0 | 7.7 | 12.6 | | 15.2 | | | | | 51.9 | 5.3 | 39.8 | 1.8 | 0.1 | 1.1 | | | [48] |
| | 2008 | 52.0 | | 9.0 | 13.0 | 21.3 | | 4.7 | | | | | | | | | | | | | [41] |
| | 2011 | 37.8 | 2.3 | 8.1 | 20.4 | 25.6 | | 5.9 | | | | | | | | | | | | | [49] |
| 桂林 | 2008 | 61.3 | | 5.0 | 1.8 | 28.2 | | 3.8 | | | | | | | | | | | | | [41] |

续表

| 城市 | 年份 | 物理组成/wt% | | | | | | | 工业分析/wt% | | | | 元素分析/wt% | | | | | | 湿基低位热值/(kJ/kg) | 干基高位热值/(kJ/kg) | 参考文献 |
|---|---|---|---|---|---|---|---|---|---|---|---|---|---|---|---|---|---|---|---|---|---|
| | | 厨余 | 木竹 | 纸张 | 织物 | 塑料 | 橡胶 | 无机物 | $M_w$ | $A_d$ | $V_d$ | $FC_d$ | $C_{daf}$ | $H_{daf}$ | $O_{daf}$ | $N_{daf}$ | $S_{daf}$ | $Cl_{daf}$ | | | |
| 海口 | 1996 | 42.3 | 3.5 | 6.8 | 1.6 | 13.3 | | 32.4 | | | | | | | | | | | | | [34] |
| 杭州 | 1997 | 58.2 | 1.2 | 3.7 | 2.2 | 6.6 | 1.0 | 27.1 | 51.6 | 54.7 | 39.0 | 6.3 | 55.9 | 8.0 | 33.9 | 1.8 | 0.4 | | 3569 | 10744 | [43] |
| | 2001 | 34.0 | 2.9 | 4.6 | 4.3 | 18.6 | | 35.6 | | | | | | | | | | | 6018 | | [50] |
| 哈尔滨 | 1994 | 48.5 | | 4.3 | 1.6 | 3.7 | | 41.9 | | | | | | | | | | | | | [34] |
| 香港 | 1997 | 25.5 | 5.0 | 25.7 | 4.2 | 17.1 | | 22.5 | 33.6 | 35.3 | 56.4 | 8.3 | 58.3 | 8.3 | 32.3 | 1.0 | 0.3 | | | | [43] |
| 龙港 | 1998 | 44.7 | 1.9 | 7.7 | 1.7 | 23.9 | | 20.2 | 47.2 | 40.5 | 51.3 | 8.3 | 64.3 | 9.2 | 25.1 | 1.2 | 0.3 | | 6730 | 16101 | [43] |
| 洛阳 | 2000 | 26.9 | 0.8 | 3.4 | 0.6 | 2.9 | 0.0 | 65.1 | | | | | | | | | | | | | [51] |
| 澳门 | 1992 | | | | | | | | 39.2 | 20.6 | 70.5 | 8.9 | 56.1 | 7.6 | 34.4 | 1.5 | 0.3 | | 9436 | 18399 | [52] |
| 南京 | 2001 | | | | | | | | 43.7 | 37.5 | 57.6 | 4.9 | 55.3 | 7.0 | 35.1 | 1.4 | 0.3 | 1.0 | 4197 | 10290 | [53] |
| | 2008 | 70.6 | 1.0 | 8.3 | 3.1 | 14.2 | | 2.8 | | | | | | | | | | | | | [41] |
| 宁波 | 1996 | 53.7 | 1.1 | 5.4 | 3.0 | 7.9 | | 29.0 | 49.1 | 54.9 | 39.0 | 6.1 | 55.6 | 8.0 | 34.4 | 1.7 | 0.4 | | 3942 | 10871 | [43] |
| | 1998 | 55.7 | 3.8 | 7.9 | 4.4 | 12.3 | | 16.0 | 51.5 | 36.9 | 54.3 | 8.9 | 58.0 | 8.0 | 32.1 | 1.5 | 0.3 | | 5833 | 15706 | [35] |
| | 1999 | 55.9 | 1.0 | 5.1 | 4.5 | 13.8 | | 19.3 | 51.9 | 42.9 | 49.5 | 7.6 | 59.5 | 8.4 | 30.1 | 1.7 | 0.3 | | 5437 | 14978 | [35] |
| 盘锦 | 1999 | 64.5 | 1.3 | 4.1 | 1.5 | 5.8 | | 22.8 | | | | | 54.2 | 7.7 | 36.0 | 1.8 | 0.4 | | 3222 | | [35] |
| 浦东 | 1993 | 77.3 | 1.4 | 7.1 | 2.4 | 5.8 | | 6.0 | | | | | | | | | | | | | [33] |
| | 1996 | | | | | | | | 51.6 | 35.1 | 56.4 | 8.6 | 58.7 | 8.3 | 31.4 | 1.4 | 0.3 | | 6343 | 16863 | [43] |
| 青岛 | 1997 | 42.2 | | 4.0 | 3.2 | 11.2 | | 39.4 | 42.4 | 63.0 | 32.2 | 4.8 | 58.4 | 8.6 | 31.1 | 1.6 | 0.3 | | 4204 | 9773 | [43] |
| 秦皇岛 | 2003 | 43.4 | 0.9 | 6.8 | 3.8 | 4.3 | 0.1 | 40.7 | | | | | | | | | | | | | [1] |

续表

| 城市 | 年份 | 物理组成/wt% | | | | | | | 工业分析/wt% | | | | 元素分析/wt% | | | | | | 湿基低位热值/(kJ/kg) | 干基高位热值/(kJ/kg) | 参考文献 |
|---|---|---|---|---|---|---|---|---|---|---|---|---|---|---|---|---|---|---|---|---|---|
| | | 厨余 | 木竹 | 纸张 | 织物 | 塑料 | 橡胶 | 无机物 | $M_w$ | $A_d$ | $V_d$ | $FC_d$ | $C_{daf}$ | $H_{daf}$ | $O_{daf}$ | $N_{daf}$ | $S_{daf}$ | $Cl_{daf}$ | | | |
| 上海 | 1990 | 82.7 | 1.6 | 4.0 | 1.2 | 4.0 | | 6.6 | | | | | | | | | | | | | [54] |
| | 1991 | 82.1 | 1.4 | 4.2 | 1.1 | 4.2 | | 6.9 | | | | | | | | | | | | | [54] |
| | 1992 | 79.1 | 1.3 | 6.2 | 1.7 | 5.8 | | 5.9 | | | | | | | | | | | | | [54] |
| | 1993 | 72.9 | 1.9 | 8.4 | 2.0 | 7.6 | | 7.3 | | | | | | | | | | | | | [54] |
| | 1994 | 73.3 | 1.4 | 7.5 | 2.1 | 9.2 | | 6.5 | | | | | | | | | | | | | [54] |
| | 1995 | 71.7 | 1.5 | 6.5 | 2.2 | 11.2 | | 7.0 | | | | | | | | | | | | | [54] |
| | 1996 | 70.3 | 2.0 | 6.7 | 2.3 | 11.8 | | 7.0 | | | | | | | | | | | | | [54] |
| | 1997 | 70.1 | 1.4 | 8.1 | 2.2 | 11.8 | | 6.4 | | | | | | | | | | | | | [54] |
| | 1998 | 67.3 | 1.3 | 8.8 | 1.9 | 13.5 | | 7.3 | 58.9 | 27.3 | 62.5 | 10.3 | 59.2 | 8.2 | 30.9 | 1.5 | 0.3 | | 5763 | 18786 | [35] |
| | 1998 | 65.6 | 1.1 | 6.0 | 1.3 | 12.9 | | 11.0 | | | | | | | | | | | | | [46] |
| | 2000 | 67.5 | 1.4 | 8.0 | 2.8 | 13.9 | | 6.3 | | | | | | | | | | | | | [54] |
| | 2001 | 70.0 | 1.3 | 8.2 | 2.4 | 12.1 | | 6.1 | | | | | | | | | | | | | [55] |
| | 2002 | 68.2 | 1.3 | 10.1 | 2.9 | 13.3 | | 5.3 | | | | | | | | | | | | | [56] |
| | 2003 | 65.9 | 1.2 | 9.2 | 2.7 | 13.3 | | 6.0 | | | | | | | | | | | | | [57] |
| | 2005 | | | | | | | | | | | | 55.8 | 7.5 | 34.6 | 1.9 | 0.3 | | 6650 | | [58] |
| 绍兴 | 1999 | 50.0 | 1.5 | 4.1 | 2.8 | 5.1 | 0.0 | 33.9 | | | | | 54.0 | 7.7 | 36.2 | 1.8 | 0.4 | | 3093 | | [35] |
| 沈阳 | 2000 | | | | | | | | | | | | 57.9 | 8.1 | 32.2 | 1.6 | 0.3 | | 8241 | | [35] |
| 深圳 | 1994 | 40.0 | | 17.0 | 5.0 | 13.0 | 2.0 | 23.0 | 40.9 | 40.2 | 52.8 | 7.0 | 59.0 | 8.4 | 31.0 | 1.3 | 0.3 | | 7403 | 15304 | [43] |
| | 1999 | 50.6 | 7.2 | 14.2 | 6.7 | 13.3 | | 8.0 | 49.9 | 21.2 | 68.3 | 10.5 | 57.3 | 7.9 | 33.2 | 1.4 | 0.3 | | 7754 | 19246 | [35] |
| | 2008 | 51.1 | 5.9 | 8.4 | 6.9 | 14.7 | | 13.0 | | | | | | | | | | | | | [41] |

续表

| 城市 | 年份 | 物理组成/wt% | | | | | | | 工业分析/wt% | | | | 元素分析/wt% | | | | | | 湿基低位热值/(kJ/kg) | 干基高位热值/(kJ/kg) | 参考文献 |
|---|---|---|---|---|---|---|---|---|---|---|---|---|---|---|---|---|---|---|---|---|---|
| | | 厨余 | 木竹 | 纸张 | 织物 | 塑料 | 橡胶 | 无机物 | $M_w$ | $A_d$ | $V_d$ | $FC_d$ | $C_{daf}$ | $H_{daf}$ | $O_{daf}$ | $N_{daf}$ | $S_{daf}$ | $Cl_{daf}$ | | | |
| 太原 | 2001 | | | | | | | | 41.8 | | | | 59.9 | 4.7 | 32.4 | 1.7 | 0.4 | 0.9 | 5743 | 12127 | [59] |
| | 2003 | | | | | | | | 40.5 | | | | 57.0 | 5.8 | 34.0 | 1.7 | 0.7 | 0.9 | 6279 | 13078 | [22] |
| 天津 | 1996 | 53.9 | 1.1 | 5.9 | 0.8 | 4.1 | | 34.2 | | | | | | | | | | | | | [34] |
| | 2010 | 77.2 | 1.6 | 8.4 | 1.2 | 7.8 | | 3.7 | | | | | | | | | | | | | [60] |
| 武汉 | 1996 | 52.0 | 1.7 | 7.1 | 1.4 | 9.3 | 0.6 | 27.9 | 47.7 | 53.2 | 40.3 | 6.5 | 57.5 | 8.1 | 32.5 | 1.5 | 0.3 | | 4469 | 11582 | [43] |
| | 1998 | 60.7 | 1.5 | 12.2 | 1.2 | 9.1 | | 15.5 | 53.5 | 38.1 | 53.2 | 8.7 | 56.3 | 7.9 | 34.2 | 1.4 | 0.3 | | 5186 | 15019 | [35] |
| | 1999 | 57.4 | 0.9 | 5.1 | 1.2 | 9.5 | | 25.9 | 51.4 | 53.2 | 39.8 | 7.0 | 57.2 | 8.2 | 32.8 | 1.6 | 0.3 | | 4005 | 11638 | [35] |
| | 2006 | 57.6 | 6.2 | 8.3 | 1.8 | 9.6 | | 16.5 | | | | | | | | | | | | | [61] |
| 芜湖 | 1997 | 67.6 | | 4.0 | 0.6 | 1.7 | 3.6 | 22.5 | 56.0 | 52.8 | 40.7 | 6.5 | 55.1 | 7.8 | 34.6 | 2.1 | 0.6 | | 2863 | 10400 | [43] |
| 厦门 | 1994 | 55.4 | 1.4 | 5.8 | 1.4 | 6.2 | | 25.5 | | | | | | | | | | | | | [34] |
| 西安 | 1997 | 15.7 | 3.9 | 3.4 | 2.5 | 7.9 | | 66.6 | 25.0 | 76.8 | 20.0 | 3.2 | 55.3 | 8.4 | 34.5 | 1.3 | 0.5 | | 3363 | 5714 | [43] |
| 燕山 | 2000 | 51.8 | 5.8 | 5.4 | 3.0 | 10.4 | | 23.7 | 49.6 | | | | 50.9 | 8.5 | 35.7 | 1.2 | 1.2 | 2.5 | 5211 | 13583 | [62] |
| 样本数 | | 79 | 69 | 79 | 79 | 79 | 12 | 79 | 29 | 22 | 22 | 22 | 35 | 35 | 35 | 35 | 35 | 5 | 37 | 24 | |
| 平均值 | | 55.1 | 2.9 | 8.5 | 3.1 | 11.1 | 0.8 | 18.2 | 48.1 | 43.6 | 49.1 | 7.4 | 57.0 | 7.8 | 33.1 | 1.6 | 0.4 | 1.3 | 5337 | 13509 | |
| 最小值 | | 15.7 | 0.8 | 2.8 | 0.6 | 1.7 | 0.0 | 1.4 | 25.0 | 20.6 | 20.0 | 3.2 | 50.9 | 4.7 | 25.1 | 1.0 | 0.1 | 0.9 | 2863 | 5714 | |
| 最大值 | | 85.8 | 9.1 | 25.7 | 20.4 | 28.2 | 3.6 | 66.6 | 61.7 | 76.8 | 70.5 | 10.5 | 64.3 | 9.2 | 39.8 | 2.1 | 1.2 | 2.5 | 9436 | 19246 | |

注：wt%表示质量分数；M 表示水分；A 表示灰分；V 表示挥发分；FC 表示固定碳；w 表示湿基；d 表示干燥基；daf 表示干燥无灰基。

出，不同地区城市固废的组成可能迥然不同。图 1.3 展示了中国城市固废的平均物理组分，可燃和不可燃组分含量的平均值分别为 81.8%和 18.2%。在可燃组分中，厨余、塑料、纸张、织物、木竹、橡胶含量从高到低分别为 55.4%、11.1%、8.5%、3.1%、2.9%、0.8%。各物理组分的波动如图 1.4 所示，其中厨余和不可燃组分的含量变化范围较广。由于厨余的水分含量较高，中国城市固废的水分含量很高。由于城市固废中橡胶的含量较低，一些统计将橡胶和塑料合并在一起。

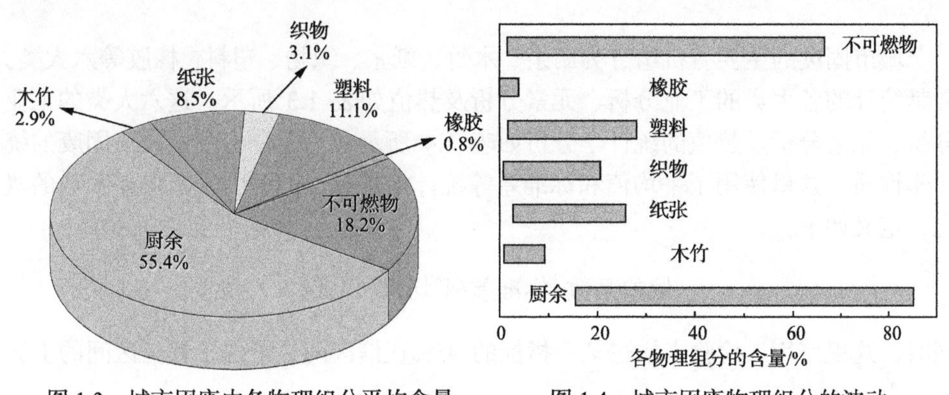


图 1.3　城市固废中各物理组分平均含量　　图 1.4　城市固废物理组分的波动

## 1.3　化学组成与燃料特性

近年来我国典型城市固废的工业分析、元素分析的汇总结果如表 1.2 所示。水分的平均值为 48.1wt%，但波动很大，最大值为 61.7wt%，而最小值为 25.0wt%。一般而言，中国的城市固废水分值比欧洲和美国高，其原因主要是气候与人们饮食习惯的不同。由于水分较高，中国城市固废在热化学转化即热解、气化和燃烧前会有一个显著的干燥过程。

表 1.2 中城市固废的灰分平均值为 43.6wt%，且灰分波动很大，从 20.6wt%到 76.8wt%，这可能与当地的经济状况和供暖系统有关。灰分值表明，中国的城市固废需要进行更好的分类，以便用作燃料。

碳、氢、氧是城市固废中的主要有机元素，氮、硫、氯是次要元素。如表 1.2 所示，城市固废中平均碳含量为 57.0wt%(干燥无灰基)，氢含量为 7.8wt%。只有少数的文献报道了城市固废中的氯含量，与煤和生物质相比，城市固废中的氯含量较高。可燃固废中的氯主要有两种形态：无机氯和有机氯，无机氯主要来源于厨余中的食盐，有机氯主要来源于塑料和橡胶。

如表 1.2 所示，中国城市固废的平均低位热值为 5.337MJ/kg，且波动范围较大。热值最高的为 1992 年的澳门城市固废，热值为 9.436MJ/kg，热值最低的为 1997 年西安城市固废，仅为 2.863MJ/kg，这表明一些城市的固废需要掺烧辅助燃料。文献表明，韩国城市固废的低位热值为 7～12MJ/kg，欧盟的城市固废的平均低位热值为 10.3MJ/kg，美国城市固废的平均低位热值为 12～13MJ/kg。近年来我国城市固废的热值逐年提高，与发达国家和地区的差距逐渐缩小。

## 1.4 主要大类的性质

城市固废的主要有机组分为厨余、木竹、纸张、织物、塑料、橡胶等六大类。文献统计的各大类的工业分析、元素分析及热值如表 1.3 所示。这六大类的工业分析、元素分析及热值的统计学分析如表 1.4 所示。为了分析中国城市固废的统计学性质，这里使用了平均值和标准差等统计学指标，同时引入了偏差系数的概念，定义如下：

$$偏差系数=标准差/平均值\times 100\%$$

同时，这里使用 $t$ 检验来描述某一指标的 95%置信区间，给出了置信区间的上界和下界。

**表 1.3　中国城市固废典型物理组分的工业分析、元素分析及热值**

| 大类 | 工业分析/wt% | | | | 元素分析/wt% | | | | | | 干基高位热值/(kJ/kg) | 参考文献 |
|---|---|---|---|---|---|---|---|---|---|---|---|---|
| | $M_w$ | $A_d$ | $V_d$ | $FC_d$ | $C_{daf}$ | $H_{daf}$ | $O_{daf}$ | $N_{daf}$ | $S_{daf}$ | $Cl_{daf}$ | | |
| | 89.1 | 13.6 | 69.7 | 16.8 | 32.8 | 4.8 | 59.9 | 2.4 | 0.1 | | | [63] |
| | 86.6 | 16.8 | 63.2 | 20.0 | 41.4 | 3.5 | 49.2 | 5.6 | 0.3 | | | [64] |
| | 78.1 | 2.7 | 87.3 | 10.0 | 52.4 | 6.9 | 32.4 | 7.8 | 0.5 | | 17347 | [37] |
| | 72.0 | 16.0 | 72.4 | 11.6 | | | | | | | | [65] |
| | 71.6 | 27.5 | 62.8 | 9.6 | | | | | | | | [66] |
| | 70.0 | | | | 50.5 | 6.7 | 39.6 | 2.7 | 0.4 | | 13917 | [67] |
| | 69.4 | 31.4 | 59.1 | 9.5 | | | | | | | | [66] |
| 厨余 | 67.7 | | | | | | | | | | 12582 | [68] |
| | 63.1 | 37.1 | 50.3 | 12.6 | | | | | | | | [69] |
| | 60.0 | | | | 51.4 | 7.3 | 36.8 | 3.2 | 0.2 | 1.1 | | [70] |
| | 56.1 | 37.7 | 55.0 | 7.3 | 56.5 | 6.7 | 31.1 | 4.1 | 0.4 | 1.3 | 9643 | [71] |
| | 54.5 | | | | 50.7 | 6.8 | 40.4 | 1.7 | 0.4 | | | [72] |
| | | 36.9 | 56.0 | 7.2 | 60.0 | 9.1 | 26.5 | 4.0 | 0.4 | | 17927 | [73] |
| | | 9.7 | 78.0 | 12.3 | 52.2 | 7.3 | 34.4 | 5.0 | 1.0 | 0.1 | 19796 | [74] |
| | | 16.9 | 68.0 | 15.1 | 50.1 | 5.1 | 37.1 | 6.6 | 1.1 | | 16447 | [75] |

续表

| 大类 | 工业分析/wt% | | | | 元素分析/wt% | | | | | | 干基高位热值/(kJ/kg) | 参考文献 |
|---|---|---|---|---|---|---|---|---|---|---|---|---|
| | $M_w$ | $A_d$ | $V_d$ | $FC_d$ | $C_{daf}$ | $H_{daf}$ | $O_{daf}$ | $N_{daf}$ | $S_{daf}$ | $Cl_{daf}$ | | |
| 厨余 | | 17.4 | 68.0 | 14.6 | 50.1 | 5.4 | 36.9 | 6.7 | 0.9 | | | [76] |
| | | 12.3 | 72.7 | 15.0 | 49.9 | 4.9 | 41.6 | 3.0 | 0.6 | | | [77] |
| | | 2.8 | 80.6 | 16.6 | 49.1 | 7.3 | 39.0 | 4.4 | 0.2 | | 20107 | [78] |
| | | 16.0 | 72.4 | 11.7 | 48.5 | 14.2 | 35.8 | 1.3 | 0.2 | | | [79] |
| | | | | | 47.6 | 6.4 | 45.3 | 0.8 | | | | [80] |
| | | | | | 46.3 | 5.5 | 42.3 | 3.0 | 0.4 | 2.5 | | [58] |
| | | 15.4 | 70.9 | 13.7 | 43.3 | 6.4 | 47.5 | 2.4 | 0.5 | | | [81] |
| | | 9.3 | 83.3 | 7.5 | | | | | | | | [82] |
| | | 37.8 | 53.5 | 8.8 | 41.3 | 3.1 | 49.6 | 5.4 | 0.7 | | | [23] |
| | | | | | 35.6 | 5.2 | 55.8 | 2.6 | 0.5 | 0.3 | | [83] |
| | | 27.8 | 63.5 | 8.8 | 34.8 | 18.5 | 41.7 | 4.5 | 0.6 | | | [23] |
| | | 4.7 | 70.4 | 24.9 | | | | | | | | [84] |
| | | 33.2 | 51.2 | 15.5 | | | | | | | | [85] |
| | | 42.0 | 45.5 | 12.5 | | | | | | | 10707 | [86] |
| | | 17.5 | 82.5 | 0.0 | | | | | | | | [87] |
| 木竹 | 60.0 | | | | 50.1 | 6.3 | 39.8 | 3.6 | 0.3 | | 21148 | [88] |
| | 57.2 | 5.1 | 73.2 | 21.7 | | | | | | | | [66] |
| | 54.2 | 7.2 | 74.1 | 18.7 | | | | | | | | [66] |
| | 53.5 | | | | | | | | | | 16251 | [89] |
| | 45.0 | | | | 51.8 | 6.5 | 39.0 | 2.0 | 0.3 | 0.3 | | [70] |
| | 29.9 | | | | 57.2 | 6.9 | 33.6 | 2.0 | 0.3 | | | [72] |
| | 23.9 | | | | | | | | | | 17890 | [68] |
| | 20.0 | | | | 50.3 | 6.1 | 43.4 | 0.2 | 0.1 | | | [88] |
| | | 4.7 | 77.8 | 17.5 | | | | | | | | [65] |
| | | 9.8 | 78.3 | 12.0 | 55.1 | 7.3 | 36.6 | 0.9 | 0.2 | | 21621 | [73] |
| | | 1.4 | 80.6 | 18.0 | 45.9 | 5.7 | 47.5 | 1.0 | 0.0 | | 20395 | [90] |
| | | 13.0 | 71.2 | 15.9 | | | | | | | | [85] |
| | | | | | 46.7 | 6.1 | 46.3 | 0.9 | | | | [80] |
| | | | | | 50.8 | 6.3 | 42.1 | 0.7 | 0.1 | | | [91] |
| | | | | | 54.3 | 6.3 | 36.2 | 3.2 | | | | [80] |
| 纸张 | 50.2 | 9.5 | 76.6 | 14.0 | | | | | | | | [66] |
| | 48.3 | | | | | | | | | | 15717 | [68] |
| | 48.1 | 9.2 | 75.9 | 14.8 | | | | | | | | [66] |
| | 34.7 | 21.8 | 64.2 | 14.1 | | | | | | | | [69] |
| | 25.9 | | | | 47.6 | 6.5 | 45.4 | 0.2 | 0.2 | | | [72] |

续表

| 大类 | 工业分析/wt% | | | | 元素分析/wt% | | | | | | 干基高位热值/(kJ/kg) | 参考文献 |
|---|---|---|---|---|---|---|---|---|---|---|---|---|
| | $M_w$ | $A_d$ | $V_d$ | $FC_d$ | $C_{daf}$ | $H_{daf}$ | $O_{daf}$ | $N_{daf}$ | $S_{daf}$ | $Cl_{daf}$ | | |
| 纸张 | 11.2 | 1.2 | 83.4 | 15.4 | | | | | | | | [92] |
| | 10.3 | 2.3 | 83.0 | 14.7 | 41.2 | 6.1 | 52.4 | 0.1 | 0.2 | | | [93] |
| | 10.2 | | | | 46.2 | 6.2 | 47.1 | 0.3 | 0.2 | | 17611 | [67] |
| | 8.4 | 10.2 | 76.6 | 13.2 | 47.0 | 5.1 | 47.7 | 0.2 | 0.1 | | 15979 | [78] |
| | 7.3 | 2.6 | 73.6 | 23.8 | 49.0 | 6.3 | 42.4 | 1.7 | 0.4 | 0.2 | 16833 | [71] |
| | 6.7 | 9.5 | 81.7 | 8.8 | 47.4 | 5.9 | 46.5 | 0.2 | 0.0 | | | [77] |
| | 6.6 | 20.2 | 72.3 | 7.5 | 46.1 | 7.1 | 46.2 | 0.3 | 0.4 | | 15872 | [73] |
| | 6.5 | 9.5 | 78.2 | 12.3 | 46.7 | 6.3 | 46.9 | 0.1 | 0.1 | | 15341 | [75] |
| | 6.1 | 9.6 | 77.5 | 12.9 | 47.4 | 6.5 | 46.0 | 0.1 | 0.1 | | | [76] |
| | 6.0 | | | | 46.3 | 6.4 | 46.8 | 0.3 | 0.2 | | 19277 | [88] |
| | 5.4 | 26.1 | 67.0 | 7.0 | | | | | | | | [94] |
| | 4.9 | 10.1 | 80.5 | 9.5 | 40.5 | 6.3 | 52.6 | 0.3 | 0.3 | | | [64] |
| | 4.1 | 23.4 | 69.2 | 7.3 | 49.6 | 6.2 | 43.4 | 0.6 | 0.2 | | | [79] |
| | 3.8 | 21.2 | 69.0 | 9.8 | 44.3 | 5.6 | 49.8 | 0.3 | | | 13445 | [95] |
| | 2.6 | 6.3 | 85.5 | 8.3 | | | | | | | | [84] |
| | 2.5 | 9.1 | 80.8 | 10.0 | 44.0 | 1.3 | 54.5 | 0.0 | 0.0 | 0.1 | 14811 | [96] |
| | 2.1 | | | | 43.1 | 6.1 | 49.8 | 0.2 | 0.1 | 0.7 | | [58] |
| | 2.1 | 35.4 | 61.5 | 3.2 | | | | | | | | [85] |
| | 1.4 | | | | 38.3 | 6.1 | 54.5 | 0.3 | 0.9 | | 13830 | [97] |
| | | | | | 47.8 | 6.3 | 45.2 | 0.8 | | | | [80] |
| | | | | | 48.7 | 7.1 | 43.6 | 0.4 | 0.2 | | | [91] |
| | | 2.3 | 77.4 | 20.4 | 43.4 | 6.5 | 49.5 | 0.4 | 0.3 | | | [81] |
| | | | | | 46.3 | 6.2 | 47.0 | 0.3 | 0.2 | | | [40] |
| | | | | | 48.4 | 6.3 | 44.9 | 0.2 | 0.1 | 0.1 | | [83] |
| | | | | | 44.5 | 6.0 | 49.2 | 0.2 | 0.2 | | | [98] |
| | | | | | | | | | | | 16600 | [66] |
| | | 4.3 | 85.2 | 10.5 | | | | | | | | [99] |
| | | 12.0 | 71.9 | 16.2 | | | | | | | 14874 | [86] |
| | | 12.7 | 84.4 | 2.9 | | | | | | | | [87] |
| | | | | | | | | | | | 16437 | [100] |
| 织物 | 0.2 | 1.0 | 87.2 | 11.8 | 63.5 | 3.4 | 32.9 | 0.1 | 0.1 | 0.1 | 23080 | [101] |
| | 1.1 | 1.6 | 89.6 | 8.9 | 58.7 | 5.4 | 35.5 | 0.1 | 0.2 | | 22495 | [78] |
| | 3.9 | 0.9 | 83.3 | 15.8 | 58.0 | 4.8 | 35.1 | 1.9 | 0.2 | | 21988 | [75] |
| | 2.4 | 0.4 | 86.8 | 12.7 | 61.6 | 2.9 | 35.0 | 0.4 | 0.2 | | 21797 | [102] |
| | 10.0 | | | | 56.4 | 6.8 | 32.0 | 4.7 | 0.2 | | 21083 | [88] |
| | 1.4 | 0.3 | 88.3 | 11.3 | 56.6 | 5.2 | 36.2 | 2.1 | 0.0 | | 21020 | [95] |

续表

| 大类 | 工业分析/wt% | | | | 元素分析/wt% | | | | | | 干基高位热值/(kJ/kg) | 参考文献 |
|---|---|---|---|---|---|---|---|---|---|---|---|---|
| | $M_w$ | $A_d$ | $V_d$ | $FC_d$ | $C_{daf}$ | $H_{daf}$ | $O_{daf}$ | $N_{daf}$ | $S_{daf}$ | $Cl_{daf}$ | | |
| 织物 | | 7.7 | 73.7 | 18.7 | | | | | | | 18660 | [86] |
| | | 8.5 | 78.6 | 12.9 | 48.2 | 5.3 | 45.7 | 0.4 | 0.4 | | 18123 | [103] |
| | | 8.6 | 78.5 | 13.0 | 48.1 | 5.5 | 45.7 | 0.3 | 0.4 | | 18122 | [23] |
| | 45.4 | | | | | | | | | | 17807 | [68] |
| | 5.5 | 0.8 | 86.7 | 12.5 | 49.9 | 6.0 | 43.7 | 0.3 | 0.2 | | 17607 | [37] |
| | | 1.2 | 80.8 | 18.0 | 45.9 | 6.6 | 45.9 | 1.4 | 0.2 | | | [81] |
| | 5.8 | 3.7 | 78.4 | 17.8 | 55.7 | 7.8 | 33.3 | 2.8 | 0.4 | | | [64] |
| | 4.7 | 9.3 | 74.5 | 16.2 | | | | | | | | [73] |
| | 6.3 | 2.1 | 85.5 | 12.4 | | | | | | | | [104] |
| | 5.2 | 0.6 | 88.1 | 11.3 | 54.9 | 5.4 | 37.2 | 2.5 | 0.1 | | | [63] |
| | 52.7 | 6.3 | 79.3 | 14.4 | | | | | | | | [66] |
| | 60.3 | 3.9 | 83.8 | 12.4 | | | | | | | | [66] |
| | 25.0 | | | | 51.0 | 6.9 | 37.1 | 4.3 | 0.4 | 0.4 | | [70] |
| | 10.0 | | | | 49.6 | 6.6 | 41.3 | 2.3 | 0.2 | | | [105] |
| | 6.5 | | | | 56.1 | 6.5 | 33.5 | 3.5 | 0.4 | | | [72] |
| | 1.1 | | | | 55.9 | 5.1 | 36.9 | 1.2 | 0.1 | 0.9 | | [58] |
| | | | | | 45.3 | 6.5 | 47.6 | 0.3 | 0.2 | 0.1 | | [83] |
| | | | | | 57.1 | 6.9 | 35.5 | 0.4 | 0.1 | | | [98] |
| | | | | | 55.3 | 6.8 | 34.7 | 3.2 | 0.0 | | | [80] |
| | | | | | 54.1 | 6.6 | 36.9 | 2.0 | 0.4 | | | [91] |
| PE | 0.0 | 0.6 | 99.4 | 0.0 | 85.5 | 14.2 | 0.0 | 0.0 | 0.3 | 0.0 | | [106] |
| | 0.0 | 0.6 | 99.4 | 0.0 | 85.4 | 14.2 | 0.3 | 0.0 | 0.0 | 0.0 | | [107] |
| | | | | | 85.9 | 14.2 | 0.0 | 0.0 | 0.0 | 0.0 | | [108] |
| | 0.0 | 0.3 | 99.7 | 0.0 | 85.5 | 14.3 | 0.0 | 0.0 | 0.2 | 0.0 | | [106] |
| | 0.0 | 0.3 | 99.7 | 0.0 | 85.5 | 14.3 | 0.2 | 0.0 | 0.0 | 0.0 | | [107] |
| | | | | | 85.3 | 14.3 | 0.3 | 0.0 | 0.1 | | | [83] |
| | 0.0 | 0.0 | 100.0 | 0.0 | 86.0 | 13.1 | 0.9 | 0.0 | 0.0 | 0.0 | 35725 | [103] |
| | 0.2 | 0.1 | 99.9 | 0.0 | 86.7 | 13.3 | 0.0 | 0.1 | 0.0 | 0.0 | 37600 | [93] |
| | 0.0 | 0.2 | 99.9 | 0.0 | 85.9 | 13.9 | 0.0 | 0.1 | 0.1 | | 40983 | [109] |
| | 0.3 | | | | 85.6 | 13.9 | 0.0 | 0.5 | 0.0 | 0.0 | 44263 | [110] |
| | 0.0 | 0.2 | 99.9 | 0.0 | 85.5 | 14.3 | 0.0 | 0.2 | 0.1 | 0.0 | 46318 | [75] |
| | 0.4 | 0.3 | 99.7 | 0.0 | 85.0 | 14.3 | 0.0 | 0.7 | 0.0 | 0.0 | 46479 | [90] |
| | 0.2 | 1.2 | 98.7 | 0.1 | 85.2 | 14.2 | 0.0 | 0.1 | 0.1 | | 43552 | [67] |
| | 0.3 | 1.4 | 98.6 | 0.0 | 85.2 | 14.4 | 0.2 | 0.1 | 0.2 | 0.0 | 47285 | [111] |
| | 0.6 | 2.6 | 97.4 | 0.0 | | | | | | | | [84] |
| | 0.1 | 0.6 | 99.0 | 0.5 | 85.3 | 14.6 | 0.1 | 0.0 | 0.0 | | | [112] |

续表

| 大类 | 工业分析/wt% | | | | 元素分析/wt% | | | | | | 干基高位热值/(kJ/kg) | 参考文献 |
|---|---|---|---|---|---|---|---|---|---|---|---|---|
| | $M_w$ | $A_d$ | $V_d$ | $FC_d$ | $C_{daf}$ | $H_{daf}$ | $O_{daf}$ | $N_{daf}$ | $S_{daf}$ | $Cl_{daf}$ | | |
| PE | | | | | 85.6 | 14.4 | 0.0 | 0.0 | 0.0 | | | [113] |
| | | | | | 86.5 | 13.6 | 0.0 | 0.0 | 0.0 | 0.0 | | [114] |
| | | | | | 86.0 | 14.0 | 0.0 | 0.0 | 0.0 | 0.0 | | [115] |
| | | | | | 86.1 | 13.0 | 0.9 | 0.0 | 0.0 | | | [116] |
| PP | 0.1 | 0.0 | 100.0 | 0.0 | | | | | | | 45200 | [117] |
| | 0.0 | 0.2 | 99.8 | 0.0 | 84.3 | 14.4 | 1.1 | 0.2 | 0.0 | | 45769 | [118] |
| | 0.1 | 0.0 | 100.0 | 0.0 | 85.4 | 12.5 | 1.9 | 0.2 | 0.0 | | 46239 | [119] |
| | 0.0 | 0.8 | 99.2 | 0.0 | 83.8 | 14.0 | 2.3 | 0.0 | 0.0 | 0.0 | | [107] |
| | 0.0 | 1.1 | 98.9 | 0.0 | | | | | | | | [106] |
| | 0.2 | 0.1 | 99.8 | 0.1 | 84.6 | 15.2 | 0.0 | 0.1 | 0.0 | 0.0 | | [120] |
| | | | | | 85.2 | 13.7 | 1.1 | 0.0 | 0.0 | 0.0 | | [121] |
| | | | | | 85.1 | 14.4 | 0.5 | 0.0 | 0.0 | | | [83] |
| | | | | | 86.7 | 13.3 | 0.0 | 0.0 | 0.0 | | | [113] |
| | | | | | 86.4 | 13.6 | 0.0 | 0.0 | 0.0 | 0.0 | | [114] |
| PS | 0.5 | 0.0 | 99.6 | 0.4 | | | | | | | 38930 | [117] |
| | 0.2 | 0.5 | 99.4 | 0.1 | 87.1 | 8.4 | 4.0 | 0.2 | 0.0 | | | [67] |
| | 0.0 | 0.5 | 99.5 | 0.0 | 91.1 | 7.7 | 1.2 | 0.0 | 0.0 | 0.0 | | [107] |
| | 0.1 | 0.0 | 99.4 | 0.6 | | | | | | | | [96] |
| | | | | | 89.2 | 9.0 | 1.8 | 0.0 | 0.0 | | | [83] |
| | | | | | 89.1 | 10.0 | 0.6 | 0.0 | 0.4 | | | [113] |
| | | | | | 92.1 | 7.9 | 0.0 | 0.0 | 0.0 | 0.0 | | [114] |
| | | | | | 87.8 | 9.3 | 5.3 | 0.0 | 0.0 | 0.0 | | [122] |
| PVC | 0.8 | 8.7 | 79.8 | 11.5 | 37.8 | 4.3 | 0.0 | 0.1 | 0.2 | 57.7 | | [123] |
| | 0.3 | 14.4 | 65.2 | 20.5 | 38.8 | 5.1 | 0.0 | 0.1 | 0.3 | 55.7 | | [124] |
| | 0.3 | 15.0 | 65.1 | 20.0 | 40.4 | 4.5 | 0.2 | 0.2 | 0.1 | 54.6 | 15876 | [93] |
| | 0.3 | 0.3 | 91.3 | 8.4 | 41.8 | 4.8 | 0.0 | 0.1 | 0.0 | 53.3 | 21732 | [125] |
| | 0.2 | 0.0 | 93.7 | 6.3 | | | | | | | | [97] |
| | 0.2 | 0.2 | 92.0 | 7.8 | 52.3 | 5.1 | 0.0 | 0.2 | 0.1 | 42.4 | 22646 | [102] |
| | 0.2 | 0.0 | 95.5 | 4.5 | | | | | | | | [126] |
| | 0.2 | 2.1 | 87.1 | 10.8 | 46.1 | 5.7 | 1.6 | 0.1 | 0.1 | 46.3 | 22735 | [67] |
| | 0.2 | 0.0 | 95.2 | 4.8 | 38.8 | 5.2 | 0.0 | 0.2 | 0.0 | 55.8 | 22566 | [95] |
| | 0.2 | 0.0 | 94.9 | 5.1 | 38.3 | 4.5 | 0.0 | 0.2 | 0.6 | 56.4 | 20830 | [117] |
| | 0.1 | 0.1 | 94.0 | 6.0 | 40.4 | 5.8 | 0.0 | 0.1 | 1.3 | 52.5 | 22405 | [127] |
| | 0.1 | | | | 40.8 | 5.7 | 0.0 | 0.0 | 0.1 | 53.4 | 20079 | [122] |
| | 0.0 | 0.1 | 94.5 | 5.4 | 38.8 | 4.6 | 0.0 | 0.0 | 0.0 | 56.6 | 21682 | [96] |
| | 0.0 | 14.1 | 71.4 | 14.5 | 40.9 | 4.8 | 0.0 | 0.1 | 0.0 | 54.2 | | [111] |

续表

| 大类 | 工业分析/wt% | | | | 元素分析/wt% | | | | | | 干基高位热值/(kJ/kg) | 参考文献 |
|---|---|---|---|---|---|---|---|---|---|---|---|---|
| | $M_w$ | $A_d$ | $V_d$ | $FC_d$ | $C_{daf}$ | $H_{daf}$ | $O_{daf}$ | $N_{daf}$ | $S_{daf}$ | $Cl_{daf}$ | | |
| PVC | 0.0 | 3.5 | 83.7 | 12.8 | | | | | | | | [87] |
| | | | | | 40.8 | 5.2 | 5.3 | 0.0 | 0.0 | 48.7 | | [83] |
| | | | | | 38.4 | 4.8 | 0.0 | 0.0 | 0.0 | 56.8 | | [128] |
| | | | | | 38.2 | 5.2 | 2.3 | 0.0 | 0.2 | 54.2 | | [87] |
| | | | | | 36.8 | 4.7 | 0.0 | 0.1 | 0.3 | 58.2 | | [108] |
| 橡胶 | 1.9 | 43.6 | 54.1 | 2.3 | | | | | | | | [129] |
| | 0.2 | 41.4 | 42.8 | 15.8 | | | | | | | | [75] |
| | 0.6 | 39.9 | 47.1 | 13.0 | 80.1 | 8.0 | 6.0 | 1.8 | 4.2 | | 21812 | [90] |
| | 0.5 | 29.1 | 52.6 | 18.3 | | | | | | | | [94] |
| | 0.6 | 26.5 | 56.4 | 17.2 | 74.9 | 7.2 | 14.5 | 1.6 | 1.9 | | 23291 | [102] |
| | 0.8 | 25.7 | 68.1 | 6.3 | 79.2 | 8.5 | 11.4 | 0.7 | 0.3 | | 26491 | [130] |
| | 0.3 | 23.7 | 69.9 | 6.5 | | | | | | | 22669 | [102] |
| | 1.0 | 19.3 | 63.1 | 17.6 | 88.6 | 8.5 | 0.9 | 0.8 | 1.3 | | 30164 | [131] |
| | 1.9 | 16.0 | 59.9 | 24.1 | 84.2 | 7.7 | 5.3 | 0.6 | 2.2 | | | [124] |
| | 0.7 | 15.4 | 65.3 | 19.4 | 89.2 | 8.5 | 0.0 | 1.2 | 1.1 | | 33402 | [97] |
| | 1.1 | 14.6 | 80.7 | 4.7 | 86.1 | 6.9 | 3.5 | 0.6 | 1.7 | 1.2 | | [132] |
| | 0.7 | 14.0 | 67.2 | 18.8 | 88.8 | 8.8 | 0.0 | 1.3 | 1.1 | | | [63] |
| | 0.0 | 13.5 | 58.8 | 27.7 | 85.8 | 11.5 | 0.6 | 0.6 | 1.7 | | | [79] |
| | 0.9 | 10.2 | 62.8 | 26.9 | 89.5 | 6.7 | 1.1 | 0.7 | 2.0 | | 35740 | [117] |
| | 1.1 | 9.9 | 86.2 | 3.9 | | | | | | | 25693 | [104] |
| | 0.0 | 9.0 | 64.7 | 26.3 | | | | | | | | [133] |
| | 1.2 | 8.4 | 84.8 | 6.9 | 77.7 | 10.1 | 7.4 | 0.0 | 2.7 | 2.1 | 25177 | [71] |
| | 0.8 | 7.5 | 65.2 | 27.4 | 86.0 | 7.2 | 4.6 | 0.4 | 1.8 | | | [134] |
| | 0.6 | 7.1 | 63.0 | 29.9 | 81.7 | 7.2 | 9.5 | 0.7 | 0.9 | | | [135] |
| | 1.0 | 6.1 | 66.1 | 27.7 | 86.0 | 11.5 | 0.8 | 0.6 | 1.1 | | | [64] |
| | 1.1 | 5.0 | 74.6 | 20.4 | 86.7 | 7.3 | 2.1 | 2.4 | 1.5 | | 37299 | [136] |
| | 1.8 | 4.9 | 68.1 | 27.0 | 82.7 | 7.6 | 7.5 | 1.7 | 0.7 | | | [137] |
| | 1.1 | 4.4 | 63.0 | 32.7 | 89.2 | 7.1 | 1.5 | 0.4 | 1.7 | | | [138] |
| | 0.8 | 4.2 | 65.4 | 30.4 | 83.9 | 6.8 | 7.6 | 0.8 | 0.9 | | 38868 | [139] |
| | 0.2 | 3.9 | 63.1 | 33.0 | 88.8 | 7.7 | 0.9 | 0.3 | 2.2 | | 37929 | [140] |
| | 0.8 | 3.3 | 69.3 | 27.4 | 85.6 | 7.9 | 4.7 | 0.5 | 1.3 | | 36757 | [141] |
| | | | | | 81.5 | 8.8 | 7.1 | 0.6 | 2.0 | | | [142] |
| | | | | | 78.5 | 13.3 | 6.6 | 0.4 | 1.4 | | | [98] |
| | 2.0 | | | | 86.7 | 11.1 | 0.0 | 2.2 | 0.0 | | 25901 | [88] |
| | 1.2 | | | | 87.1 | 10.9 | 0.0 | 0.0 | 2.0 | | 25638 | [67] |

注：M表示水分；A表示灰分；V表示挥发分；FC表示固定碳；w表示湿基；d表示干燥基；daf表示干燥无灰基。

**表 1.4　中国城市固废的工业分析、元素分析及热值的统计学分析**

| 大类 | 统计学指导 | | 工业分析/wt% | | | | 元素分析/wt% | | | | | | 干基高位热值/(kJ/kg) |
|---|---|---|---|---|---|---|---|---|---|---|---|---|---|
| | | | $M_w$ | $A_d$ | $V_d$ | $FC_d$ | $C_{daf}$ | $H_{daf}$ | $O_{daf}$ | $N_{daf}$ | $S_{daf}$ | $Cl_{daf}$ | |
| 厨余 | 样本数 | | 12 | 23 | 23 | 23 | 20 | 20 | 20 | 20 | 19 | 5 | 9 |
| | 平均值 | | 69.9 | 21.0 | 66.8 | 12.2 | 47.2 | 7.0 | 41.2 | 3.9 | 0.5 | 1.1 | 15386 |
| | 最小值 | | 54.5 | 2.7 | 45.5 | 0.0 | 32.8 | 3.1 | 26.5 | 0.8 | 0.1 | 0.1 | 9643 |
| | 最大值 | | 89.1 | 42.0 | 87.3 | 24.9 | 60.0 | 18.5 | 59.9 | 7.8 | 1.1 | 2.5 | 20107 |
| | 标准差 | | 10.9 | 12.3 | 11.5 | 5.1 | 7.1 | 3.5 | 8.2 | 1.9 | 0.3 | 1.0 | 3841 |
| | 偏差系数/% | | 15.6 | 58.6 | 17.2 | 41.3 | 15.0 | 50.2 | 20.0 | 48.8 | 55.5 | 89.7 | 25 |
| | 95% 置信区间 | 下界 | 62.9 | 15.7 | 61.8 | 10.1 | 43.9 | 5.4 | 37.3 | 3.0 | 0.4 | 0.0 | 12433 |
| | | 上界 | 76.8 | 26.3 | 71.7 | 14.4 | 50.5 | 8.7 | 45.0 | 4.7 | 0.6 | 2.2 | 18339 |
| 木竹 | 样本数 | | 8 | 6 | 6 | 6 | 9 | 9 | 9 | 9 | 7 | 1 | 5 |
| | 平均值 | | 43.0 | 6.8 | 75.9 | 17.3 | 51.4 | 6.4 | 40.5 | 1.6 | 0.2 | 0.3 | 19461 |
| | 最小值 | | 20.0 | 1.4 | 71.2 | 12.0 | 45.9 | 5.7 | 33.6 | 0.2 | 0.0 | 0.3 | 16251 |
| | 最大值 | | 60.0 | 13.0 | 80.6 | 21.7 | 57.2 | 7.3 | 47.5 | 3.6 | 0.3 | 0.3 | 21621 |
| | 标准差 | | 16.0 | 4.1 | 3.6 | 3.3 | 3.7 | 0.5 | 4.7 | 1.2 | 0.1 | | 2300 |
| | 偏差系数/% | | 37.3 | 59.9 | 4.7 | 18.8 | 7.3 | 7.5 | 11.6 | 73.1 | 69.7 | | 11.8 |
| | 95%置信区间 | 下界 | 29.6 | 2.5 | 72.1 | 13.9 | 48.5 | 6.0 | 36.9 | 0.7 | 0.1 | | 16605 |
| | | 上界 | 56.3 | 11.1 | 79.6 | 20.7 | 54.2 | 6.8 | 44.1 | 2.5 | 0.3 | | 22317 |
| 纸张 | 样本数 | | 24 | 22 | 22 | 22 | 22 | 22 | 22 | 22 | 20 | 4 | 13 |
| | 平均值 | | 13.2 | 12.2 | 76.1 | 11.7 | 45.6 | 6.0 | 47.8 | 0.3 | 0.2 | 0.3 | 15894 |
| | 最小值 | | 1.4 | 1.2 | 61.5 | 2.9 | 38.3 | 1.3 | 42.4 | 0.0 | 0.0 | 0.1 | 13445 |
| | 最大值 | | 50.2 | 35.4 | 85.5 | 23.8 | 49.6 | 7.1 | 54.5 | 1.7 | 0.9 | 0.7 | 19277 |
| | 标准差 | | 15.7 | 8.9 | 6.9 | 5.0 | 2.9 | 1.1 | 3.4 | 0.4 | 0.2 | 0.3 | 1551 |
| | 偏差系数/% | | 119.4 | 72.8 | 9.0 | 43.1 | 6.4 | 18.7 | 7.1 | 104.3 | 85.3 | 106.6 | 9.8 |
| | 95%置信区间 | 下界 | 6.5 | 8.3 | 73.1 | 9.4 | 44.3 | 5.5 | 46.3 | 0.2 | 0.1 | 0.0 | 14957 |
| | | 上界 | 19.8 | 16.1 | 79.2 | 13.9 | 46.9 | 6.5 | 49.3 | 0.5 | 0.3 | 0.8 | 16832 |
| 织物 | 样本数 | | 18 | 16 | 16 | 16 | 20 | 20 | 20 | 20 | 20 | 4 | 11 |
| | 平均值 | | 13.8 | 3.6 | 82.7 | 13.8 | 54.1 | 5.8 | 38.1 | 1.7 | 0.2 | 0.4 | 20162 |
| | 最小值 | | 0.2 | 0.3 | 73.7 | 8.9 | 45.3 | 2.9 | 32.0 | 0.1 | 0.0 | 0.1 | 17607 |
| | 最大值 | | 60.3 | 9.3 | 89.6 | 18.7 | 63.5 | 7.8 | 47.6 | 4.7 | 0.4 | 0.9 | 23080 |
| | 标准差 | | 19.0 | 3.4 | 5.1 | 2.8 | 5.0 | 1.2 | 5.0 | 1.5 | 0.1 | 0.4 | 2102 |

续表

| 大类 | 统计学指导 | 工业分析/wt% | | | | 元素分析/wt% | | | | | | 干基高位热值/(kJ/kg) |
|---|---|---|---|---|---|---|---|---|---|---|---|---|
| | | $M_w$ | $A_d$ | $V_d$ | $FC_d$ | $C_{daf}$ | $H_{daf}$ | $O_{daf}$ | $N_{daf}$ | $S_{daf}$ | $Cl_{daf}$ | |
| 织物 | 偏差系数/% | 138.0 | 94.5 | 6.2 | 20.3 | 9.2 | 20.8 | 13.0 | 84.9 | 65.2 | 107.8 | 10.4 |
| | 95%置信区间 下界 | 4.3 | 1.8 | 80.0 | 12.3 | 51.8 | 5.3 | 35.8 | 1.0 | 0.2 | 0.0 | 18750 |
| | 95%置信区间 上界 | 23.2 | 5.4 | 85.4 | 15.2 | 56.4 | 6.4 | 40.4 | 2.4 | 0.3 | 1.0 | 21574 |
| 无氯塑料 | 样本数 | 25 | 24 | 24 | 24 | 34 | 34 | 34 | 34 | 34 | 21 | 13 |
| | 平均值 | 0.1 | 0.5 | 99.4 | 0.1 | 86.2 | 13.0 | 0.7 | 0.1 | 0.1 | 0.0 | 43448 |
| | 最小值 | 0.0 | 0.0 | 97.4 | 0.0 | 83.8 | 7.7 | 0.0 | 0.0 | 0.0 | 0.0 | 35725 |
| | 最大值 | 0.6 | 2.6 | 100.0 | 0.6 | 92.1 | 15.2 | 5.3 | 0.7 | 0.4 | 0.0 | 47285 |
| | 标准差 | 0.2 | 0.6 | 0.6 | 0.2 | 1.8 | 2.2 | 1.2 | 0.2 | 0.1 | | 3858 |
| | 偏差系数/% | 125.5 | 126.6 | 0.6 | 218.7 | 2.1 | 16.6 | 167.1 | 196.1 | 187.1 | | 8.9 |
| | 95%置信区间 下界 | 0.1 | 0.2 | 99.2 | 0.0 | 85.6 | 12.2 | 0.3 | 0.0 | 0.1 | 0.0 | 41117 |
| | 95%置信区间 上界 | 0.2 | 0.7 | 99.7 | 0.2 | 86.8 | 13.7 | 1.2 | 0.1 | 0.1 | 0.0 | 45779 |
| PVC | 样本数 | 15 | 14 | 14 | 14 | 16 | 16 | 16 | 16 | 16 | 16 | 9 |
| | 平均值 | 0.2 | 4.2 | 85.9 | 9.9 | 40.6 | 5.0 | 0.6 | 0.1 | 0.2 | 53.5 | 21172 |
| | 最小值 | 0.0 | 0.0 | 65.1 | 4.5 | 36.8 | 4.3 | 0.0 | 0.0 | 0.0 | 42.4 | 15876 |
| | 最大值 | 0.8 | 15.0 | 95.5 | 20.5 | 52.3 | 5.8 | 5.3 | 0.2 | 1.3 | 58.2 | 22735 |
| | 标准差 | 0.2 | 6.1 | 11.2 | 5.4 | 3.8 | 0.5 | 1.4 | 0.1 | 0.3 | 4.3 | 2180 |
| | 偏差系数/% | 89.4 | 145.1 | 13.1 | 54.7 | 9.4 | 9.4 | 241.6 | 91.8 | 162.0 | 8.1 | 10.3 |
| | 95%置信区间 下界 | 0.1 | 0.7 | 79.5 | 6.8 | 38.6 | 4.8 | 0.0 | 0.0 | 0.0 | 51.2 | 19497 |
| | 95%置信区间 上界 | 0.3 | 7.7 | 92.4 | 13.0 | 42.6 | 5.3 | 1.4 | 0.1 | 0.4 | 55.8 | 22848 |
| 橡胶 | 样本数 | 28 | 26 | 26 | 26 | 24 | 24 | 24 | 24 | 24 | 2 | 15 |
| | 平均值 | 0.9 | 15.6 | 64.7 | 19.7 | 84.5 | 8.6 | 4.3 | 0.9 | 1.6 | 1.6 | 29789 |
| | 最小值 | 0.0 | 3.3 | 42.8 | 2.3 | 74.9 | 6.7 | 0.0 | 0.0 | 0.0 | 1.2 | 21812 |
| | 最大值 | 2.0 | 43.6 | 86.2 | 33.0 | 89.5 | 13.3 | 14.5 | 2.4 | 4.2 | 2.1 | 38868 |
| | 标准差 | 0.5 | 12.2 | 10.0 | 9.7 | 4.1 | 1.8 | 4.0 | 0.7 | 0.8 | 0.7 | 6211 |
| | 偏差系数/% | 61.0 | 77.7 | 15.4 | 49.3 | 4.9 | 21.0 | 93.9 | 74.8 | 53.7 | 40.2 | 20.8 |
| | 95%置信区间 下界 | 0.7 | 10.7 | 60.7 | 15.8 | 82.8 | 7.9 | 2.6 | 0.6 | 1.2 | | 26349 |
| | 95%置信区间 上界 | 1.1 | 20.5 | 68.7 | 23.6 | 86.3 | 9.4 | 6.0 | 1.1 | 1.9 | | 33228 |

注：M表示水分；A表示灰分；V表示挥发分；FC表示固定碳；w表示湿基；d表示干燥基；daf表示干燥无灰基。

### 1.4.1 厨余

如表 1.4 所示，厨余的水分平均值很高(69.9wt%)，并且置信区间较窄。主要原因在于厨余中有很多高水分物质，如蔬菜、果皮和食物剩余。厨余的灰分平均值为 21.0wt%，低于城市固废的灰分的平均值。厨余的挥发分平均值为 66.8wt%。

厨余的干燥无灰基元素组成从高到低顺序如下：C>O>H>N>Cl>S。平均碳含量为 47.2wt%，并且置信区间较窄。平均氢含量为 7.0wt%，但不同样本的差别很大(3.1wt%～18.5wt%)。厨余中的氮含量高达 3.9wt%，主要来源于厨余中的肉类、水果和蔬菜中的蛋白质[143]。厨余中的氯含量相对较高，可能与食物中的食盐有关。

厨余的干基高位热值为 15386kJ/kg，比城市固废的平均值略高。由于中国厨余垃圾的复杂性，厨余的高位热值变化较大。在国内实行垃圾分类后，湿垃圾主要成分就是厨余。需要说明的是，这里的厨余一般指来自家庭的固废，餐馆、食堂产生的固废一般称为餐厨垃圾，通常是专门收集、单独处置的。

### 1.4.2 木竹

如表 1.4 所示，木竹的平均水分比厨余低，平均灰分为 6.8wt%，并且置信区间较窄。由于木竹的成分较单一，不同组分间的差别较小，木竹类的 C、H、O 含量的置信区间较窄。木竹类的高位热值为 19461kJ/kg，比厨余要高，主要由于木竹类固废的灰分含量较低。

### 1.4.3 纸张

纸张的平均水分值为 13.2wt%，可能的原因是一些纸张样品来源于真实城市固废，接触了高水分的厨余固废，或者受到了雨雪的影响。纸张的平均 C、H、O 含量分别为 45.6wt%、6.0wt%和 47.8wt%，这与纤维素的组分$(C_6H_{10}O_5)_n$相当，而纤维素是纸张的主要成分。纸张的元素分析的置信区间较小，说明不同纸张样品的元素组成相近。纸张的高位热值从 13445kJ/kg 到 19277kJ/kg 变化，平均值为 15894kJ/kg。

### 1.4.4 织物

如表 1.4 所示，与纸张相似，不同织物样本中的水分含量差别较大，平均值为 13.8wt%。织物中的灰分平均值比厨余、木竹、纸张低，表明人工高聚物的灰分比天然高聚物低。各元素的置信区间较窄，表明了不同织物组分的元素组成较接近。织物的高位热值较高，且灰分较低。

### 1.4.5　塑料

根据组成的不同，塑料可以被分为无氯塑料(PE、PP、PS、PET 等)和含氯塑料(PVC)。

1. 无氯塑料

如表 1.4 所示，无氯塑料的工业分析的成分较为一致。挥发分接近 100wt%，而水分、灰分和固定碳非常低。元素分析表明，无氯塑料中的元素主要是 C 和 H，O、N、S 的含量非常低，Cl 的含量为零。各元素的置信区间非常窄，表明不同无氯塑料的元素组成非常接近。无氯塑料的平均高位热值为 43448kJ/kg，与轻油的热值相当。

2. 含氯塑料

如表 1.4 所示，与无氯塑料不同的是，PVC 中存在一定的灰分和固定碳。不同 PVC 样本的灰分差别较大。PVC 的主要元素组成为 C、H、Cl，并且其置信区间较窄。PVC 的平均高位热值为 21172kJ/kg，约为无氯塑料的一半，主要原因在于 PVC 中的氯含量大概占到 50%，燃烧后 Cl 元素以 $Cl_2$ 和 HCl 为主，放出的热量忽略不计。

### 1.4.6　橡胶

如表 1.4 所示，橡胶的水分含量较低，灰分、挥发分、固定碳则呈现了一定的不确定性。橡胶中的 C 和 H 含量比无氯塑料低，不同样本中的 O 含量差别较大，一些样本中没有检测到氧，而一些样本中的 O 含量大于 10%。值得注意的是，橡胶中的 S 含量较高，来源于橡胶生产过程中的硫化过程。橡胶中的 Cl 含量也较高。不同样本的干基高位热值在 21812～38868kJ/kg，其平均值为 29789kJ/kg，介于含氯塑料和无氯塑料之间。

## 1.5　当前可燃固废研究应用的困难

当前可燃固废的研究数量众多，但由于多方面的原因，有关成果应用起来还有诸多困难。

(1) 可燃固废的物理组分弥散度较大，因此，不同时间、不同地域的可燃固废，其性质可能差异甚大。例如，1997 年，青岛的城市固废中含有 42.2wt%的厨余，而同一年中，西安的城市固废中厨余的含量仅为 15.7wt%。即使同一地区，不同时间的城市固废的组成也可能不同。例如，1993 年，大连的城市固废中厨余的含量为 85.8wt%，而到 2007 年下降到 59.9wt%，与此同时，城市固废中纸张、织物、塑料的比例增加了。

(2) 不同可燃固废的水分和灰分含量差别较大。1998 年上海城市固废的水分为 58.9wt%，而同年北京城市固废的水分为 39.3wt%[35]，水分和灰分对热值有重要影响。不同可燃固废的挥发分也差别较大，1997 年香港城市固废的干基挥发分为 35.3wt%，而同年西安城市固废的挥发分仅为 20.0wt%。挥发分影响固废的点火特性，挥发分越高，燃料越容易点火。在热解和气化过程中，挥发分影响气液相产物的产量和组分，挥发分越高，热解和气化过程产生的气液相产物越多。然而，以往的研究多数只涉及某地某时的可燃固废，考虑到燃料组分与特性的差异，这种研究结论没有普适性，难以进行推广。

(3) 由于可燃固废组分的差异性，很多研究都是选取某一大类进行研究。对于可燃固废中的某一大类如塑料，不同研究者报道的工业分析、元素分析以及动力学数据仍然可能存在较大差异。实际上，塑料不是单一的组分，其中包含聚乙烯、聚丙烯、聚苯乙烯、聚氯乙烯等多种组分，这些组分的分子结构、工业分析、元素分析及动力学特性显著不同。例如，聚乙烯的碳含量为 85.5%[144]，而聚氯乙烯的碳含量仅为 34.3%，氯含量为 52.2%。不同的元素组成意味着热化学转化过程的产物组分不同。同时，含氯物质的燃料可能产生持久性有机污染物(persistent organic pollutions，POPs)，如有致癌性和致畸性的二噁英类和多氯联苯。

(4) 不同城市固废的热值差别较大。东莞城市固废的热值为 8847kJ/kg，而 1997 年武汉城市固废的热值只有 2863kJ/kg，后者不足前者的三分之一。固废的热值对燃烧炉的稳定运行有重要的影响。根据一般的工程经验，为了保证稳定燃烧，固废的月平均低位热值需要高于 4127kJ/kg[31]。

## 参 考 文 献

[1] 张衍国, 李清海, 康建斌. 垃圾清洁焚烧发电技术[M]. 北京: 中国水利水电出版社, 2004.

[2] 中华人民共和国国家统计局. 中国统计年鉴 2010[R]. 北京: 中国统计出版社, 2011.

[3] 中华人民共和国国家统计局. 中国统计年鉴 2011[R]. 北京: 中国统计出版社, 2012.

[4] 中华人民共和国国家统计局. 中国统计年鉴 2012[R]. 北京: 中国统计出版社, 2013.

[5] 中华人民共和国国家统计局. 中国统计年鉴 2013[R]. 北京: 中国统计出版社, 2014.

[6] 中华人民共和国国家统计局. 中国统计年鉴 2014[R]. 北京: 中国统计出版社, 2015.

[7] 中华人民共和国国家统计局. 中国统计年鉴 2015[R]. 北京: 中国统计出版社, 2016.

[8] 中华人民共和国国家统计局. 中国统计年鉴 2016[R]. 北京: 中国统计出版社, 2017.

[9] 中华人民共和国国家统计局. 中国统计年鉴 2017[R]. 北京: 中国统计出版社, 2018.

[10] 中华人民共和国国家统计局. 中国统计年鉴 2018[R]. 北京: 中国统计出版社, 2019.

[11] Huai X L, Xu W L, Qu Z Y, et al. Numerical simulation of municipal solid waste combustion in a novel two-stage reciprocating incinerator[J]. Waste Management, 2008, 28(1): 15-29.

[12] 逄磊, 倪桂才, 闫光绪. 城市生活垃圾的危害及污染综合防治对策[J]. 环境科学动态, 2004, 2: 15-16.

[13] Williams P T. Waste Treatment and Disposal[M]. Chichester: John Wiley & Sons, 2005.

[14] Cheng H, Hu Y. Municipal solid waste (MSW) as a renewable source of energy: current and future practices in China[J]. Bioresource Technology, 2010, 101 (11): 3816-3824.

[15] Consonni S, Giugliano M, Grosso M. Alternative strategies for energy recovery from municipal solid waste: Part A: Mass and energy balances[J]. Waste Management, 2005, 25 (2): 123-135.

[16] Buekens A, Cen K. Waste incineration, PVC, and dioxins[J]. Journal of Material Cycles and Waste Management, 2011, 13 (3): 190-197.

[17] Mckay G. Dioxin characterisation, formation and minimisation during municipal solid waste (MSW) incineration[J]. Chemical Engineering Journal, 2002, 86 (3): 343-368.

[18] Arena U. Process and technological aspects of municipal solid waste gasification: a review[J]. Waste Management, 2012, 32 (4): 625-639.

[19] Eriksson O, Finnveden G, Ekvall T, et al. Life cycle assessment of fuels for district heating: A comparison of waste incineration, biomass-and natural gas combustion[J]. Energy Policy, 2007, 35 (2): 1346-1362.

[20] Yi S, Yoo K Y, Hanaki K. Characteristics of MSW and heat energy recovery between residential and commercial areas in Seoul[J]. Waste Management, 2011, 31 (3): 595-602.

[21] 赵由才, 宋玉. 生活垃圾处理与资源化技术手册[J]. 北京: 冶金工业出版社, 2007.

[22] Liu Y, Liu Y. Novel incineration technology integrated with drying, pyrolysis, gasification, and combustion of MSW and ashes vitrification[J]. Environmental Science & Technology, 2005, 39 (10): 3855-3863.

[23] Luo S, Xiao B, Hu Z, et al. Effect of particle size on pyrolysis of single-component municipal solid waste in fixed bed reactor[J]. International Journal of Hydrogen Energy, 2010, 35 (1): 93-97.

[24] Den Boer E, Jędrczak A, Kowalski Z, et al. A review of municipal solid waste composition and quantities in Poland[J]. Waste Management, 2010, 30 (3): 369-377.

[25] Gidarakos E, Havas G, Ntzamilis P. Municipal solid waste composition determination supporting the integrated solid waste management system in the island of Crete[J]. Waste Management, 2006, 26 (6): 668-679.

[26] Kathirvale S, Yunus M N M, Sopian K, et al. Energy potential from municipal solid waste in Malaysia[J]. Renewable Energy, 2004, 29 (4): 559-567.

[27] Liu C, Wu X. Factors influencing municipal solid waste generation in China: A multiple statistical analysis study[J]. Waste Management & Research, 2011, 29 (4): 371-378.

[28] Liu Z, Liu Z, Li X. Status and prospect of the application of municipal solid waste incineration in China[J]. Applied Thermal Engineering, 2006, 26 (11-12): 1193-1197.

[29] Xiao Y, Bai X, Ouyang Z, et al. The composition, trend and impact of urban solid waste in Beijing[J]. Environmental Monitoring and Assessment, 2007, 135 (1-3): 21-30.

[30] Li Z S, Yang L, Qu X Y, et al. Municipal solid waste management in Beijing City[J]. Waste Management, 2009, 29 (9): 2596-2599.

[31] 中华人民共和国住房和城乡建设部. CJJ 90-2009 生活垃圾焚烧处理工程技术规范[R]. 北京, 2009.

[32] 王维平. 中国城市生活垃圾对策研究[J]. 自然资源学报, 2000, (2): 128-132.

[33] Pinjing H, Liming S. A perspective analysis on municipal solid waste (MSW) energy recovery in China[J]. Journal of Environmental Sciences, 1997, 9: 221.

[34] 徐文龙, 卢英方, Walder R. 城市生活垃圾管理与处理技术[M]. 北京: 中国建筑工业出版社, 2006.

[35] 温俊明. 城市生活垃圾热解特性试验研究及预测模型[D]. 杭州: 浙江大学, 2006.

[36] 李秀金. 固体废物处理与资源化[M]. 北京: 科学出版社, 2011.

[37] Xiao G, Ni M, Chi Y, et al. Gasification characteristics of MSW and an ANN prediction model[J]. Waste Management, 2009, 29(1): 240-244.
[38] 席北斗, 夏训峰, 苏婧, 等. 城市固体废物系统分析及优化管理技术[M]. 北京: 科学出版社, 2010.
[39] 刘竞. 北京市生活垃圾全程管理体系研究[J]. 环境卫生工程, 2006, (1): 36-39.
[40] Zhao Y, Christensen T H, Lu W, et al. Environmental impact assessment of solid waste management in Beijing city, China[J]. Waste Management, 2011, 31(4): 793-799.
[41] Tai J, Zhang W, Che Y, et al. Municipal solid waste source-separated collection in China: A comparative analysis[J]. Waste Management, 2011, 31(8): 1673-1682.
[42] 刘波. 煤与城市固体废弃物共热解资源化研究[D]. 青岛: 山东科技大学, 2011.
[43] 李晓东, 陆胜勇, 徐旭, 等. 中国部分城市生活垃圾热值的分析[J]. 中国环境科学, 2001, (2): 61-65.
[44] Hui Y, Li'ao W, Fenwei S, et al. Urban solid waste management in chongqing: Challenges and opportunities[J]. Waste Management, 2006, 26(9): 1052-1062.
[45] 李爱民, 李东风, 徐晓霞. 城市垃圾预处理改善焚烧特性的探讨[J]. 环境工程学报, 2008, (6): 830-834.
[46] 刘常青, 陈健飞. 福州市生活垃圾产量及物理成分预测[J]. 土壤与环境, 2002, (3): 258-263.
[47] 朱跃姿, 林建, 黄文沂, 等. 福州市城市垃圾发电前景刍议[C/OL]. 能源与环境, 2001, (3): 35-38.
[48] Liu G H, Ma X Q, Yu Z. Experimental and kinetic modeling of oxygen-enriched air combustion of municipal solid waste[J]. Waste Management, 2009, 29(2): 792-796.
[49] Tang Y, Ma X, Lai Z, et al. $NO_x$ and $SO_2$ emissions from municipal solid waste (MSW) combustion in $CO_2/O_2$ atmosphere[J]. Energy, 2012, 40(1): 300-306.
[50] 张若冰, 池涌, 陆胜勇, 等. 垃圾焚烧过程中重金属分布特性的研究[J]. 工程热物理学报, 2003, (1): 149-152.
[51] 曾现来, 张增强, 刘晓红, 等. 城市生活垃圾中各成分的权重模型的建立及验证[J]. 农业环境科学学报, 2004, (4): 774-776.
[52] 金余其, 严建华, 池涌, 等. 中国城市生活垃圾燃烧的特性[J]. 环境科学, 2002, (3): 107-110.
[53] Dong C, Jin B, Zhong Z, et al. Tests on co-firing of municipal solid waste and coal in a circulating fluidized bed[J]. Energy Conversion and Management, 2002, 43(16): 2189-2199.
[54] 杨惠娣. 塑料回收与资源再利用[M]. 北京: 中国轻工业出版社, 2010.
[55] 上海环境年鉴编委会. 上海环境年鉴 2002[M]. 上海: 上海人民出版社, 2002.
[56] 上海环境年鉴编委会. 上海环境年鉴 2003[M]. 上海: 上海人民出版社, 2003.
[57] 上海环境年鉴编委会. 上海环境年鉴 2004[M]. 上海: 上海人民出版社, 2004.
[58] 刘鹏远. 城市废弃物循环流化床气化-焚烧技术研究[D]. 北京: 中国科学院研究生院(工程热物理研究所), 2007.
[59] 郝艳红, 王灵梅, 邱丽霞. 生活垃圾焚烧发电工程的能值分析[J]. 电站系统工程, 2006, (6): 25-26, 28.
[60] 高文学, 项友谦, 王启, 等. 城市生活垃圾热解气化动力学参数的实验确定[J]. 天津大学学报, 2010, 43(9): 834-839.
[61] 江建方, 肖波, 杨家宽, 等. 城市生活垃圾热解产气特性的试验研究[J]. 环境科学与技术, 2006, (7): 79-81, 120.
[62] 黄海林. 燕山地区生活垃圾性质分析[J]. 环境卫生工程, 2003, (3): 150-151.
[63] 张东平, 李晓东, 严建华, 等. 垃圾在流化床中焚烧 NO 排放特性研究[J]. 燃料化学学报, 2003, (4): 322-327.
[64] 刘慧利. 城市生活垃圾气化特性的实验研究[D]. 昆明: 昆明理工大学, 2008.
[65] 李延吉, 李爱民, 李润东, 等. 有机固体废弃物在固定床内热解的实验研究[J]. 可再生能源, 2004, (3): 25-28.
[66] 廖利, 冯华, 王松林. 固体废物处理与处置[M]. 武汉: 华中科技大学出版社, 2010.

[67] 聂永丰. 三废处理工程技术手册[M]. 北京: 化学工业出版社, 2000.

[68] 邹元龙, 王冠, 邹成俊, 等. 采用修正的物理组成法确定生活垃圾热值[J]. 中国环保产业, 2006, (5): 43-45.

[69] 廖洪强, 姚强, 王斌. 城市生活垃圾热解失重特性[J]. 环境卫生工程, 2002, (2): 51-53.

[70] 胡桂川, 朱新才, 周雄, 等. 垃圾焚烧发电与二次污染控制技术[M]. 重庆: 重庆大学出版社, 2011.

[71] 卿山, 王华, 吴桢芬, 等. 城市垃圾中生物质在热分析仪中燃烧的动力学模型研究[J]. 环境污染与防治, 2005, (7): 24-28.

[72] Zhao Y, Xing W, Lu W, et al. Environmental impact assessment of the incineration of municipal solid waste with auxiliary coal in China[J]. Waste Management, 2012, 32 (10): 1989-1998.

[73] 李敏, 陈进春, 孙学信, 等. 城市生活垃圾中可燃物宏观反应机理的探讨[J]. 华中科技大学学报, 2001, (6): 97-99.

[74] 蒋旭光, 李香排, 池涌, 等. 流化床中典型垃圾组分与煤混烧时 HCl 排放和脱除研究[J]. 中国电机工程学报, 2004, (8): 213-217.

[75] Zheng J, Jin Y, Chi Y, et al. Pyrolysis characteristics of organic components of municipal solid waste at high heating rates[J]. Waste Management, 2009, 29 (3): 1089-1094.

[76] 洪楠, 于宏兵, 薛旭方, 等. 餐厨垃圾中典型组分的裂解液化特征研究[J]. 环境工程学报, 2010, 4 (5): 1161-1166.

[77] 朱颖, 金保升, 王泽明. 分布活化能模型在垃圾热解/气化动力学研究中的应用[J]. 动力工程, 2007, (3): 441-445.

[78] 温俊明, 池涌, 罗春鹏, 等. 城市生活垃圾典型有机组分混合热解特性的研究[J]. 燃料化学学报, 2004, (5): 563-568.

[79] 张振华, 汪华林, 陈于勤, 等. 有机固体废弃物的热解处理研究[J]. 环境污染与防治, 2007, (11): 816-819.

[80] 赵由才, 牛冬杰, 柴晓利, 等. 固体废弃处理与资源化[M]. 北京: 化学工业出版社, 2006.

[81] Guo X, Wang Z, Li H, et al. A study on combustion characteristics and kinetic model of municipal solid wastes[J]. Energy & Fuels, 2001, 15 (6): 1441-1446.

[82] 黄云龙, 郭庆杰, 田红景, 等. 餐厨垃圾热解实验研究[J]. 高校化学工程学报, 2012, 26 (4): 721-728.

[83] 赵磊, 王中慧, 陈德珍, 等. 杂质对废塑料裂解产物及污染物排放的影响[J]. 环境科学, 2012, 33 (1): 329-336.

[84] Jin Y, Yan J, Cen K. Study on the comprehensive combustion kinetics of MSW[J]. Journal of Zhejiang University-Science A, 2004, 5 (3): 283-289.

[85] 沈伯雄. 可燃生活垃圾焚烧动力学参数的热重分析[J]. 农业环境科学学报, 2004, (5): 1014-1016.

[86] 郭小汾, 杨雪莲, 陈勇, 等. 可燃固体废弃物的热解动力学[J]. 化工学报, 2000, (5): 615-619.

[87] 李季, 张铮, 杨学民, 等. 城市生活垃圾热解特性的 TG-DSC 分析[J]. 化工学报, 2002, (7): 759-764.

[88] 李爱民, 王志, 李永清, 等. 固体废弃物热解半焦特性的研究[J]. 热能动力工程, 2002, (2): 132-139, 213.

[89] 芈振明, 高忠爱, 祁梦兰, 等. 固体废物的处理与处置[M]. 北京: 高等教育出版社, 1993.

[90] 古吉群. 垃圾发热值的实用测定方法[J]. 节能与环保, 2006, 12 (12): 54-55.

[91] 池涌, 郑皎, 金余其, 等. 模拟垃圾流化床气化特性的实验研究[J]. 中国电机工程学报, 2008, (29): 59-63.

[92] 孙培锋, 李晓东, 池涌, 等. 城市生活垃圾热值预测的研究[J]. 能源工程, 2006, (5): 39-42.

[93] 李林, 张洪勋. 有机固体废弃物热解生产脱水内醚糖的研究[J]. 环境污染治理技术与设备, 2004, (6): 21-23.

[94] 张楚, 于娟, 范狄, 等. 中国城市垃圾典型组分热解特性及动力学研究[J]. 热能动力工程, 2008, (6): 561-566, 686.

[95] 赵颖, 刘建国, 李润东, 等. 城市生活垃圾可燃组分挥发分析出动力学预测[J]. 清华大学学报(自然科学版), 2007, (6): 842-846.

[96] Li A M, Li X D, Li S Q, et al. Experimental studies on municipal solid waste pyrolysis in a laboratory-scale rotary kiln[J]. Energy, 1999, 24(3): 209-218.

[97] Zhang Y, Li Q, Meng A, et al. Carbon monoxide formation and emissions during waste incineration in a grate-circulating fluidized bed incinerator[J]. Waste Management & Research, 2011, 29(3): 294-308.

[98] 张若冰. 垃圾焚烧过程中典型重金属污染物的分布特性研究[D]. 杭州: 浙江大学, 2002.

[99] 祝建中, 陈烈强, 蔡明招, 等. 垃圾焚烧过程中氯化氢对氮氧化物生成抑制机理[J]. 华南理工大学学报(自然科学版), 2003, (2): 29-33.

[100] 解立平, 林伟刚, 杨学民. 塑料热解物在城市有机废弃物制备活性炭中的作用[J]. 新型炭材料, 2002, (4): 57-61.

[101] 李清海. 层燃-流化复合垃圾焚烧炉燃烧与排放研究[D]. 北京: 清华大学, 2007.

[102] 孙明明. 高热值垃圾与生物质混合制取 RDF 及其燃烧特性研究[D]. 沈阳: 沈阳航空工业学院, 2009.

[103] 沈祥智, 严建华, 白丛生, 等. 主要垃圾组分热解动力学模型的优化及比较[J]. 化工学报, 2006, (10): 2433-2438.

[104] 柯威, 熊伟, 刘景雪, 等. 城市固体废弃物热重分析及热解动力学研究[J]. 可再生能源, 2006, (5): 53-56.

[105] 朱胜. 垃圾粒径对城市生活垃圾热解影响实验研究[D]. 武汉: 华中科技大学, 2011.

[106] Zhao W, Der Voet E, Zhang Y, et al. Life cycle assessment of municipal solid waste management with regard to greenhouse gas emissions: Case study of Tianjin, China[J]. Science of The Total Environment, 2009, 407(5): 1517-1526.

[107] Zhou L, Luo T, Huang Q. Co-pyrolysis characteristics and kinetics of coal and plastic blends[J]. Energy Conversion and Management, 2009, 50(3): 705-710.

[108] Li D, Li W, Li B. Co-carbonization of coking coal with different waste plastics[J]. Journal of Fuel Chemistry and Technology, 2001, (1): 4.

[109] 肖睿, 金保升, 章名耀. 废旧含氯塑料热解及其能源利用研究[J]. 热能动力工程, 2003, (2): 194-196, 218.

[110] He M, Xiao B, Hu Z, et al. Syngas production from catalytic gasification of waste polyethylene: Influence of temperature on gas yield and composition[J]. International Journal of Hydrogen Energy, 2009, 34(3): 1342-1348.

[111] 左禹, 丁艳军, 朱琳, 等. 小型固定床实验台条件下的聚乙烯热解[J]. 清华大学学报(自然科学版), 2005, (11): 104-108.

[112] Zhang Y, Chen Y, Meng A, et al. Experimental and thermodynamic investigation on transfer of cadmium influenced by sulfur and chlorine during municipal solid waste (MSW) incineration[J]. Journal of Hazardous Materials, 2008, 153(1): 309-319.

[113] 冯新华, 龙世刚, 张龙来, 等. 废塑料与煤粉的热解特性对比及动力学研究[J]. 钢铁研究学报, 2006, (11): 11-14, 26.

[114] 缪春凤. 煤与塑料共热解的实验室研究[D]. 南京: 南京工业大学, 2005.

[115] 尹雪峰, 李晓东, 尤孝方, 等. 热重-红外联用分析塑料垃圾热动力学特性对多环芳烃生成的影响[J]. 工程热物理学报, 2005, (5): 875-878.

[116] 罗思义. 城市生活垃圾破碎机的研制及粒径对垃圾热解气化特性的影响研究[D]. 武汉: 华中科技大学, 2010.

[117] Zhou H, Meng A, Long Y, et al. An overview of characteristics of municipal solid waste fuel in China: physical, chemical composition and heating value[J]. Renewable and Sustainable Energy Reviews, 2014, 36: 107-122.

[118] 严建华, 沈逍江, 蒋旭光, 等. 医疗废物典型组分在回转窑内的热解-气化研究[J]. 环境科学学报, 2005, (9): 1211-1218.

[119] 白广彬, 王玉如, 白庆中, 等. 模拟医疗废物在管式电阻炉上的热解特性研究[J]. 环境工程学报, 2007, (12): 128-132.
[120] 唐兰, 黄海涛, 赵增立, 等. 废聚丙烯塑料等离子体热解研究——水蒸气的加入对改善气体品质的影响[J]. 燃料化学学报, 2003, (5): 476-479.
[121] 兰新哲, 刘巧妮, 宋永辉. 低变质煤与塑料微波共热解研究[J]. 煤炭转化, 2012, 35(1): 16-19.
[122] 刘慧君, 王明杰, 高敏, 等. 城市生活垃圾热值估算方法研究[J]. 环境卫生工程, 1999, (3): 100-106.
[123] 金余其, 严建华, 池涌, 等. PVC 热解动力学的研究[J]. 燃料化学学报, 2001, (4): 381-384.
[124] 周仕学, 刘振学, 张桂英. 强黏结性煤与有机废弃物共热解的研究[J]. 煤炭转化, 2001, (3): 70-73.
[125] Zhu H M, Jiang X G, Yan J H, et al. TG-FTIR analysis of PVC thermal degradation and HCl removal[J]. Journal of Analytical and Applied Pyrolysis, 2008, 82(1): 1-9.
[126] 白丛生, 李晓东. 城市生活垃圾在程序升温和等温条件下的热解实验研究[D]. 杭州: 浙江大学, 2006.
[127] 金余其. 城市生活垃圾燃烧特性及新型流化床焚烧技术的研究[D]. 杭州: 浙江大学, 2002.
[128] 邓娜, 张于峰, 赵薇, 等. 聚氯乙烯(PVC)类医疗废物的热解特性研究[J]. 环境科学, 2008, (3): 837-843.
[129] 李斌, 严建华, 尚娜, 等. 城市生活垃圾的燃烧特性[J]. 燃料化学学报, 1998, (6): 85-89.
[130] 李鑫, 严建华, 曹玉春, 等. 废轮胎流化床热解过程典型污染气体的排放特性[J]. 浙江大学学报(工学版), 2004, (7): 95-99.
[131] Li A M, Li X D, Li S Q, et al. Pyrolysis of solid waste in a rotary kiln: Influence of final pyrolysis temperature on the pyrolysis products[J]. Journal of Analytical and Applied Pyrolysis, 1999, 50(2): 149-162.
[132] 王绍文, 梁富智, 王纪曾, 等. 固体废弃物资源化技术与应用[M]. 北京: 冶金工业出版社, 2003.
[133] 李相国, 马保国, 徐立, 等. 废轮胎胶粉与煤混烧的热重分析[J]. 中国电机工程学报, 2007, (14): 51-55.
[134] 苏亚欣, 张先中, 赵兵涛. 废轮胎粉的热解特性及其动力学模型[J]. 东华大学学报(自然科学版), 2008, 34(6): 740-743, 751.
[135] 邓德敏, 刘霞, 廖洪强. 废轮胎与煤共热解失重特性研究[J]. 化工环保, 2010, 30(2): 117-120.
[136] 缪麒. 城市生活垃圾筛上物流化床气化特性实验研究[D]. 杭州: 浙江大学, 2006.
[137] 靳利娥, 高永强, 鲍卫仁, 等. 生物质与废轮胎共热解对热解液体性质的影响[J]. 现代化工, 2007, (2): 34-38.
[138] 马光路, 刘岗, 曹青, 等. 不同物种生物质与废轮胎共热解对热解油的影响[J]. 现代化工, 2007, (S2): 249-252.
[139] 张兴华, 常杰, 王铁军, 等. 碱性条件下废轮胎真空热裂解研究[J]. 燃料化学学报, 2005, (6): 713-716.
[140] 陈汉平, 隋海清, 王贤华, 等. 废轮胎热解多联产过程中温度对产物品质的影响[J]. 中国电机工程学报, 2012, 32(23): 119-125, 159.
[141] Dai X, Yin X, Wu C, et al. Pyrolysis of waste tires in a circulating fluidized-bed reactor[J]. Energy, 2001, 26(4): 385-399.
[142] Lian F, Xing B, Zhu L. Comparative study on composition, structure, and adsorption behavior of activated carbons derived from different synthetic waste polymers[J]. Journal of Colloid and Interface Science, 2011, 360(2): 725-730.
[143] Komilis D, Evangelou A, Giannakis G, et al. Revisiting the elemental composition and the calorific value of the organic fraction of municipal solid wastes[J]. Waste Management, 2012, 32(3): 372-381.
[144] 周利民, 王一平, 黄群武, 等. 煤/塑料共热解的热重分析及动力学研究[J]. 燃烧科学与技术, 2008, (2): 132-136.

# 第 2 章　热化学转化

## 2.1　热化学转化的基本概念

热化学转化是在有氧或无氧的情况下，通过高温(常压或高压)条件使可燃固废分解，得到其他形式的能量或产物。可燃固废的热化学转化过程分为干燥(温和热解)、热解、气化、燃烧、水热转化，这几种方式的特点如表 2.1 所示[1]。

**表 2.1　可燃固废热化学转化的特点**

| 项目 | 干燥 | 热解 | 气化 | 燃烧 | 水热转化 |
| --- | --- | --- | --- | --- | --- |
| 目的 | 获得高热值固体燃料 | 获得气体和凝聚相 | 获得高热值的燃气，主要为 CO、$H_2$ 和 $CH_4$ | 获得高温烟气，主要为 $CO_2$ 和 $H_2O$ | 获得液体或气体燃料 |
| 反应气氛 | 无氧化剂 | 无氧化剂 | 部分氧化气氛(氧化剂低于化学当量值) | 氧化气氛(氧化剂通常高于化学当量值) | — |
| 反应介质 | 无 | 无 | 空气、纯氧、水蒸气、$CO_2$ | 空气 | 水 |
| 温度 | 200～320℃ | 400～800℃ | 550～1600℃ | 850～1200℃ | 200～500℃ |
| 压力 | 常压 | 微正压 | 常压 | 常压 | 高压 |
| 产气 | 无 | CO、$H_2$、$CH_4$ 及其他烃类 | CO、$H_2$、$CO_2$、$H_2O$、$CH_4$ | $CO_2$、$H_2O$ | CO、$H_2$、$CO_2$、$H_2O$、$CH_4$ |
| 污染物 | 无 | $H_2S$、HCl、$NH_3$、HCN、焦油、粉尘 | $H_2S$、HCl、$NH_3$、HCN、焦油、粉尘 | $SO_2$、$NO_x$、HCl、多环芳烃(PAHs)、二噁英(PCDD/Fs)、粉尘 | $H_2S$、HCl、$NH_3$、HCN |

与生物化学转化方法相比，热化学转化的优点在于反应速率快，可以得到不同的二次燃料或者热能，对可燃固废的适用性广，如热化学方法可以转化生物化学法难以转化的木质素。热化学转化的缺点在于温度较高，因此对设备耐热性的要求较高，同时可能产生二次污染物。

如表 2.2 所示，国内外诸多学者采用热重分析仪(thermogravimetric analyzer, TGA)[2-4]、固定床(fixed bed reactor)[5-8]、流化床(fluidized bed reactor)[9,10]、热裂解仪[11]、回转窑[12,13]等实验设备进行研究，研究内容涉及热失重动力学、气体特性、焦油特性，影响因素包括气氛、升温速率、催化剂等。

**表 2.2　可燃固废热化学转化研究举例**

| 作者，年份 | 样品 | 实验装置 | 研究内容 | 影响因素 | 参考文献 |
|---|---|---|---|---|---|
| 李爱民等, 1999 | 纸、纸板、棉布、塑料、橡胶、蔬菜、橘皮、木块 | 回转窑 | 产气量及热值 | 加热方式、含水率、粒度 | [14] |
| 韩雷等, 2004 | 纸屑、厨余、木屑、塑料、织物、橡胶 | 固定床 | 产气量及热值 | | [15] |
| 柯威等, 2006 | 塑料、橡胶、果皮、织物、纸板 | TGA | 动力学特性 | | [16] |
| 姜凡等, 2002 | 木筷、橡胶 | TGA、流化床 | 失重特性、动力学特性 | | [17] |
| 浮爱青等, 2007 | 塑料和橡胶、厨余、木质类、纸和布 | TGA | 动力学特性 | 升温速率 | [18] |
| 郭小汾等, 2000 | 草木、厨余、塑料、白色泡沫塑料、布类、纸类 | TGA<br>固定床 | 动力学特性<br>产气量 | 升温速率 | [19] |
| Dai et al, 2001 | 废轮胎 | 循环流化床 | 焦油量及成分、气体成分 | 温度、粒度、给料位置 | [9] |
| Li et al, 1999 | 木材、PE、废轮胎 | 回转窑 | 气体量及热值、焦油成分、半焦量及成分 | 温度 | [13] |
| Liu et al, 2000 | PS | 鼓泡流化床 | 转化率 | | [10] |
| Jimenez et al, 1999 | PVC | TGA | 动力学特性 | 升温速率 | [20] |
| Luo et al, 2010 | 塑料、厨余、木材 | 固定床 | | 样品粒度 | [7] |
| Sørum et al, 2001 | 报纸、纸板、回收纸、光滑纸、云杉、低密度聚乙烯(LDPE)、高密度聚乙烯(HDPE)、PS、PP、PVC、果汁箱 | TGA | 动力学特性 | | [21] |
| Mo et al, 2013 | 非再制聚苯乙烯、发泡聚苯乙烯、聚苯乙烯容器 | TGA | 产物 | | [22] |
| Miranda et al, 2013 | 废轮胎橡胶 | 微型高压反应釜 | 动力学特性、焦油 | 温度、停留时间、动力学模型 | [23] |
| Chen et al, 2014 | 半纤维素、纤维素、木质素 | TGA | 失重特性、动力学特性 | | [24] |
| Stefanidis et al, 2014 | 半纤维素、纤维素、木质素 | TGA、固定床 | 动力学特性、质量分布特性 | 催化剂 | [25] |
| Li et al, 2013 | 纤维素、LDPE | TGA、固定床 | 失重特性、焦油成分、气体成分 | 催化剂 | [26] |
| Gui et al, 2013 | PVC | 固定床 | 初始焦油 | 停留时间、升温速率 | [27] |

## 2.2 干　　燥

可燃固废的干燥一般是在 200～320℃、无氧情况下将其加热并失去水分的过程。由于干燥过程与热解过程有诸多相似之处，干燥过程有时也被称为温和热解(mild pyrolysis)。干燥的主要目的是去除可燃固废中的水分，同时将有一小部分组分发生分解。由于可燃固废水分含量高、能量密度低，干燥过程可以起到很好的提质效果。如图 2.1 所示，原始的可燃固废干燥后，燃料具有与煤类似的性质，燃料的热值将大大提升，燃料更容易破碎从而提高其堆积密度，方便运输、储存和使用，同时干燥将去除燃料的生物活性，不易发生腐烂降解。

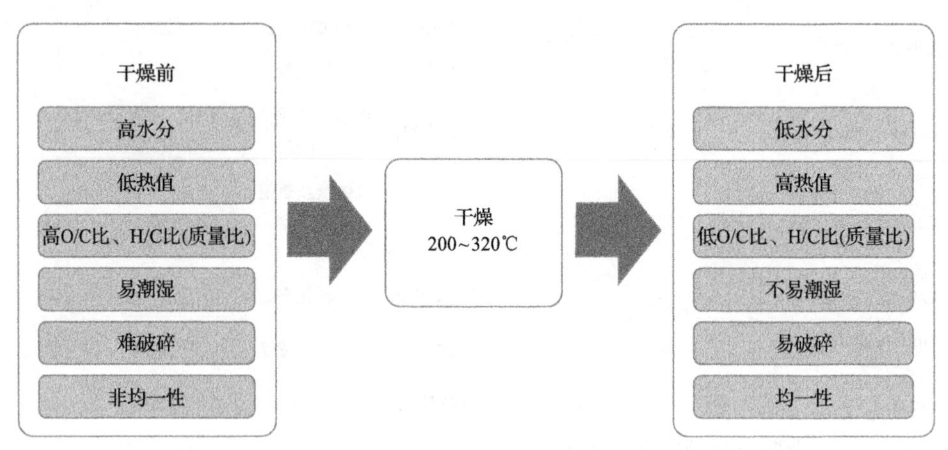


图 2.1　可燃固废干燥前后性质对比[28]

通常，干燥后燃料的质量可下降 30%以上，而能量仅降低 10%。与热解类似，干燥过程中会产生少量的可燃气体，通常可以循环利用来加热燃料以维持干燥温度。

## 2.3 热　　解

热解是将可燃固废在 400～800℃、隔绝氧气的情况下加热分解的过程。如图 2.2 所示，热解过程不仅可以产生可以二次利用的气体、焦油和焦炭，同时，热解过程是可燃固废的燃烧和气化过程的基础[29,30]。因此，对可燃固废热解的研究是其热化学转化的基础研究，其不仅对热解工艺技术的应用有重要意义，对气化和燃烧过程同样有重要意义。

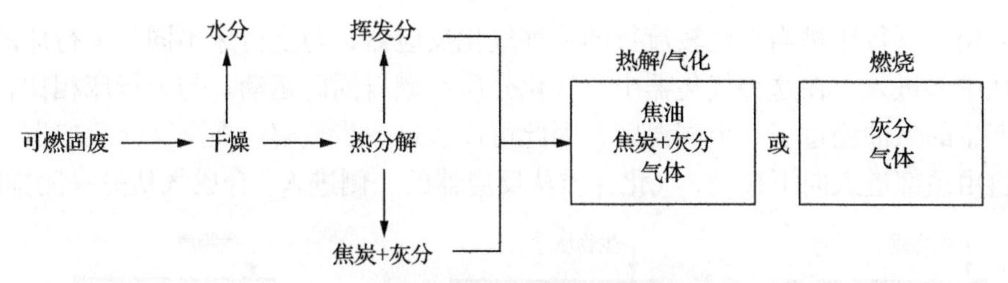


图 2.2　可燃固废热化学转化过程示意图

根据反应温度和停留时间的不同，热解可以分为快速热解、慢速热解和炭化热解。典型的快速热解的升温速率一般为每分钟几百摄氏度，停留时间极短(约1s)，反应温度一般在 500℃左右，较短的停留时间和较高的温度可以促进液体产物的生成。液体产物主要包括水相和油相，其中油相是快速热解的主要目标产物。值得注意的是，热解油的含氧量较高、热值较低，并不是理想的液体燃料，需要进行提质以作为车用燃料。快速热解最常用的反应器是鼓泡流化床、循环流化床、夹带流反应器(entrained flow reactor)以及真空反应器。

慢速热解是指在低于 500℃的条件下，以 10～100℃/min 的升温速率加热。热解产物的停留时间为 0.5～5s，可以制取不同比例的气体、液体和固体产品。常见的在 TGA 上的热解主要研究的是慢速热解过程。

炭化热解是指以获取焦炭为目标的热解过程，常用于煤制焦炭的过程，也适用于可燃固废，尤其是生物质。炭化热解升温速率低、停留时间长、反应温度低(约400℃)，产生的焦炭可以用来冶金或者作为家用燃料，再经处理得到的活性炭可以用作化学品、吸附剂、土壤改良剂等。

## 2.4　气　　化

气化过程是在高温、控制气氛下将可燃固废尽可能地转化为气体燃料。一般的气化温度在 800℃以上，气化的气氛可能为空气/氧气、水蒸气、二氧化碳等。当使用空气或氧气作为气化介质时，气化可以被视为一种不充分的燃烧。气化产生的气体又称为合成气，以氢气、一氧化碳、二氧化碳、甲烷等气体为主，同时含有焦油、酸性气体、氨气、颗粒物等杂质。去除杂质后，合成气可以用来燃烧发电、产氢、合成天然气、合成液体燃料/化学品等。

气化常用的反应器包括固定床、流化床、夹带流反应器等。

固定床又分为上行床、下行床、交叉流反应器等(图 2.3)。上行床是最简单的气化器：可燃固废在反应器的上方给料，气体从下方进入，燃料首先经过干燥，而后受热分解为挥发分和焦炭，最后挥发分和焦炭被分别气化。上行床的缺点是得到的合成气中焦油含量较高，由于二次污染问题(如水污染)，目前上行床很少被采用。下行床是当前比较流行的一种气化反应器，与上行床不同，下行床的气体从中部进入。在这种气化器中，气化介质和燃料同向运动。与上行床相比，热解产生的焦油经过了一个高温区，因此可以被进一步裂解。在交叉流反应器中，燃料由顶部进入向下移动，气化介质从反应器的一侧进入，合成气从另一侧排出。

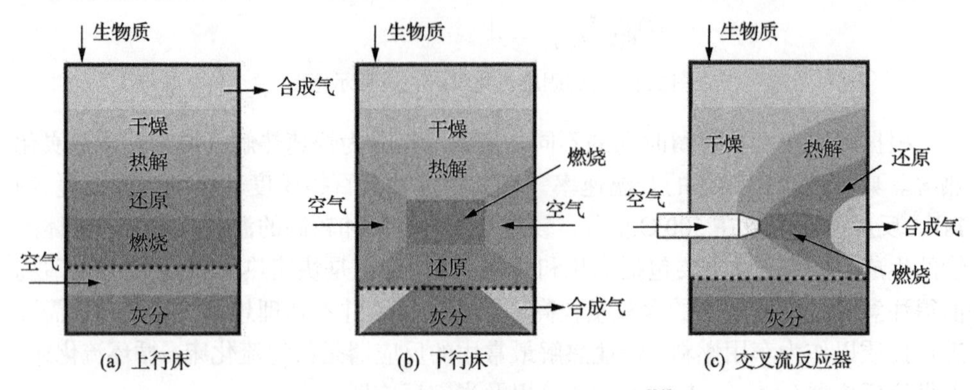


图 2.3　三种固定床反应器示意图[31]

流化床燃烧技术作为一种先进的燃烧技术已经在煤和可燃固废的燃烧中得到广泛的应用。流化床反应器在可燃固废的气化中也比较常用。一个简单的流化床由燃烧室与布风板组成。在流化床中，气化介质从底部的布风板进入，床温通常为 700～900℃。通过与床料的充分接触换热，燃料被气化为合成气。流化床的主要优点为温度分布较均匀，传热传质效果较好。按气固流动特性不同，流化床分为鼓泡流化床和循环流化床，如图 2.4 所示。鼓泡流化床气速较低，几乎没有固

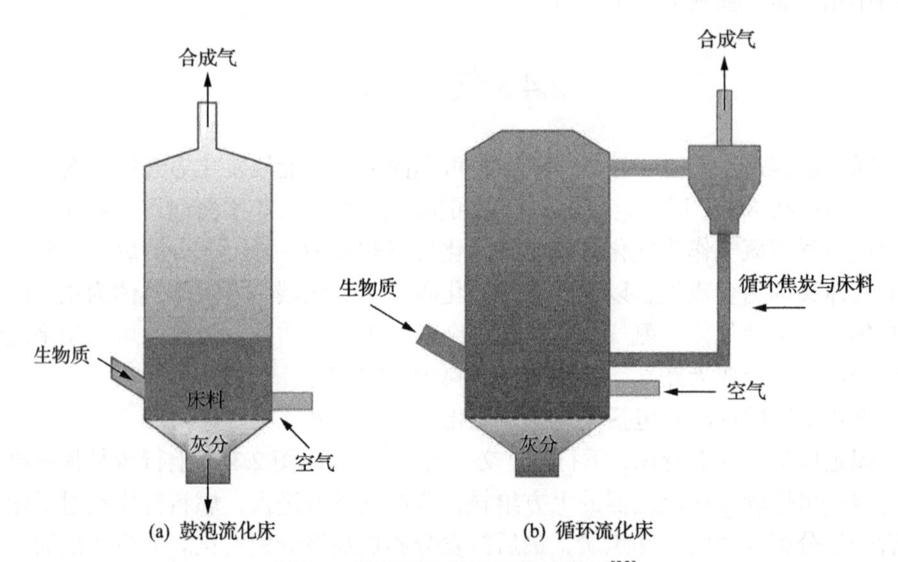


图 2.4　两种流化床反应器示意图[32]

体颗粒逸出。循环流化床气速较高，被流化气携带出的固体颗粒经过旋风分离器分离后将重新送回炉内。

夹带流反应器是指细颗粒(＜10μm)的燃料被高速的气化介质携带的高温高压反应器(图 2.5)。反应器和燃料通常从炉膛顶部进入。压力通常为 19.7～69.1atm (1atm=101325Pa)，温度通常大于 1000℃。因此，产生的合成气通常需要冷却，如果这部分热量无法有效回收，将导致系统的能量效率降低。多数夹带流反应器使用氧气作为气化介质，因为反应的停留时间较短，而温度较高，通常高于结渣温度。夹带流反应器分为两种：排渣反应器和非排渣反应器。排渣反应器中成渣组分在气化炉中熔化，沿炉壁流下而成渣。如果反应器在排渣条件下运行，产气中焦油含量极低。在非排渣反应器中，反应器壁不形成渣，而产气中含有少量的灰分。非排渣反应器较适用于灰分低(＜1%)的燃料。夹带流反应器的优点：①适用燃料广泛；②停留时间短；③反应器温度高且均匀；④碳转化率高(可达 98%～99%)；⑤可在排渣和非排渣下运行；⑥产气中焦油含量低；⑦可将灰分以熔渣形式排出。

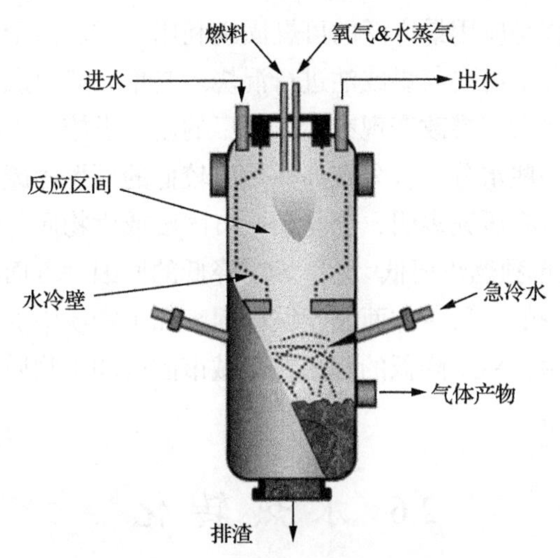


图 2.5　夹带流反应器示意图[33]

## 2.5　燃　　烧

直接燃烧是指可燃固废在氧气存在下直接发生燃烧反应，转化为烟气($CO_2$、$H_2O$ 等)、灰渣以及相应的热能。在以可燃固废为燃料的电厂中，可燃固废在燃烧炉中直接燃烧释放的热能可以用来获得高温高压的水蒸气，进而推动汽轮机做功发电。直接燃烧的优点：过程简单，获得的热能可以直接用来发电或供暖，减容量大等。缺点在于，燃料转化效率不高，获得的产品附加值不高，可能产生二次污染，同时燃烧产生的飞灰中由于碱(土)金属及 Si、S、Cl 等元素的存在，可能导致炉膛的积灰结渣。

固体燃料的燃烧过程通常包括干燥、挥发分析出、挥发分燃烧以及焦炭燃烧等四个过程。对煤炭而言，层燃炉、流化床、室燃炉是三种典型的燃烧装置；用于可燃固废直接燃烧的装置主要是以炉排炉为代表的层燃炉和流化床燃烧炉。移动床在可燃固废的燃烧中已应用多年，最简单的移动床是炉排炉，当可燃固废添加到炉膛中时，首先干燥，然后热解为挥发分和焦炭，一次风和二次风可以促进挥发分和焦炭的燃烧。移动床的炉温一般为 850～1400℃[34]。流化床采用石英砂、石灰岩、白云石或其他不可燃物质作为床料，典型的燃烧温度为 700～1000℃，比炉排炉略低。床料可以作为传热媒介，在流化气体的作用下发生流化。根据流化风速的不同，流化床可以分为鼓泡流化床和循环流化床。由于较高的流化风速和较高的混合强度，一般循环流化床的效率比鼓泡流化床高。除此之外，循环流化床对于燃料的尺寸、形状、水分和灰分适应性较强。

当前，直接燃烧是应用最广泛的可燃固废利用方式。由于可燃固废的热值可能较低，在一些情况下需要与煤或油进行混烧。与单一燃料燃烧相比，混烧有一系列优点，如不需要大规模改变现有燃煤电厂的基础设施、提高燃烧稳定性、减少污染物等。对于一些水分、灰分较高、热值较低的可燃固废，必须与高热值的化石燃料进行混烧。有研究表明，当复杂城市固废或生物质与煤进行混烧时，产生的 $SO_x$ 和 $NO_x$ 比单独燃煤要低[35,36]。$SO_x$ 降低的原因一方面在于城市固废和生物质本身的硫含量较低，另一方面在于城市固废和生物质中的碱金属和碱土金属可以起到固硫的作用。$NO_x$ 降低的原因在于城市固废和生物质中的高水分可以降低燃烧温度。

## 2.6 水 热 转 化

水热转化，包括水热炭化、水热液化和水热气化，指在相对温和的温度、较高压力的水相下将可燃固废转化为小分子物质的过程，如图 2.6 所示。水热炭化的主要目标产物为焦炭，水热液化的主要目标产物为液体产物(油)，水热气化的主要目标产物为气体产物。与普通炭化、热解、气化相比，水热转化在水相中进行，反应温度通常更低(200～600℃)，反应压力更高(5～40MPa)。由于超临界水(≥374℃，≥22.1MPa)具有弱极性、低黏度的性质，超临界水热转化也得到了广泛的关注。

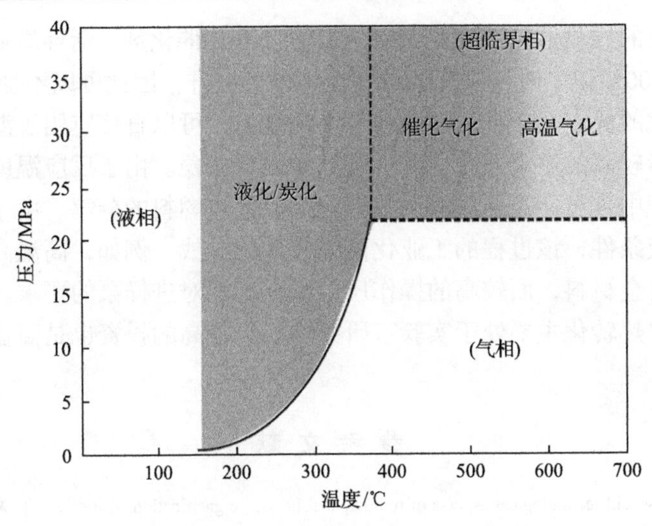


图2.6 不同温度、压力下的水热转化过程

水热炭化是指将干/湿可燃固废，尤其是生物质在亚临界水中转化为焦炭的热化学转化技术。炭化温度取决于燃料的分解温度，通常为150～350℃。水热炭化导致可燃固废的有效水解和脱水，获得带有丰富含氧基团的炭，可以成为化学法活性炭的有效前驱物。经过活化过程以后，获得的高孔隙率、高比表面积的活性炭可以广泛用作吸附剂。其中高孔隙率可以促进传质过程，并且提高吸附剂的负载量，这对于活性炭是极其重要的。可调控的孔隙率和孔径使得活性炭甚至可以用于催化/电催化、不同分子的分离、电容器、电极、锂电池等高附加值的利用方式。

水热液化通常在280～370℃、10～25MPa下进行[37]，在该条件下，水仍然处于液相。水热液化的主要产物为高热值的油品、焦炭、水溶性物质及气体，在水中加入碱性催化剂可以抑制焦炭的生成。与水热液化相关的另外一项技术为超临界水氧化，即在超临界温度(374℃)以上将可燃固废进行氧化，主要产生富含$CO_2$的气体。目前，超临界水氧化主要用于处理工业废弃物，如污泥及毒性排出物等。超临界水氧化的主要缺点为盐沉积和腐蚀。

水热气化通常在超临界条件下运行，因此也称超临界水气化。在非氧化条件下，可燃固废将被转化为$CO_2$、$H_2$及$CH_4$。在氢能源愈加重要的今天，超临界水气化产氢也体现了较大的应用潜力。当温度低于500℃时，在不加入催化剂的情况下，产气的主要成分为$CH_4$。因此，为了提高转化率和氢气的选择性，需要加入均相或异相催化剂。常用的均相催化剂主要为碱类催化剂，如$Na_2CO_3$、$KHCO_3$、$K_2CO_3$、NaOH等[38]，这类催化剂可以促进水汽变换反应的发生。与均相催化剂相比，异相催化剂的优点为选择性高、易回收、环境友好等，因此也得到了广泛的研究。常用的异相催化剂主要为 Ni 催化剂、Ru 催化剂、活性炭催化剂等。当反应温度在 500℃以上时，氢气的选择性将得到提升，因此可以不加入催化剂。

水热转化的优点在于省去了燃料干燥的过程，可以直接应用于湿基原料的处理，如含水量较高的城市固废、农林废弃物或者微藻。由于反应温度较低，在水热转化的过程中，可能需要添加一些催化剂以促进燃料的分解。由于水热转化较为严苛的反应条件，该过程的工业化面临较多的挑战。例如，高温高压下的腐蚀要求较贵的合金材料，而较高的操作压力也提高了对进样泵的要求。当时，多数可燃固废的水热转化主要处于实验室研究阶段，较高的投资也是商业化的一个重要的障碍。

## 参考文献


[1] Arena U. Process and technological aspects of municipal solid waste gasification: A Review[J]. Waste Management, 2012, 32(4): 625-639.

[2] Chang C Y, Wu C H, Hwang J Y, et al. Pyrolysis kinetics of uncoated printing and writing paper of MSW[J]. Journal of Environmental Engineering, 1996, 122(4): 299-305.

[3] Singh S, Wu C, Williams P T. Pyrolysis of waste materials using TGA-MS and TGA-FTIR as complementary characterisation techniques[J]. Journal of Analytical and Applied Pyrolysis, 2012, 94: 99-107.

[4] 金余其. 城市生活垃圾燃烧特性及新型流化床焚烧技术的研究[D]. 杭州：浙江大学, 2002.

[5] Shen B, Wu C, Guo B, et al. Pyrolysis of waste tyres with zeolite USY and ZSM-5 catalysts[J]. Applied Catalysis B: Environmental, 2007, 73(1-2): 150-157.

[6] An D, Wang Z, Zhang S, et al. Low-temperature pyrolysis of municipal solid waste: Influence of pyrolysis temperature on the characteristics of solid fuel[J]. International Journal of Energy Research, 2006, 30(5): 349-357.

[7] Luo S, Xiao B, Hu Z, et al. Effect of particle size on pyrolysis of single-component municipal solid waste in fixed bed reactor[J]. International Journal of Hydrogen Energy, 2010, 35(1): 93-97.

[8] 宋薇，岳东北，刘建国，等. 温度对铝塑包装废物热解产物的影响[J]. 清华大学学报(自然科学版)，2009，(9)：80-83.

[9] Dai X, Yin X, Wu C, et al. Pyrolysis of waste tires in a circulating fluidized-bed reactor[J]. Energy, 2001, 26(4): 385-399.

[10] Liu Y, Qian J, Wang J. Pyrolysis of polystyrene waste in a fluidized-bed reactor to obtain styrene monomer and gasoline fraction[J]. Fuel Processing Technology, 2000, 63(1): 45-55.

[11] Garcia A N, Font R, Marcilla A. Kinetic studies of the primary pyrolysis of municipal solid waste in a Pyroprobe 1000[J]. Journal of Analytical and Applied Pyrolysis, 1992, 23(1): 99-119.

[12] Li A M, Li X D, Li S Q, et al. Experimental studies on municipal solid waste pyrolysis in a laboratory-scale rotary kiln[J]. Energy, 1999, 24(3): 209-218.

[13] Li A M, Li X D, Li S Q, et al. Pyrolysis of solid waste in a rotary kiln: Influence of final pyrolysis temperature on the pyrolysis products[J]. Journal of Analytical and Applied Pyrolysis, 1999, 50(2): 149-162.

[14] 李爱民，李晓东，李水清，等. 回转窑热解城市垃圾制造中热值燃气的试验[J]. 化工学报，1999，50(1)：101-107.

[15] 韩雷，池涌，温俊明，等. 城市固体废弃物典型组分的快速热解产气特性研究[J]. 能源工程, 2004, (6): 49-53.

[16] 柯威, 熊伟, 刘景雪, 等. 城市固体废弃物热重分析及热解动力学研究[J]. 可再生能源, 2006, (5): 53-56.

[17] 姜凡, 潘忠刚, 刘石, 等. 混合垃圾在热重分析仪和流化床中的燃烧特性[J]. 环境科学, 2002, 23(1): 114-118.

[18] 浮爱青, 谌伦建, 王建军, 等. 垃圾中典型组分热重分析研究[J]. 环境工程学报, 2007, 1(11): 104-106.

[19] 郭小汾, 杨雪莲, 陈勇, 等. 可燃固体废弃物的热解动力学[J]. 化工学报, 2000, (5): 615-619.

[20] Jimenez A, Lopez J, Torre L, et al. Kinetic analysis of the thermal degradation of PVC plastisols[J]. Journal of Applied Polymer Science, 1999, 73(6): 1069-1079.

[21] Sørum L, Grønli M G, Hustad J E. Pyrolysis characteristics and kinetics of municipal solid wastes[J]. Fuel, 2001, 80(9): 1217-1227.

[22] Mo Y, Zhao L, Chen C L, et al. Comparative pyrolysis upcycling of polystyrene waste: thermodynamics, kinetics, and product evolution profile[J]. Journal of Thermal Analysis and Calorimetry, 2013, 111(1): 781-788.

[23] Miranda M, Pinto F, Gulyurtlu I, et al. Pyrolysis of rubber tyre wastes: a kinetic study[J]. Fuel, 2013, 103: 542-552.

[24] Chen T, Wu J, Zhang J, et al. Gasification kinetic analysis of the three pseudocomponents of biomass-cellulose, semicellulose and lignin[J]. Bioresource Technology, 2014, 153: 223-229.

[25] Stefanidis S D, Kalogiannis K G, Iliopoulou E F, et al. A study of lignocellulosic biomass pyrolysis via the pyrolysis of cellulose, hemicellulose and lignin[J]. Journal of Analytical and Applied Pyrolysis, 2014, 105: 143-150.

[26] Li X, Zhang H, Li J, et al. Improving the aromatic production in catalytic fast pyrolysis of cellulose by co-feeding low-density polyethylene[J]. Applied Catalysis A: General, 2013, 455: 114-121.

[27] Gui B, Qiao Y, Wan D, et al. Nascent tar formation during polyvinylchloride (PVC) pyrolysis[J]. Proceedings of the Combustion Institute, 2013, 34(2): 2321-2329.

[28] Chen W H, Peng J, Bi X T. A state-of-the-art review of biomass torrefaction, densification and applications[J]. Renewable and Sustainable Energy Reviews, 2015, 44: 847-866.

[29] di Blasi C. Combustion and gasification rates of lignocellulosic chars[J]. Progress in Energy and Combustion Science, 2009, 35(2): 121-140.

[30] Skreiberg A, Skreiberg Ø, Sandquist J, et al. TGA and macro-TGA characterisation of biomass fuels and fuel mixtures[J]. Fuel, 2011, 90(6): 2182-2197.

[31] Hunt K. Thermochemical Conversion Technology - Biomass Gasification[R]. http://vip.stock.finance.sina.com.cn/q/go.php/vReport_Show/kind/search/rptid/3576930/index.phtml.

[32] Rycroft M. Biomass gasification for large-scale electricity generation[EB/OL](2019-01-30).

[33] Nelson L, Park S, Hubbe M A. Thermal depolymerization of biomass with emphasis on gasifier design and best method for catalytic hot gas conditioning: 2[J]. BioResources, 2018, 13(2): 4630-4727.

[34] Zhang L, Xu C(Charles), Champagne P. Overview of recent advances in thermo-chemical conversion of biomass[J]. Energy Conversion and Management, 2010, 51(5): 969-982.

[35] Saikaew T, Supudommak P, Mekasut L, et al. Emission of $NO_x$ and $N_2O$ from co-combustion of coal and biomasses in CFB combustor[J]. International Journal of Greenhouse Gas Control, 2012, 10: 26-32.

[36] Wang J, Liu H, Lu J, et al. Emission control during co-combustion of coal and biomass in a fluidized bed combustor[J]. Developments in Chemical Engineering and Mineral Processing, 1999, 7(5-6): 501-511.

[37] Behrendt F, Neubauer Y, Oevermann M, et al. Direct liquefaction of biomass[J]. Chemical Engineering & Technology, 2008, 31(5): 667-677.

[38] Tang H, Kitagawa K. Supercritical water gasification of biomass: thermodynamic analysis with direct gibbs free energy minimization[J]. Chemical Engineering Journal, 2005, 106(3): 261-267.

# 第3章 现有理论的缺陷

## 3.1 现有理论的框架

现有的可燃固废热化学转化的设计理论采取了比较简单的静态成分，即以某一时间、某一地点的可燃固废的组分为设计对象，进行定态设计。在描述可燃固废的特性时，借鉴了煤炭特性的描述方法，在对于可燃固废的反应器设计过程中，借鉴了成熟的煤炭反应器的设计。因此，在设计过程中，采用了诸多理想假定。例如，假定可燃固废的成分不发生明显变化，即可燃固废的热化学转化特性不发生明显变化，同时假定可燃固废的各组分之间不存在明显的相互作用。复杂组分的热化学转化特性是各单一组分特性的简单线性叠加。

概括地说，现有的方法表现出三个特征：枚举、线性叠加、静态，即以特定样品为对象进行枚举，如生物质、塑料、橡胶等，以各自的特征数据按成分质量比例进行简单的线性叠加得出各自的特征数据，所有数据按照某次或某几次测量值进行静态计算等。显然，这么处理的结果与真实情形出入较大，且无法动态反映实际情况。

### 3.1.1 当前研究的方法和描述框架

现有的科研试验方法基本都是以特定的实际物质为研究对象，例如，以某种树叶、树枝或秸秆来代表生物质，以特定的一种或几种塑料来代表塑料，由于样品的地域性、特定化等，样品难以被不同的研究者重复使用，甚至同一研究者不同时期使用的样品尽管名称相同但实际成分并不相同，导致实验难以严格重复。这带来了非常不利的后果：世界上不同的研究群体无法统一使用实验研究的数据，也无法重复别人的实验数据，从而使得深入的实验研究和系统的数据整理难以实现。

无论是生物质还是生活垃圾、工业废物，当它们被作为燃料进行热解、气化和燃烧等热化学转化时，通常都是参照煤炭的热化学转化理论进行分析和描述，没有独立的理论体系和描述方法。现有理论以对实验数据的唯象解释为主，除了成分和热分析数据以外，其他基本都是定性描述。

### 3.1.2 现行工程设计的方法

按照经典的煤炭分析和取样方法，对垃圾取样难度大，需要大量的样品，且因季节和时间不同而不具有代表性。通常除了取样有各自的方法外，其他都参照煤炭测试方法，甚至简单地按照可燃质、水分、灰分考虑。稍微具体一些的方法按照最高值、平均值、最低值来描述，但数据大多是粗略推算甚至人为给定的。

## 3.2　现有理论的不足

如 3.1 节所述，现有的理论框架在描述可燃固废时，存在着明显的缺陷，主要来自以下两个方面。

首先，如第 1 章所述，可燃固废的组分随着时间、地域的不同有着明显的波动，而这种波动带来的是可燃固废热化学性质的明显变化。例如，可燃固废中厨余组分的增加使水分含量增加，而水分含量的增加将导致燃料的热值明显下降，这种变化如果在设计时不加以考虑，将导致反应过程明显偏离设计工况，导致热化学转化效率下降，甚至存在一定的安全隐患。于煤炭而言，当实际煤种与设计煤种的性质发生明显偏离时，也存在相似的问题，而与煤炭相比，可燃固废的组分更加不确定，组分性质波动更大，因此，这个问题更加严重。

其次，现有理论假定各组分之间没有明显的相互作用，因此可燃固废的热化学性质是各组分的简单线性叠加。然而，实际上，这种假定存在着较大的偏差。研究表明，有些组分之间的相互作用是不可被忽略的，因此，如何正确地处理组分间的相互作用是合理进行可燃固废设计应用的一个重要环节。

概括而言，现有理论和方法的不足之处表现在以下几个方面。

(1) 静态：取样分析得到的数据一般都是静态的，采用传统的方法描述燃料的热化学特征，以元素分析、工业分析、发热量和一些简单成分的热分析数据为代表，本质上是静态方法，适用于成分稳定的单一燃料，但无法很好地描述可燃固废。

(2) 难以重现：无论是工程项目还是科研，由于样品都是实际的废弃物样品，难以保证成分的一致性，导致同一名称下的样品成分不同，不同研究者对同一类废弃物的样品特征分析数据也不同，无法实现数据的统一和他引使用，也无法由他人重现。

(3) 线性：即使是难以统一和重现的数据，实际的工程和研究都是分别研究，然后按照预估或特定条件下测试的质量权重进行线性叠加，这与实际情况显然有出入。

(4) 代表性不足：由于实际废弃物种类繁多，实际取样分析只能取有限的种类，尤其是在工程实际中，由于季节不同带来的差异难以体现在取样分析中。

(5) 无法表述实际的波动：静态的数据，即使在某一时点某一地点准确，也无法反映时间、地点变化带来的实际垃圾成分的波动，甚至无法反映入炉垃圾随时间的波动。

(6)无法预测混合效应：现有理论不仅难以给出准确的垃圾成分(包括随时间波动或变化的成分)，也没有考虑混合的非线性效应。

## 3.3　改进现有理论的思路

综上所述，现有可燃固废热转化特性研究存在的核心问题是枚举法这种思路存在局限性。实际上可燃固废种类多样、组分多变，通过不断扩展研究对象积累下的数据虽然广泛但彼此孤立，不能提供有关实际可燃固废的进一步理解。而以燃烧为代表的实际热化学利用过程面对的是组分复杂且不断变化的可燃固废混合物，对可燃固废整体特性的把握比对其中某一特定组分的详细认知更加重要。本书将在借鉴现有实验手段的基础上，在研究对象和数据分析方法方面跳出固有窠臼，将可燃固废整体视作一个多维空间，提出全新的、有别于枚举法的基元方法，探索这一多维空间的本征特性，在处理可燃固废组分复杂多变问题以及建立对可燃固废统一认知框架方面做一些基础性的工作，并为实际可燃固废热转化特性的预测提供一个可操作的模型。

考虑到前面提到的现有可燃固废理论框架的不足，为了改进现有的理论，本书提出的思路如下：首先，将可燃固废的组分进行分解，采用新方法，形成一种基于模型物质描述可燃固废的理论体系，准确描述可燃固废的组分和热化学性质；其次，基于广泛实验，通过模型表征，考虑动态特征及混合效应，更准确地描述可燃固废的热化学性质。

基于多年的思考和研究，作者提出了如下的改进方法。

(1)建立基元表征的理论构架，采用最基本的几种成分确定的物质作为基元，建立一个刚性、可重复、可检验的基础构架。

(2)以基元表征的理论构架为基础，通过系统整合，将各种成分的各种数据统一建立数据库。

(3)从基元方法和数据库中，可以从某一实际废弃物的表观特征反推成分变化，也可以根据实际成分用基元方法和数据库推出其热化学转化特征。

(4)通过模拟和在线数据，结合基元方法和数据库，对实际工业工程实施动态预测。

# 第4章 基元思想

## 4.1 基元方法概述

基元方法的核心构想是用数量有限的“基元”表征种类繁多的实际可燃固废的热化学性质，为可燃固体废弃物的洁净高效热化学转化的数值模拟、工艺组织与设计奠定科学的基础。基元体系三要素为基元组、数据库、表征方法，其中基元组是核心，是基元思想最直接的物质承担者；数据库是所有文献、实验数据的汇总，其既是筛选提炼基元的依据，又是基元方法有效性的切实证明；表征方法是基元体系的灵魂，回答基元如何应用，即需要输入什么条件、能够输出什么结果的问题。

基元是基元表征方法的核心。基元之于实际可燃固废，相当于坐标系中的基底向量之于普通向量。构建基元表征方法首先需要确定基元，只有选定了一组基元后，才能用表征方法对其进行表征，所选定的这组基元便为基元组。

理论上讲，基元形态是多样化的，可以是实际物质，也可以是虚拟组分，只要能起到桥梁作用重构出实际可燃固废的特性即可。本书考虑到物理意义的明确性、实验的可操作性、面向工程实际的易懂性，拟采用实际物质作为基元。在本书中，基元是一组固定组分和性质的物质，构成描述其他单一组分可燃物和混合可燃物的拟合组分和性质。基元作为可燃固废的“基底”，需要满足一定的规范性，主要有基元组内基元的确定性、独立性和基元组的完备性。

### 4.1.1 确定性

确定性是指基元的化学组分、热化学转化特性确定，不同研究者能够获取相同的样品，从而保证在学术共同体层次上的不同研究者具备相互比较交流的基础。

这里所谓的“确定”“相同”是相对的，主要针对实际可燃固废的不确定性、差异性而言。实际可燃固废的不确定性前面有所提及，即可燃固废的名称如木竹、织物等只具备类别意义上的抽象意义，不具备化学意义，直接引入热转化特性研究则导致了不确定性，因此基元名称必须具备比较明确的化学意义。差异性主要体现在实际可燃固废中的生物质部分，尽管诸如杨树枝、米饭这类名称与塑料、织物相比，其化学意义更加清晰，但生物质组分受时空影响较大，这种差异在热转化特性研究中不容忽略。基元应尽可能有工业化生产的标准样品，尽可能减少差异性，且使不同研究者都能方便获取。

### 4.1.2　独立性

独立性需要综合考虑两个方面，一方面是数学意义上的独立性，指一种基元不能被基元组内的其他基元或组合表征出来；另一方面是化学组分的互异性，每一基元的组分尽可能单纯且不同。

独立性旨在保证基元表征方法的简明性。若基元彼此不独立，则将实际可燃固废分解成基元的方法可能不止一种，这就会增加整个方法体系的冗余度和复杂性。

基元的独立性可通过具体的筛选程序保证，即若暂时选取的基元不满足这一条件，就从基元组内逐步删除基元，直至所有基元均满足独立性要求。

需要指出的是，此处的独立性并不等价于基元物质在任何反应条件下都不存在相互作用。本书首先在相互作用微弱的条件下进行基础测试，以此计算实际可燃固废的基元表征系数，然后特意在相互作用相对较强的反应条件下进行实验，以对相互作用规律进行进一步的研究。

### 4.1.3　完备性

完备性指在一定精度范围内，基元组能够表征指定范围内的实际可燃固废，在此基础上重构出混合燃(即可燃固废)的反应特性。本书的指定范围如 1.1 节所述，是可燃固体废弃物，具体精度会在下文给出。

基元方法的最终目标是计算多种实际可燃固废混合后的热化学转化特性，最终的表征误差来源有两种。一是城市固废中部分组分的含量比较低(一般小于5%)，选取基元时直接将这部分忽略，因而这部分无法用基元进行直接表征；二是对于基元能够表征的实际可燃固废，在对每一具体物质进行表征时都会存在一定的误差。这两种误差的综合效应就是最终的表征误差，从研究和应用的角度看，也仅需要控制最终的表征误差。换言之，只要最终的表征误差较小，就可以认为基元满足完备性。

基元组的完备性在某种程度上是一种后验特性。需先选定基元，进行尝试性表征计算，结果精度可以接受，则说明基元满足完备性，基元表征方法也同时建立起来了。如果误差较大，需要重新选择基元。综上所述，基元组内基元的选取是一个不断根据表征误差反馈进行调整的过程。当然，如果在初步选取基元时遵循一定的原则，这个调整过程就会比较容易。

对基元组的完备性分析也引出基元组的发展问题，不排除随着社会生产、生活的变化，可燃固废组分发生变迁，主要成分发生变化，基元组也需相应调整。在现阶段，基元组的完备性仅针对当前的可燃固废组成而言。

# 4.2 基 元 筛 选

## 4.2.1 可燃固废成分分析

基元是为表征实际可燃固废而存在的，因此基元选取过程首先需要考察实际可燃固废的成分。本书主要关注城市固废，其成分分为可燃物和不可燃物两大部分，待研究的可燃物一般分为厨余、木竹、纸张、织物、塑料、橡胶等六大类。每一类又包括若干实际物质，如厨余中有菜叶、果皮等，塑料分为PE、PVC等。每一种实际物质，又可能包括若干化学组分，如生物质可以分解为纤维素、半纤维素、木质素等。本书对成分的考察需要深入到化学组分层面。

1. 城市固废物理组成

本书对北京、香港、西安、宁波、芜湖等不同规模典型城市的城市固废组分进行了统计分析。结果表明，在城市固废六大类中，厨余的平均质量分数高达67wt%，其次为塑料和纸张，分别为15wt%、11wt%。木竹和织物的平均质量分数均低于5wt%，分别为3wt%、4wt%。橡胶的平均质量分数可以忽略不计，这是由于橡胶制品有特定的用途和回收途径，很少进入城市固废，部分城市也未将其纳入统计范围。

城市固废物理组分的统计数据，一方面表明城市固废主要质量集中在厨余、塑料、纸张三大类，另一方面由于这种分类不具有明确的化学意义，因此无从得知每一类具体的物质及成分。由于废弃物收集端的统计数据均是采取这种宽泛分类，为了获取更详细的固废组成，需要从废弃物的产生、流通角度进行考察和分析。

由于本书主要关注可燃固废，下文提到城市固废时，如无特别说明，均指其中的可燃部分。

2. 可燃固废组分定性分析

城市固废可燃部分的具体组成成分如表4.1所示。

表4.1 城市固废可燃部分的具体组成成分

| 成分 | 具体组成 |
|---|---|
| 厨余 | 植物类[主食类、菜叶类、果皮(壳)类]、动物类(肉类、皮毛、骨头) |
| 纸张 | 印刷用纸(书刊、报纸、打印纸等)、生活用纸(卫生纸、面巾纸、纸尿布等)、包装用纸(纸箱、纸板等) |
| 塑料 | PE、PVC、PP、PS、PET、丙烯腈-丁二烯-苯乙烯共聚物(ABS)等 |
| 织物 | 棉、麻、毛、丝、化纤(涤纶、腈纶等) |
| 木竹 | 绿化植物(树木、花草)、一次性餐具、包装木箱 |
| 橡胶 | 轮胎、鞋底 |

厨余可分为植物类、动物类两大类。植物类主要包括淀粉类(主食、块根茎)、果皮(壳)类、菜叶类(摘掉部分为主)，动物类包括肉类、皮毛、骨头等。从厨余产生的角度看，主要成分是食材中不能食用的部分，尤其是随着社会进步，人们以避免铺张浪费为荣，可食用部分变成垃圾的比例越来越小。总体而言，淀粉类和肉类厨余的比例很小。因为动物类的价值一般高于植物类，且中国人的饮食中植物类占的比例更高，所以动物类厨余的总体比例较小，其中肉类占全部厨余的比例也更小。对于城市居民来说，买到的动物类食材均是去除皮毛的净菜，因此皮毛类比例很小；骨头本身可燃物只占少部分，加上用作食材的骨头以煲汤为主，有机成分进一步析出，因此骨头类可燃厨余的比例也很小。综上所述，厨余类主要成分是植物类的果皮(壳)类、菜叶类和少量淀粉类，动物类厨余在本研究中忽略不计，后文提到厨余仅指植物类。由于植物类厨余的含水率都很高，因此厨余类在城市固废可燃部分中的质量分数也较高。

纸张类主要成分均为纤维素，根据不同用途可能加入少量添加剂以获取不同性能。废纸回收行业比较成熟，单位及个人多有卖废纸的习惯，城市拾荒者也会到垃圾桶中捡取品相较好的纸张，因此纸张类的回收率在所有城市固废中是比较高的。不能或不易回收的主要包括四大类，一是彩色印刷品，脱墨困难；二是生活用纸，污染严重；三是多次循环的原材料制作的纸张，回收价值较小；四是分散丢弃的印刷用纸，因为分散性及过程污染，导致回收价值较小。

塑料类以传统的五大塑料聚乙烯(PE)[分为高密度聚乙烯(HDPE)、低密度聚乙烯(LDPE)]、PVC、PP、PS、ABS 为主，部分饮料瓶会采用聚酯类的 PET 材料。此外，还有各种新型塑料不断涌现，不过一般产量都较低(见后文分析)，本书予以忽略。五大塑料中，ABS 主要用于家用电器，废弃家电存在相对独立的回收系统，通常不会进入城市固废，因此本研究也不考虑 ABS。塑料回收行业在蓬勃发展，回收标识在生产时便标注在产品上，以便于后续分类回收。如图 4.1 所示，从回收标识的设置也可以看出，日常生活接触的塑料主要是 PE(HDPE、LDPE)、PVC、PP、PS、PET，进入城市固废的塑料也主要是这几种。

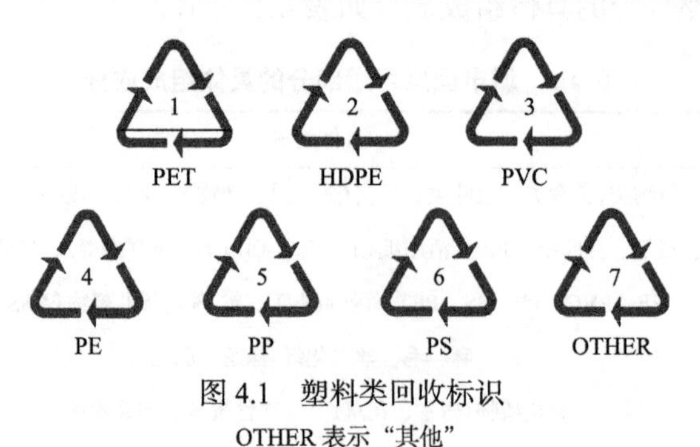


图 4.1 塑料类回收标识

OTHER 表示“其他”

城市固废中的织物、木竹、橡胶，总体所占比例不大，因此只进行简单的分析。

织物类的材料包括天然类和化纤类。天然类有棉、麻、毛、丝，化纤类主要包括涤纶、腈纶、锦纶(尼龙)、氨纶(聚氨酯、莱卡)等。从产量看，占主要地位的是棉和涤纶。因此，城市固废中的织物类废物的主要品种就是棉和涤纶。

城市固废中的木竹类主要来自园林作业产生的废物，还有其他一些废弃的木材制品。作为生物质类物质，其成分与厨余类固废最接近。一般而言，农作物的秸秆类固废在城市固废中的比例非常低，可以忽略。

橡胶类制品主要是各种废弃的轮胎和部分鞋底、手套等。汽车废轮胎有专门的回收渠道，几乎不会进入城市固废。废旧鞋子也有专门的流转渠道，大部分废弃鞋底不进入城市固废。

综上所述，城市固废组分多样，但考察各自的来源和流通情况后，其主要成分也比较突出。下面进行进一步的定量分析。

3. 城市固废组分定量分析

由于环卫部门城市固废物理组分的统计数据不区分每一类的具体物质，想要估测具体成分的质量比例只能从生产消费端入手。一个基本的假设是，对六大类中的每一类废弃物而言，若某种原材料的产量或者消费量较高，同组分的固废在城市固废中所占的比例也会较高。虽然不同材料制成的产品生命周期不同，但由于工业化已经进行多年，常规材料的生产、废弃已经进入比较平稳的过程，不至于出现某类材料大量生产投入使用但还都没有达到使用年限的情况。城市固废中可燃部分的量级分析如表 4.2 所示。需要指出的是，织物类所列产量是其原材料总产量，部分原材料并未应用到织物上；表中 PET 与涤纶的化学组分是相同的，回收的 PET 塑料可以加工成涤纶用于服装产业。

**表 4.2 城市固废中可燃部分的量级分析**

| 类别 | 主要物质 | 年产量或消费量或废弃量情况 |
|---|---|---|
| 厨余 | 果皮、菜叶、米饭等 | |
| 纸张 | 印刷用纸、生活用纸、包装用纸等 | 纸浆 9000 多万 t[1]，年废弃千万吨量级 |
| 塑料 | PE | 表观消费量 1514 万 t[1] |
| | PVC | 表观消费量 1084 万 t[1] |
| | PS | 表观消费量 412 万 t[1] |
| | PP | 表观消费量 1252 万 t[1] |
| | ABS | 表观消费量 368 万 t[1]，五大塑料占塑料总表观消费量的 80%以上 |
| | PET | |

续表

| 类别 | 主要物质 | 年产量或消费量或废弃量情况 |
| --- | --- | --- |
| 橡胶 | 聚丁橡胶、丁苯橡胶、苯乙烯嵌段共聚物 | 总表观消费量 332 万 t[1]，三大橡胶占 75% |
| 织物 | 棉 | 总产量 600 万 t 量级[2] |
| | 毛 | 总产量 40 万 t 量级[3] |
| | 丝 | 总产量 10 万 t 量级[4] |
| | 涤纶 | 总产量 2204 万 t[1] |
| | 锦纶 | 总产量 137 万 t[1] |
| | 腈纶 | 总产量 68 万 t[1] |
| | 丙纶 | 总产量 26 万 t[1] |
| | 维纶 | 总产量 5 万 t[1] |
| 木竹 | — | — |
| 其他 | — | — |

从表 4.2 中可知，纸张类废弃物的产量在千万吨量级。塑料类总体表观消费量在 5000 万 t 的量级，以五大塑料为主，其中 PE、PVC、PP 的比例是 PS、ABS 的 3～4 倍。橡胶类表观消费量在 300 万 t 量级，比纸张、橡胶低一个量级。织物类以服装为基础估算，我国年产服装在 300 亿件的量级，以每件 0.25kg 估算，总质量在 750 万 t 量级，略高于橡胶，比纸张、塑料同样低一个量级，其中原材料以棉和涤纶为主，其余材料产量要低 1～2 个量级。

综上所述，工业制成品的主要成分突出，而工业制品一般都存在产品规范，因此成分比较稳定。对这几大类物质而言，可以直接选取主要成分作为基元物质，既能够在相当高的精度上代表大类，同时也方便获取组分稳定的样品。

相较之下，厨余及木竹这两大生物质类具体物种有很多，同一物种的组分也存在时空差异，不能直接选取某几种生物质作为代表，需另辟蹊径。

### 4.2.2　生物质类主要化学成分分析

生物质类(包括厨余、木竹等)具体物种较多，见诸文献的不下 200 多种。一些研究者曾经尝试用纤维素、半纤维素、木质素模拟生物质热解失重特性，这一思路可以为我们选取基元提供参考。

近些年有若干研究者对三组分模拟生物质进行了研究，内容涉及三组分特性及相互作用，确定三组分含量的方法，生物质失重、产物生成特性与三组分含量的关系等，见表 4.3。与本书基元方法的构想相比，其存在的问题：一是主要在 TGA 平台上进行实验，涉及的生物质种类较少，没有有意识、有计划地进行系统研究；

二是研究重点从热转化特性的模拟偏移到三组分含量的确定上，进而与化学分析结果进行比较。

表 4.3 生物质三组分模拟部分研究情况

| 研究者 | 主要工作 |
| --- | --- |
| Miller 和 Bellan[5] | 基于三组分动力学+传质传热的生物质热解模型 |
| Yang 等[6,7] | 纤维素、半纤维素、木质素热解特性；根据不同温度区间失重确定生物质中三组分含量的多元线性回归方法 |
| 黄娜等[8] | 三组分热解特性 |
| Hosoya 等[9] | 三组分相互作用 |
| Wang 等[10] | 氢气、合成气气氛下三组分热解特性；生物质热解动力学参数与三组分动力学参数的关系 |
| Liu 等[11,12] | 三组分相互作用；生物质热解产物与三组分含量的关系 |
| 李睿等[13] | 根据失重曲线采用高斯多峰拟合确定三组分含量 |
| Barneto 等[14] | 使用三组分+char 热解拟合生物质热解过程 |
| Qu 等[15] | 三组分热解产物；生物质热解产物与三组分含量的关系 |

本书主要借鉴的则是三组分本身，即可以选取纤维素、半纤维素、木质素作为基元。此外，根据热重失重曲线确定三组分含量的方法也可以为表征过程确定基元的系数、建立实际生物质与基元之间的关系提供参考。

需要指出的是，上述这些研究者的研究对象主要是木质纤维类的物质，而厨余类垃圾中的主食类，如米饭、面条等，主要成分是淀粉，因此在三组分外，增加一个淀粉组分来涵盖主食类的废弃物。

### 4.2.3 可燃固废组分的分类

根据物理组成，城市固废一般分为六大类，即厨余、木竹、纸张、织物、塑料、橡胶，然而，缺乏一个基于热化学性质的固废分类。为了对可燃固废组分的热化学性质有一个深入的认识，进而探索基元物质筛选的可能，首先选取可燃固废中一系列典型组分进行预实验。

在预实验过程中，选择 26 种可燃固废组分进行了分析，26 种组分来源于可燃固废的六个大类。各组分的工业分析、元素分析及热值在煤炭科学研究院和清华大学能源与动力工程系进行了分析，工业分析依据标准《GB/T 212—2008 煤的工业分析方法》，元素分析中碳和氢的测量依据标准《GB/T 476—2008 煤中碳和氢的测定方法》，氮的测量依据标准《GB/T 30733—2014 煤中碳氢氮的测定仪器法》，硫的测量依据标准《GB/T 214—2007 煤中全硫的测定方法》，氧含量根据差减法得到。高位热值(higher heating value, HHV)的测量依据标准 GB/T 213—2008 进行。

结果如表 4.4 所示，为了去除水分的影响，工业分析和热值的结果用干燥基表示（105℃干燥），元素分析的结果用干燥无灰基表示。

**表 4.4　可燃固废组分的元素分析、工业分析及热值**

| 类别 | 组分 | 工业分析/wt% | | | 元素分析/wt% | | | | | $HHV_d$ /(MJ/kg) |
|---|---|---|---|---|---|---|---|---|---|---|
| | | $A_d$ | $V_d$ | $FC_d$ | $C_{daf}$ | $H_{daf}$ | $O_{daf}$ | $N_{daf}$ | $S_{daf}$ | |
| 厨余 | 大白菜 | 9.91 | 67.60 | 22.49 | 47.49 | 5.88 | 41.79 | 4.11 | 0.73 | 16.99 |
| | 米饭 | 0.40 | 84.42 | 15.18 | 45.97 | 6.35 | 45.74 | 1.69 | 0.25 | 18.14 |
| | 马铃薯 | 3.15 | 79.52 | 17.33 | 44.41 | 5.33 | 47.82 | 1.81 | 0.64 | 17.10 |
| | 橘皮 | 2.91 | 76.49 | 20.60 | 48.74 | 5.92 | 43.83 | 1.43 | 0.08 | 18.47 |
| | 香蕉皮 | 10.85 | 64.38 | 24.77 | 35.80 | 4.79 | 54.93 | 4.37 | 0.10 | 16.39 |
| | 小白菜 | 18.44 | 63.97 | 17.59 | 43.37 | 5.93 | 48.64 | 1.25 | 0.81 | 18.90 |
| | 芹菜 | 14.58 | 65.36 | 20.06 | 38.46 | 6.16 | 54.52 | 0.21 | 0.65 | 13.57 |
| | 橙皮 | 2.15 | 77.93 | 19.92 | 40.28 | 6.12 | 52.46 | 1.08 | 0.06 | 17.10 |
| | 菠菜 | 15.97 | 65.26 | 18.77 | 47.58 | 6.48 | 43.93 | 1.57 | 0.43 | 17.08 |
| 木竹 | 杨树枝 | 7.54 | 73.85 | 18.61 | 51.36 | 5.89 | 41.00 | 1.52 | 0.22 | 18.50 |
| | 杨树叶 | 15.69 | 68.74 | 15.57 | 49.54 | 5.24 | 43.30 | 1.32 | 0.59 | 16.85 |
| | 梧桐叶 | 9.23 | 69.74 | 21.03 | 52.95 | 4.88 | 40.51 | 1.01 | 0.65 | 19.12 |
| | 银杏叶 | 11.62 | 73.19 | 15.19 | 41.35 | 5.54 | 50.88 | 1.36 | 0.87 | 15.28 |
| 纸张 | 空白打印纸 | 10.69 | 79.33 | 9.98 | 45.12 | 5.31 | 48.91 | 0.38 | 0.28 | 13.51 |
| | 生活用纸 | 0.52 | 90.47 | 9.01 | 45.18 | 6.13 | 48.32 | 0.25 | 0.11 | 17.25 |
| | 报纸 | 8.07 | 79.54 | 12.39 | 48.01 | 5.71 | 45.86 | 0.33 | 0.09 | 17.16 |
| 织物 | 棉布 | 1.52 | 84.53 | 13.95 | 46.51 | 5.80 | 46.98 | 0.43 | 0.28 | 17.43 |
| | 脱脂棉纱布 | 0.14 | 94.85 | 5.01 | 46.74 | 5.69 | 47.23 | 0.27 | 0.08 | 16.82 |
| | 涤纶 | 0.49 | 88.60 | 10.91 | 62.16 | 4.14 | 33.12 | 0.29 | 0.28 | 20.86 |
| 塑料 | PS | 0.04 | 99.57 | 0.39 | 86.06 | 6.27 | 1.93 | 5.73 | 0.00 | 38.93 |
| | LDPE | 0.00 | 99.98 | 0.02 | 85.98 | 11.20 | 2.61 | 0.21 | 0.00 | 46.48 |
| | HDPE | 0.18 | 99.57 | 0.25 | 85.35 | 12.70 | 1.90 | 0.05 | 0.14 | 46.36 |
| | PVC | 0.00 | 94.93 | 5.07 | 38.34 | 4.47 | 56.96[a] | 0.23 | 0.00 | 20.83 |
| | PP | 0.02 | 99.98 | 0.00 | 83.51 | 10.64 | 5.63 | 0.22 | 0.00 | 45.20 |
| | PET | 0.09 | 90.44 | 9.47 | 63.01 | 4.27 | 32.69 | 0.04 | 0.00 | 23.09 |
| 橡胶 | 橡胶 | 10.24 | 62.83 | 26.93 | 89.53 | 6.70 | 1.07 | 0.69 | 2.02 | 35.74 |

注：A 表示灰分；V 表示挥发分；FC 表示固定碳；HHV 表示高位发热量；d 表示干燥基；daf 表示干燥无灰基；a 表示此处代表氯。

各组分的工业分析、元素分析可绘制成如图 4.2 所示的三元图。如图 4.2(a) 所示，26 种典型固废基于工业分析成分可分为 5 组。第 1 组包含 PS、LDPE、

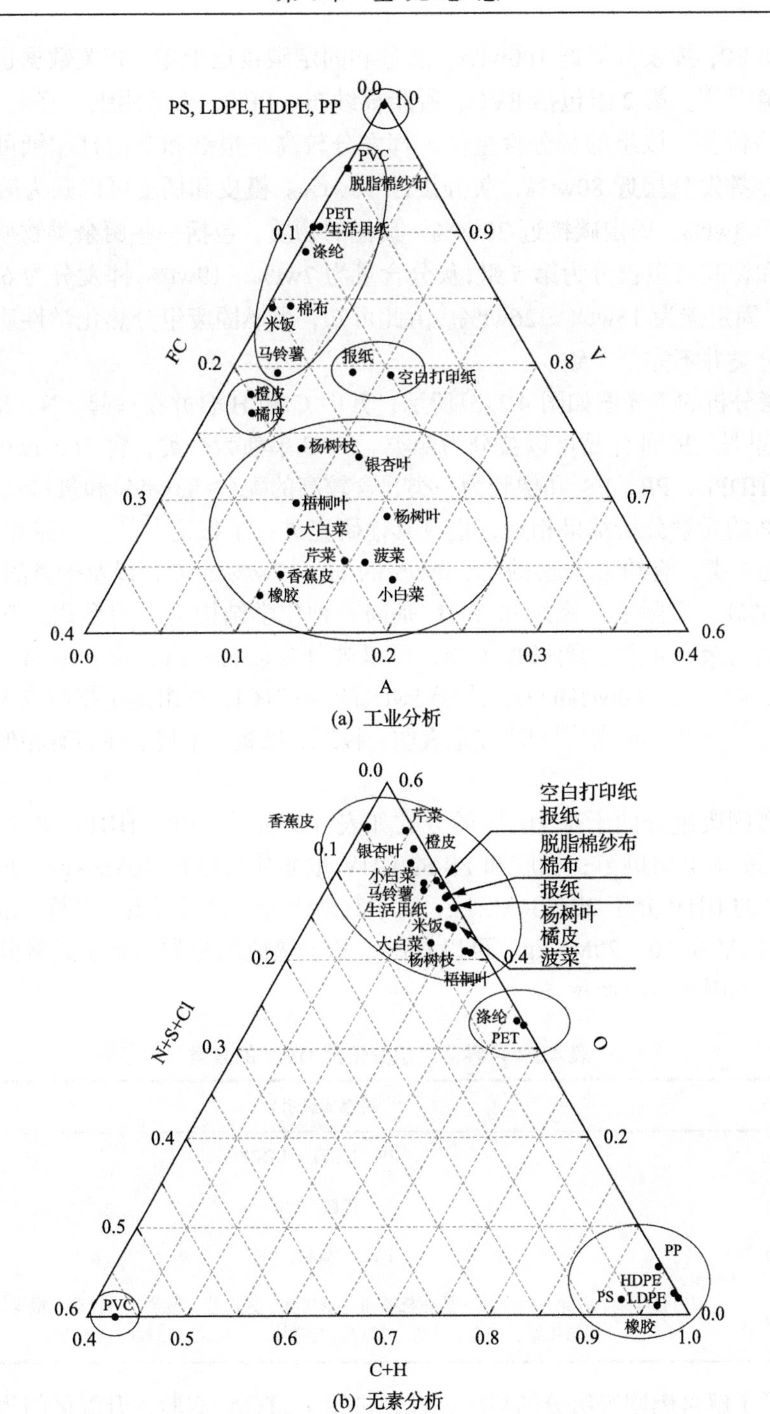


图 4.2 可燃固废的工业分析、元素分析

HDPE 和 PP，挥发分接近 100wt%，灰分和固定碳接近于零，相关数据也有其他研究报道[16-18]。第 2 组包括 PVC、脱脂棉纱布、PET、生活用纸、涤纶、棉布、米饭和马铃薯，该组的灰分含量低，挥发分较高。报纸和空白打印纸可以分为第 3 组，挥发分接近 80wt%，灰分接近 10wt%。橙皮和橘皮可以归为第 4 组，灰分低于 3wt%，固定碳接近 20wt%。其他的物质，包括一些厨余类物质、木竹类物质和橡胶可以被分为第 5 组，灰分含量为 7wt%～19wt%，挥发分为 63wt%～74wt%，固定碳为 15wt%～26wt%。由此可知，可燃固废组分热化学性质的分类与物理分类并不完全一致。

元素分析的三元图如图 4.2(b)所示，其中 C 和 H 合并在一起，N、S、Cl 合并在一起[16]。26 种样品可以被分为四类。PVC 单独为一类，含 56.96wt%的 Cl。LDPE、HDPE、PP、PS 和橡胶为一类，含较高的碳(＞83wt%)和氢(＞6wt%)。PE 和 PP 的元素分析结果相近，也有其他研究进行了报道[17-19]。涤纶和 PET 可以被分为一类，有约 62wt%的 C、4wt%的 H、33wt%的 O，以及少量的 N 和 S (＜0.3wt%)。实际上，涤纶和 PET 是同一种化学结构的不同形式。其他的组分，包括厨余、木竹、纸张和织物，可以被分为最后一组，含 40wt%～60wt%的 C+H，40wt%～60wt%的 O，小于 5wt%的 N+S+Cl，该组是生物质或天然高聚物。Li 等[17]和 Sørum 等[18]的研究也表明，报纸、纸板、木屑、棉布有相似的元素组成。

可燃固废组分的干基 HHV 的分类如表 4.5 所示。PP、HDPE 和 LDPE 的 HHV 最高(＞40MJ/kg)；橡胶和 PS 的 HHV 也非常高(30～40MJ/kg)；PVC、涤纶、PET 的 HHV 介于 20～30MJ/kg；对于其他组分，包括厨余、木竹、纸张和织物，其 HHV 在 10～20MJ/kg。可以看出，基于热值的分类与基于元素分析的分类相似，如图 4.2(b)所示。

**表 4.5 可燃固废组分依据 HHV 的分类**

| 热值/(MJ/kg) | 可燃固废组分 |
| --- | --- |
| ＞40 | PP、HDPE、LDPE |
| 30～40 | 橡胶、PS |
| 20～30 | PVC、涤纶、PET |
| 10～20 | 空白打印纸、芹菜、香蕉皮、脱脂棉纱布、杨树叶、大白菜、菠菜、马铃薯、橙皮、报纸、生活用纸、棉布、米饭、橘皮、杨树枝、小白菜、梧桐叶、银杏叶 |

为了了解可燃固废组分的热解特性，进行了 TGA 实验，升温区间为室温至 1000℃，升温速率为 10℃/min，载气为 $N_2$。根据 TG 特性，可燃固废组分可以进行聚类分析。从两个组分的 TG 曲线中导出 $N$ 组数据，由向量 $X$ 和 $Y$ 表示，质量

为相对质量，单位为%。

$$X=(x_1,x_2,x_3,\cdots,x_N),Y=(y_1,y_2,y_3,\cdots,y_N) \tag{4-1}$$

使用欧氏(Euclidean)距离进行两条TG曲线差距的度量，欧氏距离是最常用的距离度量标准，其含义为两条向量在多维空间的绝对距离[20]。

$$\text{dist}(X,Y)=\sqrt{\sum_{i=1}^{N}(x_i-y_i)^2} \tag{4-2}$$

在聚类分析的过程中，从温度100～1000℃每10℃取一个点，以充分反映TG特性。在组与组合并的过程中，使用组间距离作为标准。聚类分析按步进行，相似的组分最先被聚类，差异显著的组分最后被聚类。聚类分析使用SPSS软件进行操作，结果如图4.3所示，26种物质可以被分为11组。

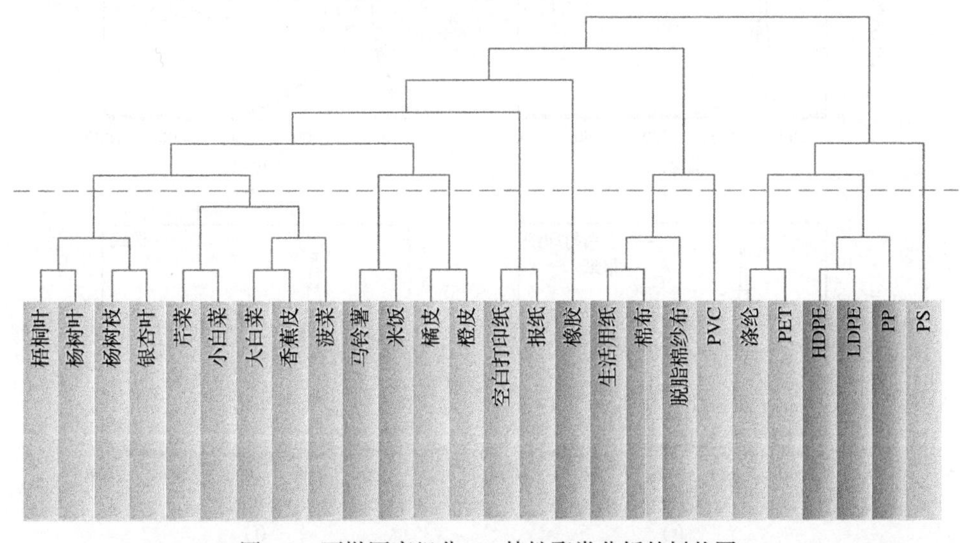


图4.3 可燃固废组分TG特性聚类分析的树状图

如图4.3所示，四种木竹组分(梧桐叶、杨树叶、杨树枝、银杏叶)可以归为一组，其失重微分(derivative thermogravimetric，DTG)曲线如图4.4(a)所示。这四种组分的主峰位于320～350℃，并且在280℃附近有肩峰。另外，有一个峰位于700℃附近，这与其他研究者报道的云杉的特性相近[17]。木竹的主要成分是半纤维素、纤维素和木质素，第一个峰(肩峰)来源于半纤维素的分解[6]；主峰来源于纤维素的分解，这也是木竹的主要成分[21]；在700℃的峰来源于木质素的分解[22]。

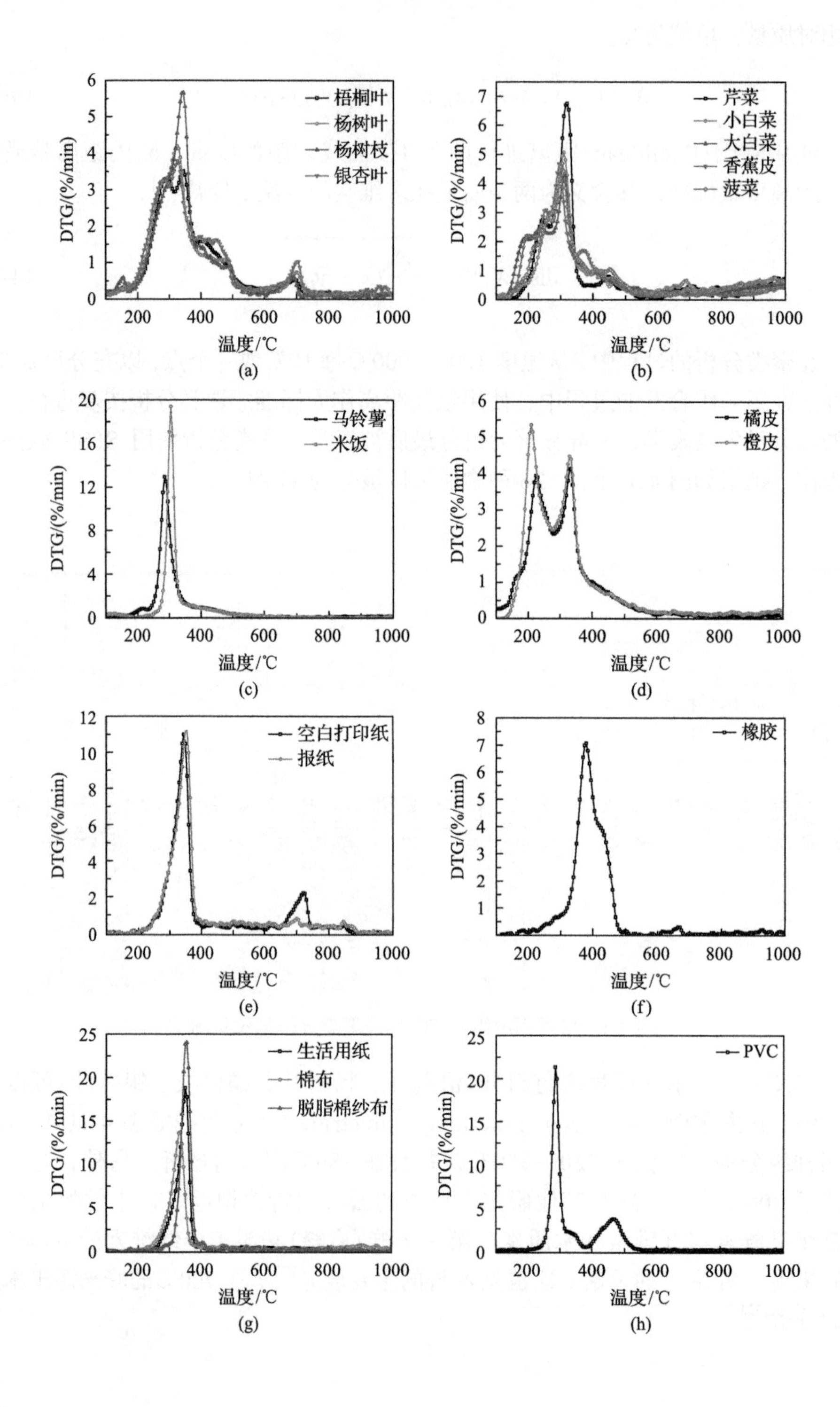
梧桐叶
杨树叶
杨树枝
银杏叶
芹菜
小白菜
大白菜
香蕉皮
菠菜
马铃薯
米饭
橘皮
橙皮
空白打印纸
报纸
橡胶
生活用纸
棉布
脱脂棉纱布
PVC
DTG/(%/min)
温度/℃
(a)
(b)
(c)
(d)
(e)
(f)
(g)
(h)

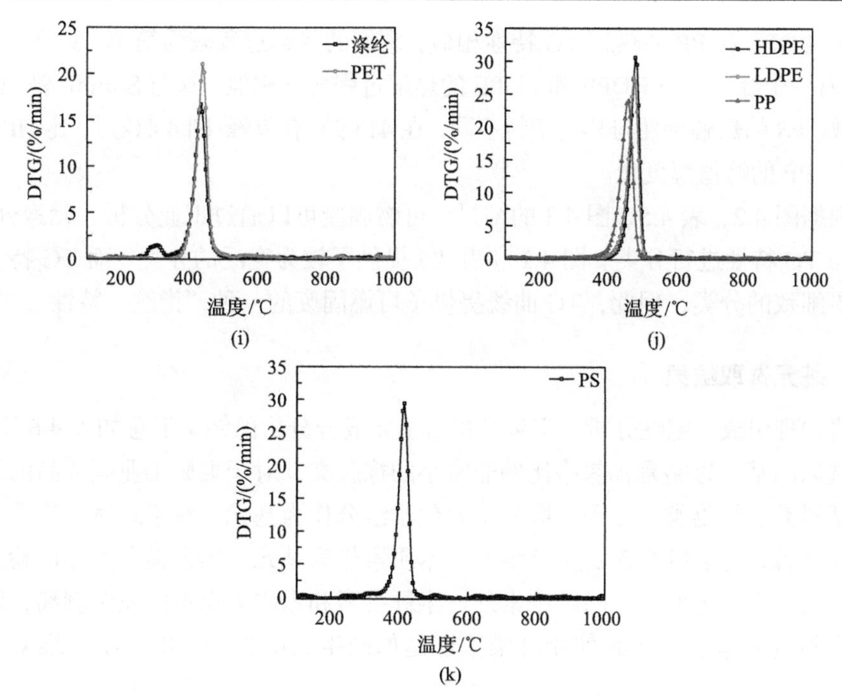


图 4.4 可燃固废组分基于 TG 特性聚类分析后各组的 DTG 特性

五种厨余组分可以归为一类，如图 4.3 所示。该组的主峰位于 295～320℃，这是由于半纤维素和纤维素的分解；而另有一个或两个肩峰位于 200～260℃，同样来源于半纤维素的分解[22]。

马铃薯和米饭可以分为一类，它们的峰值位于 300℃附近。实际上，马铃薯和米饭的主要成分都是淀粉[23]。两种果皮，橘皮和橙皮，可以分为一类，有两个峰，如图 4.4(d)所示。第一个峰位于 210～230℃，源于果胶和半纤维素的分解[24]；第二个峰位于 331～333℃，源于纤维素的分解[25,26]。空白打印纸和报纸可以分为一组，主峰位于 350℃附近，源于纤维素的分解，纤维素是纸的主要成分[27,28]。Chang 等[29]研究了未装订打印纸的热解，得到了相似的结果。然而，空白打印纸在 721.7℃有一个峰，源于纸张添加剂 $CaCO_3$ 的分解[30]。橡胶的热解与其他组分不同，在 378.4℃有主要的失重峰。生活用纸、棉布和脱脂棉纱布可以归为一组，在 333～353℃有单峰，源于纤维素的分解[31]。

PVC 的氯含量高，热解过程可以看成两个部分。第一个过程为热解脱氯过程，位于 250～375℃，峰值位于 286.3℃。第二个过程为碳氢结构的分解[32]，位于 375～500℃，峰值位于 469.7℃[图 4.4(h)]，Sørum 等[18]的研究报道了相似的结果。涤纶和 PET 的结构相同，因此它们的 TG 特性相似，主峰位于 440℃附近，且强度较高(约 20%/min)。值得注意的是，涤纶在 304.9℃还有一个小峰，可能是杂质所致。

HDPE、LDPE 和 PP 的热解 TG 特性相似，它们的热解过程较为简单，只在 455～485℃有一个峰，其中 HDPE 和 LDPE 的热解过程尤其相似，这与 Sørum 等[18]的报道一致。PS 的热解特性与其他塑料不同，在 413.9℃有单峰[图 4.4(k)]，比 HDPE、LDPE、PP 的峰值温度低。

根据图 4.2、表 4.5、图 4.3 的结果，可燃固废可以通过工业分析、元素分析、热值与 TG 特性进行分类。图 4.2 和表 4.5 提供了较为宽泛的分类，而 TG 特性提供了更细致的分类，因此，TG 曲线提供了可燃固废的一种“指纹”特性。

### 4.2.4 基元选取结果

将物理组成、定性分析、定量分析、主要成分分析的结论汇总如表 4.6 所示。基元选取的基本思路是，忽略比例非常小的橡胶类，对于隶属工业制成品的纸张类、塑料类、织物类，原则上取其主要化学组分作为基元；对于隶属生物质类的厨余和木竹，选取纤维素、半纤维素、木质素作为基元，厨余类再增加淀粉。其中纸张类由于工艺所限，除纤维素外，半纤维素和木质素也不能完全剥离，因此需根据拟合效果确定单独使用纤维素还是如同生物质类一样增加半纤维素、木质素。

**表 4.6 城市固废成分分析结果汇总**

| 成分 | 比例/wt%* | 成分分析结果汇总和基元选取思路 |
| --- | --- | --- |
| 厨余 | 67 | 物种多样，以纤维素、半纤维素、木质素、淀粉作为基元 |
| 纸张 | 11 | 主成分为纤维素，以纤维素为基元 |
| 塑料 | 15 | 五大塑料 PE、PVC、PP、PS、ABS 中去掉 ABS(特殊回收途径)、加入 PET(应用越来越广泛，与涤纶同组分) |
| 橡胶 | 0 | 忽略 |
| 织物 | 4 | 主要材质为棉和涤纶，前者成分为纤维素，后者同 PET |
| 木竹 | 3 | 物种多样，以纤维素、半纤维素、木质素作为基元 |

* 占可燃部分(六大类之和)的比例。

综上所述，本书初步选取纤维素、半纤维素、木质素、淀粉、PE、PVC、PP、PS、PET 共 9 种物质作为基元，如图 4.5 所示，前 4 种统称生物质类基元，后 5 种统称塑料类基元。

在实际样品的选取过程中，对每个具体的基元物质考查了多种样品，如表 4.7 所示。考虑样品的稳定性、粒度、纯度、可获得性、价格、权威性，在每种基元物质中选择了实际的样品，在表 4.7 中以粗体和下划线表示。由于半纤维素是一类多糖物质的总称，在实际研究过程中，常常选取木聚糖作为半纤维素的代表[33]。

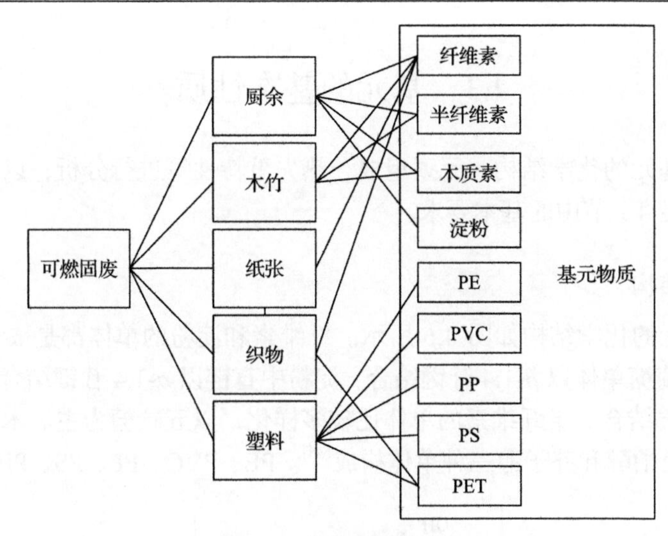


图 4.5 基元物质的筛选

**表 4.7 基元物质的选取**

| 基元大类 | 实际取样 |
|---|---|
| 半纤维素 | 木聚糖(CSC[a]) |
| | **木聚糖(Sigma-Aldrich[b])** |
| 纤维素 | 微晶纤维素(精求[c]) |
| | 微晶纤维素(RCL[d]) |
| | **微晶纤维素(Sigma-Aldrich)** |
| 木质素 | 木质素磺酸钠(兴正和[e]) |
| | 工业木质素(山峰[f]) |
| | 碱性木质素(TCI[g]) |
| | 碱性木质素(Kanto[h]) |
| | 木质素磺酸钠(TCI) |
| | **脱碱木质素(TCI)** |
| 淀粉 | 可溶性淀粉(精求) |
| | 马铃薯淀粉(Sigma-Aldrich) |
| | 小麦淀粉(Sigma-Aldrich) |
| | **大米淀粉(Sigma-Aldrich)** |

| 基元大类 | 实际取样 |
|---|---|
| PE | LDPE(阳励[i]) |
| | PE(燕山石化[j]) |
| | HDPE(Goodfellow[k]) |
| | **HDPE(阳励)** |
| PP | PP(阳励) |
| PS | PS(燕山石化) |
| | PS(Goodfellow) |
| | **PS(阳励)** |
| PVC | PVC(燕山石化) |
| | PVC(阳励) |
| | **PVC(Sigma-Aldrich)** |
| PET | **PET(阳励)** |

a: Corporation Service Company; b: Sigma-Aldrich Ltd.; c: 北京精求化工有限公司; d: Research Chemicals Ltd.; e: 沈阳兴正和化工有限公司; f: 常州山峰化工有限公司; g: Tokyo Chemical Industry Co. Ltd.; h: Kanto Chemical Co. Ltd.; i: 上海阳励机电科技有限公司; j: 北京燕山石油化工有限公司; k: Goodfellow Cambridge Ltd。

## 4.3 基元的基本性质

本节对基元的化学结构、元素组成、热失重特性等进行分析，以考察并验证它们是否满足 4.1 节中的基本要求。

### 4.3.1 化学结构

九种基元的化学结构如图 4.6 所示。纤维素和淀粉的单体都是 *α*-葡萄糖，纤维素是 *α*-葡萄糖单体以 *β*-1,4 苷键结合，淀粉中直链以 *α*-1,4 苷键结合，分支点处以 *α*-1,6 苷键结合。半纤维素的单体比较多样化，以五碳糖为主。木质素主要由对香豆醇、松柏醇和芥子醇三种单体构成[34]。PE、PVC、PP、PS、PET 是结构比

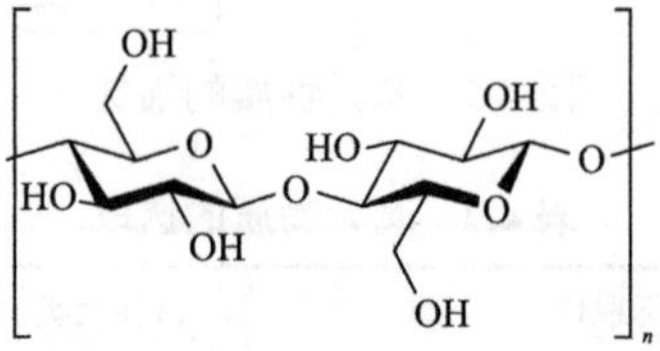

(a) 纤维素

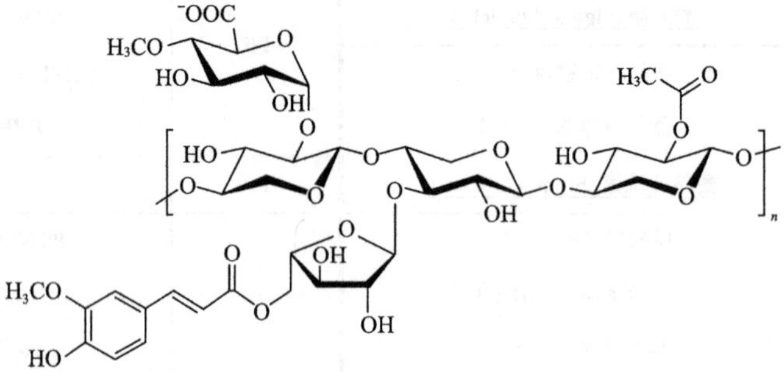

(b) 半纤维素

1

2

3

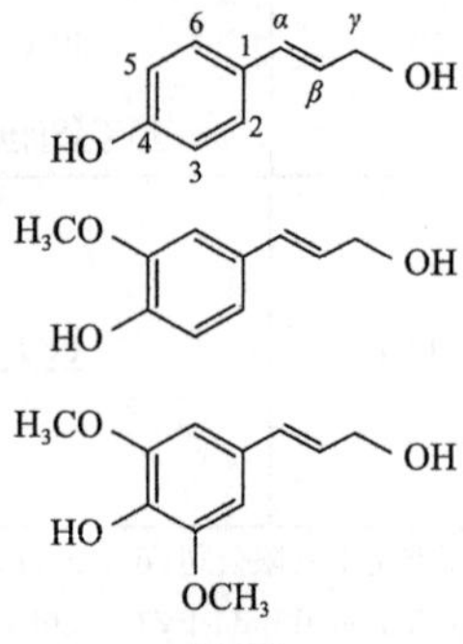

(c) 木质素

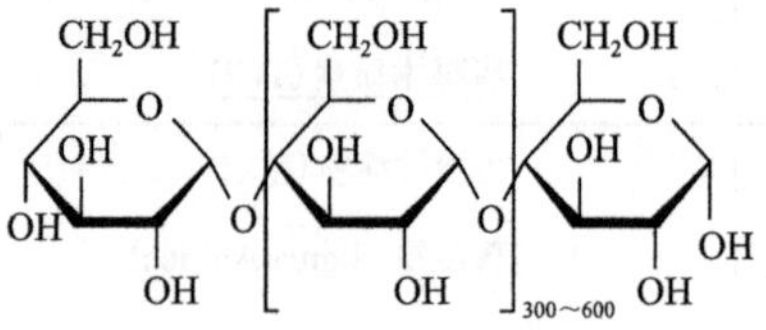

(d) 淀粉

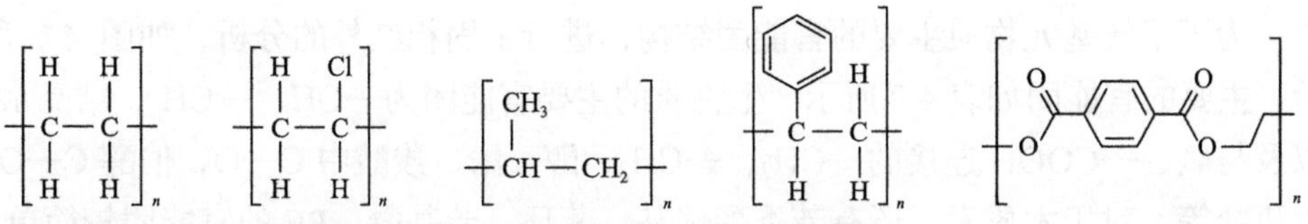

(e) PE (f) PVC (g) PP (h) PS (i) PET

图4.6 基元化学结构式

较简单的高聚物。所选取的基元具备较明确的化学结构。虽然受生产过程影响，样品也会存在一定差异，与理论结构存在少许偏差，但相对为数众多、组分多变、名称各异的实际可燃固废而言，可以认为上文选取的基元满足确定性要求。

九种基元工业分析、元素分析及热值如表 4.8 所示。在生物质组分中，木质素的固定碳最高(29.3wt%)，元素碳含量最高(63.9wt%)，挥发分最低(54.6wt%)，氧含量最低(25.8wt%)。同时，值得注意的是，木质素的硫含量较高(5.7wt%)，这由木质素分离过程所致。纤维素的挥发分最高(95.2wt%)，固定碳最低(4.8wt%)，灰分几乎为零。纤维素的高挥发分与木质素的高硫含量与其他研究的报道一致[33]。塑料类基元的挥发分都较高，PVC 和 PET 有一定量的固定碳。PE 的氢含量最高(11.2wt%)，PVC 的氯含量较高(57.0wt%)，这与 Li 等[17]的报道相一致，而 PET 的氧含量较高(32.7wt%)。

**表 4.8 基元的元素分析、工业分析及热值特性**

| 类别 | 基元物质 | 工业分析/wt% | | | 元素分析/wt% | | | | | $HHV_d$ / (MJ/kg) |
|---|---|---|---|---|---|---|---|---|---|---|
| | | $A_d$ | $V_d$ | $FC_d$ | $C_{daf}$ | $H_{daf}$ | $O_{daf}$ | $N_{daf}$ | $S_{daf}$ | |
| 生物质 | 纤维素 | n.d. | 95.2 | 4.8 | 44.5 | 6.3 | 47.9 | 1.3 | n.d. | 27.1 |
| | 半纤维素 | 2.1 | 78.6 | 19.3 | 39.2 | 6.3 | 54.5 | n.d. | n.d. | 17.5 |
| | 木质素 | 16.2 | 54.6 | 29.3 | 63.9 | 4.5 | 25.8 | 0.2 | 5.7 | 21.0 |
| | 淀粉 | 0.1 | 95.2 | 4.7 | 43.8 | 5.2 | 50.6 | 0.2 | 0.2 | 17.3 |
| 塑料 | PE | n.d. | 100.0 | n.d. | 86.0 | 11.2 | 2.6 | 0.2 | 0 | 46.5 |
| | PVC | n.d. | 94.9 | 5.1 | 38.3 | 4.5 | 57.0[a] | 0.2 | 0 | 20.8 |
| | PP | n.d. | 100.0 | n.d. | 83.5 | 10.6 | 0.2 | 5.6 | 0 | 45.2 |
| | PS | n.d. | 99.6 | 0.4 | 86.1 | 6.3 | 1.9 | 5.7 | 0 | 38.9 |
| | PET | 0.1 | 90.4 | 9.5 | 63.0 | 4.3 | 32.7 | n.d. | 0 | 23.1 |

注：a 表示此处代表氯；n.d.表示未检出。

除了 PE、PP 和 PS 外，各基元物质的干基高位热值在 17.3～27.1MJ/kg，而 PS 的热值高达 38.9MJ/kg，PE 的热值高达 46.5MJ/kg，这和 Zheng 等[19]的报道相一致。

为了了解基元物质主要的官能团结构，进行了固相红外的分析，如图 4.7 所示，主要的官能团如表 4.9 所示。生物质的主要官能团为—OH、—$CH_2$、结晶水，以及与氧、—COOH 连接的—$CH_2$，—$CH_3$，醇、酚、羧酸中 C—O，伯醇 C—O，无机盐等。对于木质素，还有芳香酯羰基、苯环、芳基醚。PE 的官能团较简单，主要为—$CH_2$，PS 除具有—$CH_2$ 官能团以外，还有苯环、C═C、芳环上—CH；PVC 还有与接于卤素的碳相连的—$CH_2$、$CH_2$═CHCl、C—Cl；PET 有与氧相连的—$CH_2$，苯环，C═O，与氧、—COOH 连接的—$CH_2$，C—OH，C—O，芳环上—CH，多元环醚，苯甲酸甲酯等。

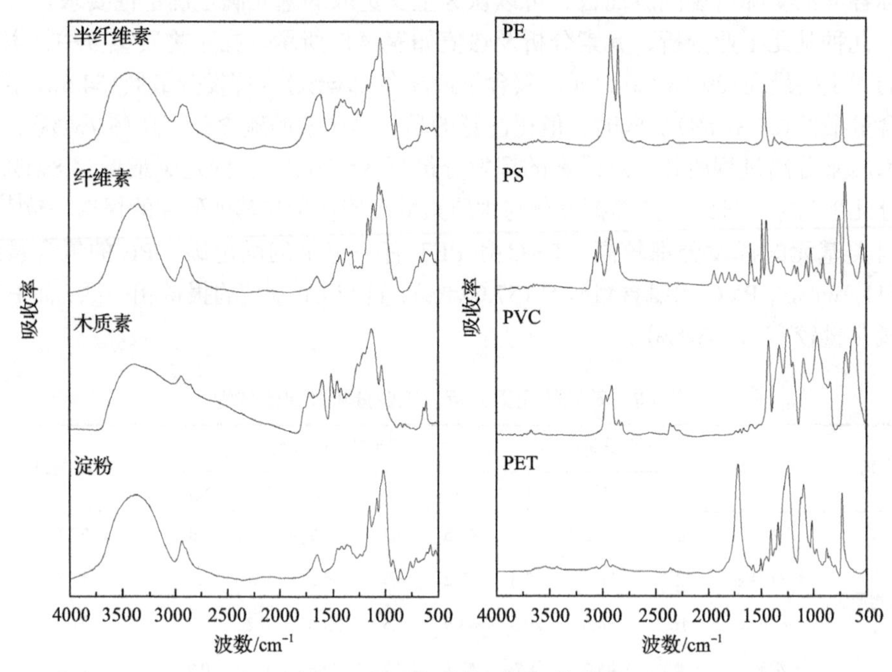


图 4.7　基元物质的固相红外谱图

**表 4.9　各基元物质在 FTIR 中的主要官能团结构**　　（单位：$cm^{-1}$）

| 官能团 | 半纤维素 | 纤维素 | 木质素 | 淀粉 | PE | PS | PVC | PET |
|---|---|---|---|---|---|---|---|---|
| —OH 伸缩 | 3435 | 3345 | 3393 | 3374 | | | | |
| 与氧相连的—$CH_2$ 的对称伸缩 | | | | | | | | 2967 |
| 与接于卤素的碳相连的—$CH_2$ | | | | | | | 2970 | |
| —$CH_2$ 反对称伸缩 | 2915 | 2900 | 2937 | 2932 | 2919 | 2920 | 2910 | 2906 |
| —$CH_2$ 对称伸缩 | | | | | 2848 | 2848 | 2847 | |

续表

| 官能团 | 半纤维素 | 纤维素 | 木质素 | 淀粉 | PE | PS | PVC | PET |
|---|---|---|---|---|---|---|---|---|
| 苯环 | | | | | | 1942 | | 1960 |
| C=O伸缩 | | | | | | | | 1717 |
| 芳香酯羰基伸缩振动 | | | 1716 | | | | | |
| C=C | | | | | | 1748 | 1700 | |
| C=C伸缩 | | | | | | | 1667 | |
| 无机物结晶水变角振动 | 1613 | 1645 | 1597 | 1647 | | | | |
| $CH_2$=CHCl | | | | | | | 1597 | |
| 苯环C=C伸缩振动 | | | 1514 | | | 1541<br>1492 | | 1505 |
| —$CH_2$变角振动 | 1464 | 1458 | 1463 | 1458 | 1467 | 1452 | | 1455 |
| 与氧、—COOH连接的—$CH_2$ | 1424 | 1431 | 1426 | 1418 | | | | 1410 |
| 与接于卤素的碳相连的—$CH_2$的变形振动 | | | | | | | 1431 | |
| —$CH_3$对称变角振动 | 1384 | 1372 | 1372 | 1372 | 1374 | 1373 | | 1372 |
| C—OH平面弯曲 | 1326 | 1335<br>1318<br>1283 | | 1306 | | | | 1343 |
| 烷烃—$CH_2$扭曲振动 | | | | | | 1312 | | |
| 芳基醚 | | | 1266 | | | | | |
| C—O伸缩振动 | 1251 | 1236 | | 1240 | | | | |
| 醇、酚、羧酸中C—O伸缩振动 | 1167 | 1164 | 1210 | 1156 | | | | 1244 |
| 仲醇C—O伸缩振动 | | 1113 | 1130 | 1080 | | | | 1121 |
| C—C伸缩振动 | | | | | 1081 | 1111 | 1097 | 1097 |
| 芳环上—CH面内弯曲振动 | | | | | | 1068 | | 1045 |
| 伯醇C—O伸缩振动 | 1044 | 1059 | 1035 | 1020 | | | | 1017 |
| $CH_2$=CHCl | | | | | | | 962 | |
| 多元环醚 | 982 | 1032 | | 929 | | | | 970 |
| 纤维素中$\beta$键 | 896 | 899 | | 861 | | | | |
| 芳环上—CH面外弯曲振动 | | | 856<br>817 | | | 840<br>755 | | 872<br>846<br>793 |

续表

| 官能团 | 半纤维素 | 纤维素 | 木质素 | 淀粉 | PE | PS | PVC | PET |
| --- | --- | --- | --- | --- | --- | --- | --- | --- |
| 苯甲酸甲酯 | | | | | | | | 725 |
| C—Cl 伸缩 | | | | | | | 689<br>605 | |
| 醇 C—OH 面外弯曲振动 | 654 | 666 | 636 | | | | | |
| 无机盐 | 531 | 615<br>559 | 614<br>526 | 608<br>576<br>528 | | | | |

### 4.3.2 热失重特性

本书主要关注可燃固废的热失重特性。为简化起见，如无特别说明，本书中热失重热性、热失重曲线简化为失重特性、失重曲线。作为基元，就失重特性而言，独立性主要体现在有特征失重峰，不能够被其他基元表征，并能够据此判断基元种类。一般而言，上述化学结构迥异的物质失重特性应该不同。

TGA 上 9 种基元热解的 TG 和 DTG 曲线如图 4.8 所示。如图 4.8 (a) 和 (b) 所示，4 种生物质基元中，半纤维素和木质素在 200℃左右率先开始热解，其中木质素从始至终热解较为平缓，仅在 350℃和 761℃出现微小的失重速率峰值；半纤维素在 251℃和 295℃均出现较为显著的失重速率峰值，由于相距较近，两峰出现重叠。淀粉和纤维素均有一个较为尖锐的特征峰，其中淀粉失重速率峰值出现在 317℃左右，纤维素在 340℃左右。

如图 4.8 (c) 和 (d) 所示，5 种塑料基元中，除 PVC 外，热解曲线均比较简单，存在一个尖锐的失重速率峰值；就热稳定性而言，PS＜PET＜PP＜PE，失重速率峰值对应温度分别为 414℃、441℃、458℃、477℃。PVC 的热解可以分为两个阶段，分别对应脱氯和分子链断裂过程，两个阶段失重速率峰值对应温度分别为 281℃、462℃。

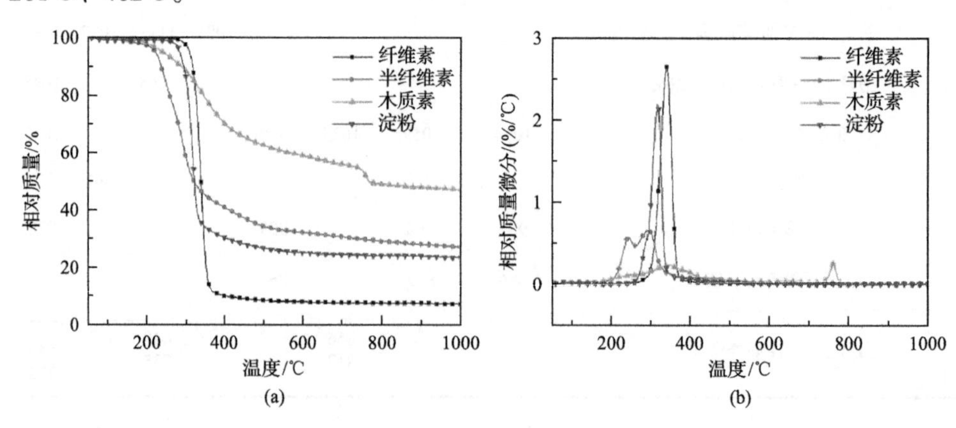

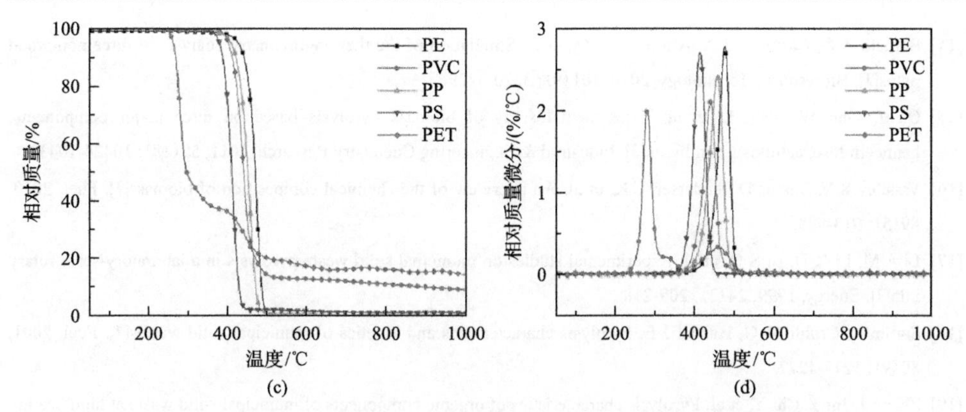


图 4.8 基元 TGA 热解 TG（相对质量）和 DTG（相对质量微分）曲线

10℃/min，$N_2$

以上分析结果表明，9 种基元均存在独特的失重峰，不能互相表征，故而满足独立性要求。同时也表明，热失重特性可以作为物质的“指纹”，起到标示性作用。

## 参考文献


[1] 中国化学工业年鉴编辑部. 中国化学工业年鉴[M]. 北京：中国化工信息中心, 2013.

[2] 国家统计局关于 2021 年棉花产量的公告[N]. 中国信息报, 2021-12-15（1）.

[3] 李少斌. 世界羊毛业现状和发展趋势. 养殖与饲料[J], 2018: 5-8.

[4] 何樟勇, 李建琴, 顾国达, 等. 中国蚕丝供求测算与预测研究. 蚕业科学[J], 2020, 46: 356-366.

[5] Miller R S, Bellan J. A generalized biomass pyrolysis model based on superimposed cellulose, hemicellulose and liqnin kinetics[J]. Combustion Science and Technology, 1997, 126（1-6）: 97-137.

[6] Yang H, Yan R, Chen H, et al. Characteristics of hemicellulose, cellulose and lignin pyrolysis[J]. Fuel, 2007, 86（12-13）: 1781-1788.

[7] Yang H, Yan R, Chen H, et al. In-depth investigation of biomass pyrolysis based on three major components: hemicellulose, cellulose and lignin[J]. Energy & Fuels, 2006, 20（1）: 388-393.

[8] 黄娜, 高岱巍, 李建伟, 等. 生物质三组分热解反应及动力学的比较[J]. 北京化工大学学报（自然科学版）, 2007,（5）: 462-466.

[9] Hosoya T, Kawamoto H, Saka S. Cellulose-hemicellulose and cellulose-lignin interactions in wood pyrolysis at gasification temperature[J]. Journal of Analytical and Applied Pyrolysis, 2007, 80（1）: 118-125.

[10] Wang G, Li W, Li B, et al. TG study on pyrolysis of biomass and its three components under syngas[J]. Fuel, 2008, 87（4-5）: 552-558.

[11] Liu Q, Zhong Z, Wang S, et al. Interactions of biomass components during pyrolysis: a TG-FTIR study[J]. Journal of Analytical and Applied Pyrolysis, 2011, 90（2）: 213-218.

[12] Liu Q, Wang S, Wang K, et al. Pyrolysis of wood species based on the compositional analysis[J]. Korean Journal of Chemical Engineering, 2009, 26（2）: 548.

[13] 李睿, 金保昇, 仲兆平, 等. 高斯多峰拟合用于生物质热解三组分模型的研究[J]. 太阳能学报, 2010, 31（7）: 806-810.

[14] Barneto A G, Carmona J A, Alfonso J E M, et al. Simulation of the thermogravimetry analysis of three non-wood pulps[J]. Bioresource Technology, 2010, 101(9): 3220-3229.

[15] Qu T, Guo W, Shen L, et al. Experimental study of biomass pyrolysis based on three major components: hemicellulose, cellulose, and lignin[J]. Industrial & Engineering Chemistry Research, 2011, 50(18): 10424-10433.

[16] Vassilev S V, Baxter D, Andersen L K, et al. An overview of the chemical composition of biomass[J]. Fuel, 2010, 89(5): 913-933.

[17] Li A M, Li X D, Li S Q, et al. Experimental studies on municipal solid waste pyrolysis in a laboratory-scale rotary kiln[J]. Energy, 1999, 24(3): 209-218.

[18] Sørum L, Grønli M G, Hustad J E. Pyrolysis characteristics and kinetics of municipal solid wastes[J]. Fuel, 2001, 80(9): 1217-1227.

[19] Zheng J, Jin Y, Chi Y, et al. Pyrolysis characteristics of organic components of municipal solid waste at high heating rates[J]. Waste Management, 2009, 29(3): 1089-1094.

[20] Janowitz M F. Ordinal and Relational Clustering[M]. Singapore: World Scientific Publishing, 2010.

[21] Skreiberg A, Skreiberg Ø, Sandquist J, et al. TGA and macro-TGA characterisation of biomass fuels and fuel mixtures[J]. Fuel, 2011, 90(6): 2182-2197.

[22] Zhou H, Long Y, Meng A, et al. The pyrolysis simulation of five biomass species by hemi-cellulose, cellulose and lignin based on thermogravimetric curves[J]. Thermochimica Acta, 2013, 566: 36-43.

[23] Dumitriu S. Polysaccharides: Structural Diversity and Functional Versatility[M]. Boca Raton: CRC Press, 2004.

[24] Fisher T, Hajaligol M, Waymack B, et al. Pyrolysis behavior and kinetics of biomass derived materials[J]. Journal of Analytical and Applied Pyrolysis, 2002, 62(2): 331-349.

[25] Lopez-Velazquez M A, Santes V, Balmaseda J, et al. Pyrolysis of orange waste: a thermo-kinetic study[J]. Journal of Analytical and Applied Pyrolysis, 2013, 99: 170-177.

[26] Miranda R, Bustos-Martinez D, Blanco C S, et al. Pyrolysis of sweet orange (citrus sinensis) dry peel[J]. Journal of Analytical and Applied Pyrolysis, 2009, 86(2): 245-251.

[27] Soares S, Camino G, Levchik S. Comparative study of the thermal decomposition of pure cellulose and pulp paper[J]. Polymer Degradation and Stability, 1995, 49(2): 275-283.

[28] Wu C H, Chang C Y, Tseng C H. Pyrolysis products of uncoated printing and writing paper of MSW[J]. Fuel, 2002, 81(6): 719-725.

[29] Chang C Y, Wu C H, Hwang J Y, et al. Pyrolysis kinetics of uncoated printing and writing paper of MSW[J]. Journal of Environmental Engineering, 1996, 122(4): 299-305.

[30] Wu C H, Chang C Y, Lin J P. Pyrolysis kinetics of paper mixtures in municipal solid waste[J]. Journal of Chemical Technology & Biotechnology: International Research in Process, Environmental and Clean Technology, 1997, 68(1): 65-74.

[31] Abidi N, Cabrales L, Haigler C H. Changes in the cell wall and cellulose content of developing cotton fibers investigated by FTIR spectroscopy[J]. Carbohydrate Polymers, 2014, 100: 9-16.

[32] Zhou H, Long Y, Meng A, et al. Interactions of three municipal solid waste components during co-pyrolysis[J]. Journal of Analytical and Applied Pyrolysis, 2015, 111: 265-271.

[33] Couhert C, Commandre J M, Salvador S. Is it possible to predict gas yields of any biomass after rapid pyrolysis at high temperature from its composition in cellulose, hemicellulose and lignin?[J]. Fuel, 2009, 88(3): 408-417.

[34] Chatel G, Rogers R D. Review: oxidation of lignin using ionic liquids-an innovative strategy to produce renewable chemicals[J]. ACS Sustainable Chemistry & Engineering, 2014, 2(3): 322-339.

# 第5章　实际可燃固废的基元表征

本书研究的最终目标是建立一套用基元表征实际可燃固废的方法，当已经确定基元后，就需要寻找一种测量和计算方法，能够将任意给定的实际可燃固废与基元建立对应关系。

## 5.1 表征方法

### 5.1.1 思路

为了建立实际可燃固废和基元的对应关系，显然需要对它们进行必要的测量，获取基础数据。从实用的角度考虑，这种测量必须简单易行，同时具备良好的重复性。由于本书主要关注可燃固废的失重特性，而TGA测试在业内具备很好的通用性，因此TGA自然成为首选测量平台。

综合考虑实验效率和数据有效性，我们选取温度区间室温～1000℃、升温速率10℃/min、$N_2$气氛热解作为标准实验条件，将该条件下样品的失重数据作为对应物质的“热指纹”，据此展开后续表征计算。

在标准实验条件的选择上，室温～1000℃的温度区间涵盖了工业应用的温度范围。热解过程相对燃烧而言更加缓和，便于看清反应细节，区分不同物质；对于固体燃料来讲，热解作为燃烧、气化的初始阶段，也是理解后两者必不可少的基础环节。升温速率的选择综合考虑传热效应和实验效率，并参考业内的常用条件，最终定在10℃/min。

在标准实验条件下分别对基元和实际可燃固废进行测试，获取基础数据，鉴于横坐标相同，失重曲线可以表达为失重向量，向量的每个分量对应不同温度下剩余相对质量。接下来需考虑如何建立基元和实际可燃固废之间的数学关系，以坐标系进行类比，则是以基元的失重向量为基向量，确定实际可燃固废在这组基底中的分解系数。

### 5.1.2 灰色关联度分析

1. 灰色关联度定义

本书的研究目标是建立一套基元表征方法，其中核心环节是用基元表征实际的可燃固废，即确定实际可燃固废与基元的对应关系。所谓表征，本书采取的思路是根据基元的热失重曲线重构出给定固废的失重曲线，并使得重构值与实际值尽可能接近。这就需要引入一个物理量来衡量二者的接近程度。由于实际的反应过程，尤其是工业过程主要关注宏观结果，因此本书只关注表观热失重的相似性，不深究内在的反应机理，从而选取了灰色系统理论[1]中的灰色关联度作为衡量指标。

所谓灰色系统，是相较于信息全透明的“白箱”和信息全未知的“黑箱”而言的。本研究侧重从表观相似考察实际可燃固废热转化特性与基元热转化特性的关系，对于反应机理仅作简单讨论，因此相当于处在一个“灰箱”的位置，故而引入了灰色系统理论的部分成果。灰色关联度的定义如下。

已知向量 $X_0=[(x_0(0),x_0(1),x_0(2),\cdots,x_0(n)]$，$X_1=[x_1(0),x_1(1),x_1(2),\cdots,x_1(n)]$，若实数 $\lambda(X_0,X_1)$ 满足以下几个方面。

(1) 规范性，$0<\lambda(X_0,X_1)\leqslant 1$。

(2) 对称性，$\lambda(X_0,X_1)=\lambda(X_1,X_0)$。

(3) 接近性，$\sum\limits_{0}^{n}\left|x_0(n)-x_1(n)\right|$ 越小，$\lambda(X_0,X_1)$ 越大。

则称 $\lambda(X_0,X_1)$ 为 $X_0$、$X_1$ 的灰色关联度。

在本书中，待分析向量均为失重向量，其分量取值范围为 0～100%。定义

$$\lambda(X_0,X_1)=1-\frac{\sum\limits_{0}^{n}\left|x_0(n)-x_1(n)\right|}{n+1} \tag{5-1}$$

易知该定义满足上述三条要求，因此 $\lambda(X_0,X_1)$ 是 $X_0$、$X_1$ 的灰色关联度。

下面考察灰色关联度在本书中的物理意义。

如图 5.1 所示，记

$$R=1-\frac{\text{两条曲线所夹的面积}}{\text{所选区域总面积}}=1-\frac{\int_{t_s}^{t_e}\left|\Delta m(t)\right|\mathrm{d}t}{(t_e-t_s)(m_s-m_e)} \tag{5-2}$$

式中，$|\Delta m(t)|$ 为两条曲线对应温度纵坐标之差的绝对值；$t_s$、$t_e$、$m_s$ 和 $m_e$ 分别为横坐标起始值、结束值、开始质量(100%)和理论最小结束质量(0)。

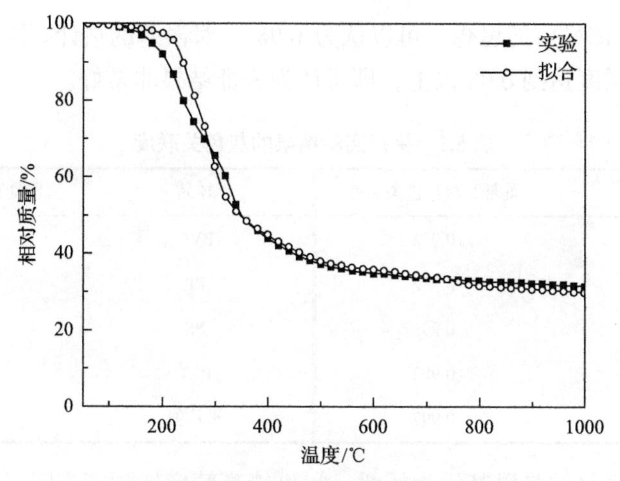


图 5.1　橘皮 TGA 程序升温热解的实验值与拟合值

将失重曲线以 1 为步长离散成失重向量，有

$$\frac{\int_{t_s}^{t_e}\left|\Delta m(t)\right|\mathrm{d}t}{(t_e-t_s)(m_s-m_e)}=\frac{\sum_{0}^{n}\left|x_0(n)-x_1(n)\right|}{n+1} \tag{5-3}$$

所以

$$\lambda(X_0,X_1)=1-\frac{两条曲线所夹的面积}{所选区域总面积} \tag{5-4}$$

显然，$\lambda$=1 意味着两条曲线完全重合，$\lambda$ 越接近 1 意味着两条曲线越接近，相似度越高。在基元表征方法中，我们显然希望表征值与实际值更加接近，即 $\lambda$ 越接近 1，表征结果精度越高。

需要指出的是，精度、接近程度、相似度在本书中是近义词，一般情况下，描述结果，用精度(高或低)；描述拟合值与实验值(均为失重向量)的关系，用接近程度(高或低)；描述失重向量对应的失重曲线的关系，用相似度(高或低)。

2. 灰色关联度标定

下面对灰色关联度实际可能取到的最大值、最小值的物理意义进行说明。

理论上讲对同一物质进行重复实验，得到的两条失重曲线应该完全重合，此时灰色关联度取到最大值 1。由于存在实验误差，两次实验的实际测量结果总是略小于 1。9 种基元 TGA 上程序升温热解(室温～1000℃、$N_2$气氛、10℃/min)平行实验结果的灰色关联度如表 5.1 所示，灰色关联度平均值为 0.983。借用统计学中方差分析(ANONA)的思想，可以认为 0.98 是对误差的估计。因此，对于本书来讲，灰色关联度达到 0.98 以上，即可认为表征结果非常好。

**表 5.1 平行实验结果的灰色关联度**

| 样品 | 重复实验灰色关联度 | 样品 | 重复实验灰色关联度 |
| --- | --- | --- | --- |
| 纤维素 | 0.972 | PVC | 0.979 |
| 半纤维素 | 0.982 | PP | 0.983 |
| 木质素 | 0.991 | PS | 0.989 |
| 淀粉 | 0.982 | PET | 0.975 |
| PE | 0.997 | 平均值 | 0.983 |

本书的最终目的是以基元为桥梁，尽可能高精度地预测实际可燃固废的失重特性。通过文献调研，并未发现有系统的模型可以预测任一给定可燃固废快速热解失重特性。在没有模型可以使用的情况下，不失一般性，可假设可燃固废快速热解(炉膛恒温)失重是从 100%～0%(进行归一化，认为初始相对质量为 100%，终温下的剩余相对质量为 0%)的匀速过程。计算此匀速过程失重曲线与实验值的灰色关联度，结果如表 5.2 所示。

**表 5.2 匀速失重与实验结果的灰色关联度**

| 样品 | 实际失重向量与匀速失重向量灰色关联度 | 样品 | 实际失重向量与匀速失重向量灰色关联度 |
| --- | --- | --- | --- |
| 纤维素 | 0.916 | PVC | 0.877 |
| 半纤维素 | 0.911 | PP | 0.792 |
| 木质素 | 0.775 | PS | 0.806 |
| 淀粉 | 0.788 | PET | 0.816 |
| PE | 0.785 | 平均值 | 0.830 |

计算结果意味着，如果没有本书的研究工作，可燃固废快速热解失重过程预测结果与实验结果的灰色关联度只能达到 0.8 左右。如果基元方法能够显著提高预测精度，则它的重要价值不言而喻。

### 5.1.3 计算方法

计算目标向量(实际可燃固废失重向量)在一组基底中的分解系数是一个数学问题。

记实际可燃固废的失重向量为 $X$，基元矩阵 $A=[X_{基元1}, X_{基元2}, \cdots, X_{基元n}]$，即 $A$ 的每一列均为一种基元的失重向量，问题转化为求取列向量 $b$，使得计算值

$Ab$ 与目标值 $X$ 的相关度最高，此时 $b$ 即为实际可燃固废在基元坐标系中的分解系数。

本书采用多元线性回归函数求解，以目标值(实验值)与计算值(拟合值)的灰色关联度作为优化目标。

如 5.1.2 节中定义，灰色关联度反映了实验值与拟合值的接近程度。基元表征的目的是使用基元的失重曲线拟合实际可燃固废的失重曲线，拟合值与实验值差距越小，灰色关联度越高，说明表征效果越好，因此把灰色关联度作为优化目标。同时计算得到的列向量 $b$ 即为实际可燃固废在该组基元下的分解系数，至此实际可燃固废与基元的关系便建立起来了。

TGA 热解实验输出的原始数据横坐标是温度(60～1000℃)，纵坐标是不同温度对应的剩余相对质量(样品总质量为 100%)。在实际线性回归过程中，由于选择的基元种类、温度区间、归一化与否的不同，会衍生出若干种特定的计算方法。

在基元种类的选择方面，可燃固废中的主食类选择淀粉、纤维素、半纤维素、木质素 4 种基元进行拟合固然更加完备，但从方法的简洁性考虑，如果仅用 1 种基元淀粉即能够达到较高精度，则为上选。类似的是纸张类，从生产工艺的角度看，希望尽可能增加成品中纤维素含量，但半纤维素和木质素也是不可避免的，具体选用几种基元，需要兼顾简洁性和精确性，并通过计算和对比来论证。

在温度区间的选择上，重点考察 60～1000℃、100～800℃和 200～600℃三个温度窗口，其中 60～1000℃是最完备的区间。之所以从 60℃起，是因为实验过程中仪器会自动在 50℃进行 20min 的平衡，以保证起始条件相同，舍去开始的几个点，从 60℃起算。可燃固废的热解不会在整个区间上平稳进行，部分温度区间较其他区间反应更加剧烈，这是需要重点研究的对象。研究 100～800℃区间的意义在于，下限约为干燥实验的实验温度(105℃，取整是为了保持表达方式的简明性，二者只差 5 个数据点，不影响整体计算结果)，此后的失重可忽略水分影响；上限为国标规定的生活垃圾焚烧设备必须达到的最低反应温度，即可燃固废必须在 800℃下停留 3s，才算反应完毕。200～600℃是实验数据显示的基元剧烈反应区间，90%以上的失重均发生在此温度区间内，复现这一区间的失重特性相当于抓住了失重过程的主要特征。

最后是归一化方面的考虑。此处的归一化是认为初始相对质量为 100%，1000℃剩余相对质量为 0%，在此基础上对区间数据进行处理。归一化的好处是剔除灰分的影响，仅考虑参与反应的可燃质部分。当然伴随的问题是不能预测灰分的产量。

由上述分析可知，从数学角度讲，通过改变温度区间、变换基元，可以得到无数种算法，进而能够得到无数表征系数。从实际角度出发，和定义标准实验条件一样，希望能够确定一种计算方法，该方法得到的分解系数，不仅能够使该标准测试条件下拟合值与实验值的灰色关联度取得较大值，在预测其他热转化特性时，也能够得到较高的精度。换言之，这一算法得到的分解系数具有普适性，实际可燃固废与基元的对应关系(表现为分解系数)是唯一的。这样对于一种特定的可燃固废，只需要进行一次标准实验条件下的测试即可获取该分解系数，进而可以预测它在其他实验条件下的反应特性。从这个意义上讲，基元方法真正减少了工作量，解决了可燃固废难以表征其反应特性的问题。

为了实现这一目的，本章首先对各种有相对清晰物理意义的分解算法进行逐一考察，比较算得的表征系数对标准测试结果的表征精度。第 6 章将使用表征系数对实际可燃固废在不同条件下的热转化特性进行预测，并与实验结果进行比较，希望从中筛选出有最高适应性的算法，将之定为用基元表征实际可燃固废的基础算法。

## 5.2　计算方法比较

本节使用的实际可燃固废包括厨余、木竹、纸张、织物四大类。塑料类由于均为工业制成品，基元本身与实际物质是相同的，如 PE，既是基元，也是实际用品如塑料袋的主成分，因此不存在回归计算的问题，表征系数即为 1。

实际使用的样品及其在标准实验条件下的热解曲线如图 5.2 所示。厨余类包括菜叶类的大白菜、芹菜、菠菜、小白菜；果皮类的橘皮、柚子皮、橙皮、香蕉皮；主食类的土豆、米饭；木竹类包括梧桐叶、杨树叶、杨树枝、银杏叶；纸张类包括打印纸、报纸、生活用纸；织物类包括棉布和涤纶。品类选择的基本原则是优先常见品种，不同地区在生物质大类(厨余、木竹、纸张)的具体品类上可能存在一定差异，但不影响基元方法本身的思路。对实际可燃固废的初步观察表明，其主要失重过程集中在 200～600℃这一区间，同时验证之前的区间选择是有意义的。

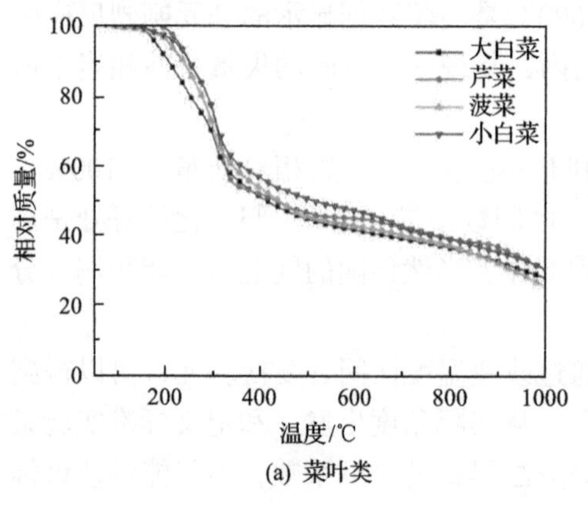

(a) 菜叶类

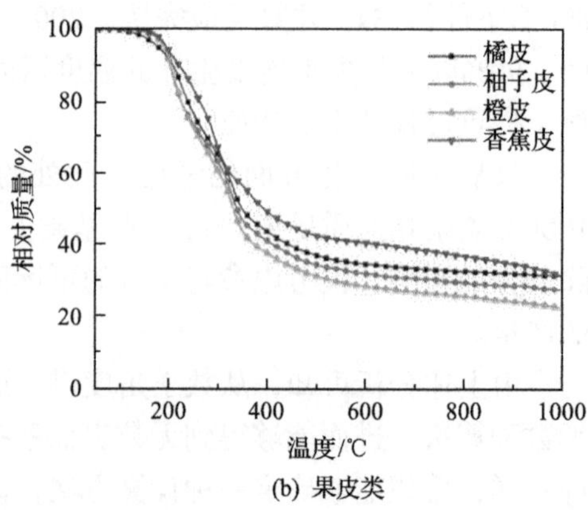

(b) 果皮类

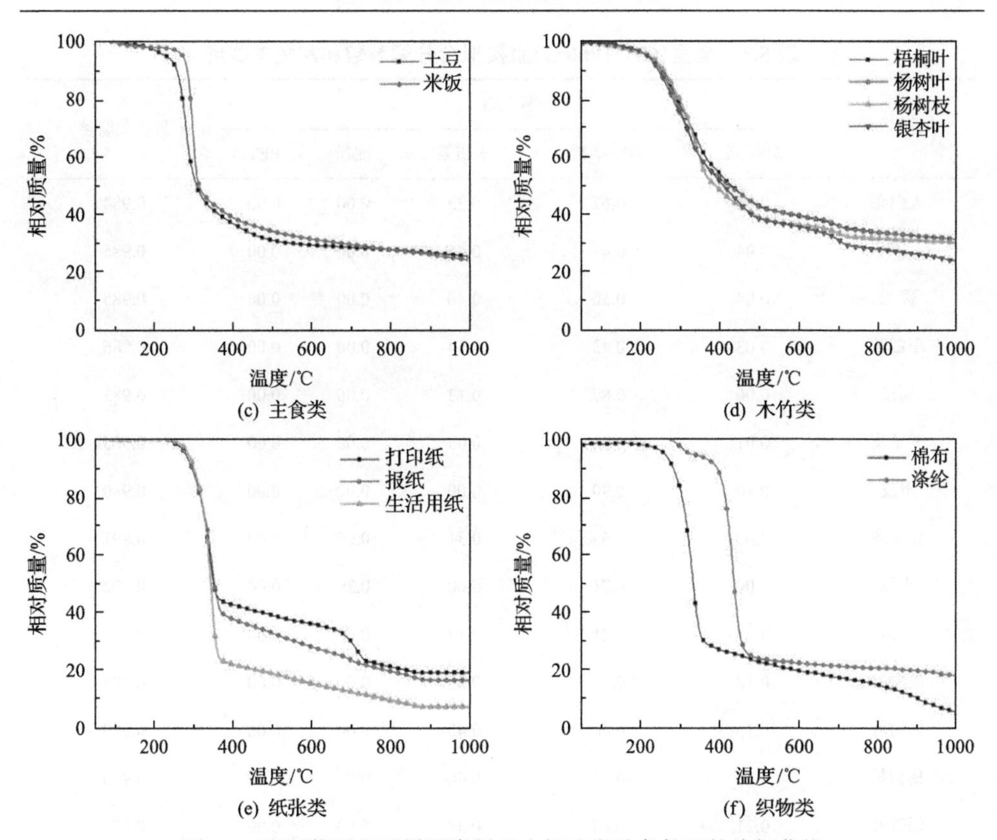


图 5.2　实际使用的可燃固废样品在标准实验条件下的热解曲线

下面对每一种方法进行计算，并对精度及适用范围进行比较分析。

### 5.2.1　全程(60～1000℃)直接拟合

本节使用 TGA 导出的 60～1000℃原始数据进行计算。由于步长为 1℃，故每一物质(基元和实际可燃固废)的热失重向量均有 941 个分量。

在基元选择方面，实际可燃固废中土豆、米饭使用纤维素、半纤维素、木质素和淀粉进行拟合，涤纶使用 PET 进行拟合，除此之外，所用可燃固废均使用纤维素、半纤维素、木质素 3 种基元进行拟合。

计算结果(分解系数、灰色关联度)如表 5.3 所示，实验值与拟合值的对照如图 5.3～图 5.8 所示。需要说明的是，此处的分解系数与可燃固废中纤维素、半纤维素、木质素的质量分数存在一定的差异。质量分数是通过化学手段测量得到的，此处的分解系数是通过热失重特性得到的，类比质量分数，可以理解为“热”质量分数，相应地，此分解系数只用于热转化特性的预测。只要在热转化特性预测方面，这些分解系数就能够取得良好的效果，则它们的存在就是有物理意义的。

表 5.3　全程(60～1000℃)直接拟合分解系数和灰色关联度

| 样品 | 分解系数 | | | | | 灰色关联度 |
|---|---|---|---|---|---|---|
| | 纤维素 | 半纤维素 | 木质素 | 淀粉 | PET | |
| 大白菜 | 0.00 | 0.67 | 0.33 | 0.00 | 0.00 | 0.984 |
| 芹菜 | 0.04 | 0.49 | 0.46 | 0.00 | 0.00 | 0.985 |
| 菠菜 | 0.04 | 0.56 | 0.40 | 0.00 | 0.00 | 0.985 |
| 小白菜 | 0.03 | 0.43 | 0.54 | 0.00 | 0.00 | 0.986 |
| 橘皮 | 0.00 | 0.87 | 0.13 | 0.00 | 0.00 | 0.983 |
| 柚子皮 | 0.01 | 0.96 | 0.03 | 0.00 | 0.00 | 0.985 |
| 橙皮 | 0.10 | 0.90 | 0.00 | 0.00 | 0.00 | 0.980 |
| 香蕉皮 | 0.00 | 0.69 | 0.31 | 0.00 | 0.00 | 0.991 |
| 土豆 | 0.00 | 0.71 | 0.00 | 0.29 | 0.00 | 0.992 |
| 米饭 | 0.00 | 0.21 | 0.14 | 0.66 | 0.00 | 0.987 |
| 梧桐叶 | 0.18 | 0.32 | 0.50 | 0.00 | 0.00 | 0.985 |
| 杨树叶 | 0.15 | 0.40 | 0.45 | 0.00 | 0.00 | 0.989 |
| 杨树枝 | 0.25 | 0.31 | 0.44 | 0.00 | 0.00 | 0.990 |
| 银杏叶 | 0.21 | 0.44 | 0.34 | 0.00 | 0.00 | 0.975 |
| 打印纸 | 0.52 | 0.02 | 0.46 | 0.00 | 0.00 | 0.959 |
| 报纸 | 0.61 | 0.02 | 0.37 | 0.00 | 0.00 | 0.965 |
| 生活用纸 | 0.86 | 0.02 | 0.13 | 0.00 | 0.00 | 0.971 |
| 棉布 | 0.59 | 0.41 | 0.00 | 0.00 | 0.00 | 0.970 |
| 涤纶 | 0.00 | 0.00 | 0.00 | 0.00 | 1.00 | 0.963 |
| 最大值 | | | | | | 0.992 |
| 最小值 | | | | | | 0.959 |
| 平均值 | | | | | | 0.980 |

计算结果表明，该方法获得的拟合值与实验值的灰色关联度均值达到 0.98，大部分可燃固废灰色关联度大于 0.98，最低的打印纸也接近 0.96。

如图 5.3 所示，实验值和拟合值曲线相似度也非常高。对于菜叶类，拟合值与实验值灰色关联度均达到 0.98 以上。如图 5.3 所示，主要差异出现在 900℃以后，实验值仍然有一个轻微的失重过程，对应残余物的高温裂解。

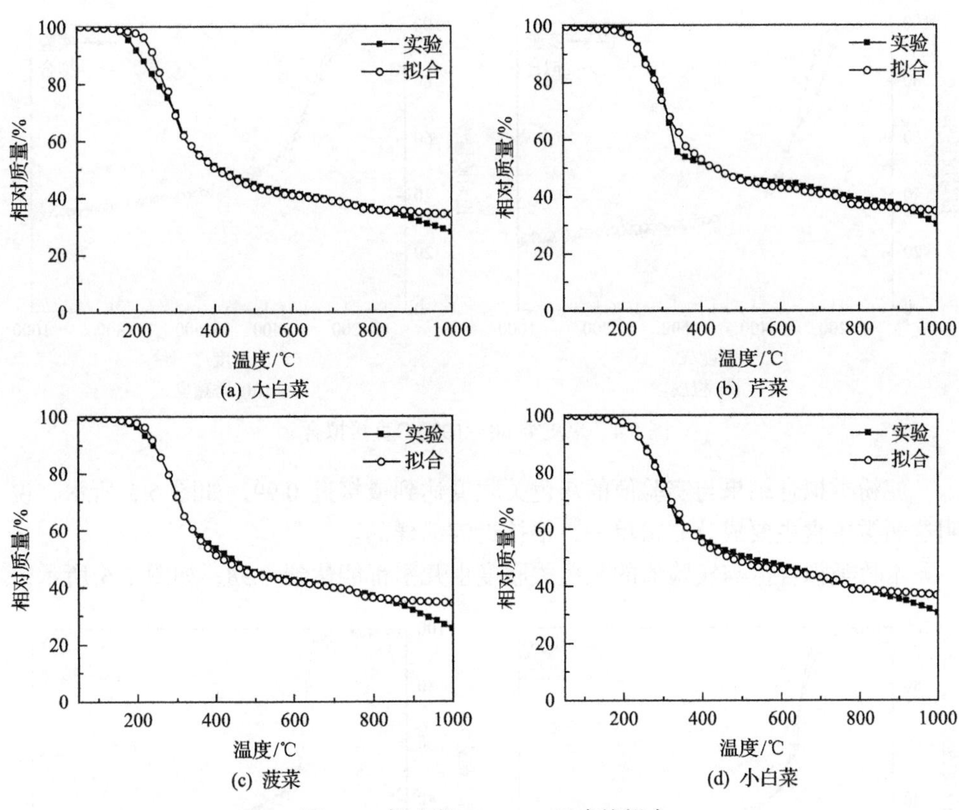


图 5.3　菜叶类 60～1000℃直接拟合

果皮类的灰色关联度也达到或超过 0.98，如图 5.4 所示。拟合值与实验值的主要差异出现在反应的初始阶段。可能是由于果皮类除纤维素、半纤维素和木质素外，还含有相较其他生物质稍多的果胶所致。虽然果胶成分被忽略，仅使用三种组分进行拟合，但结果也达到了足够的精度。

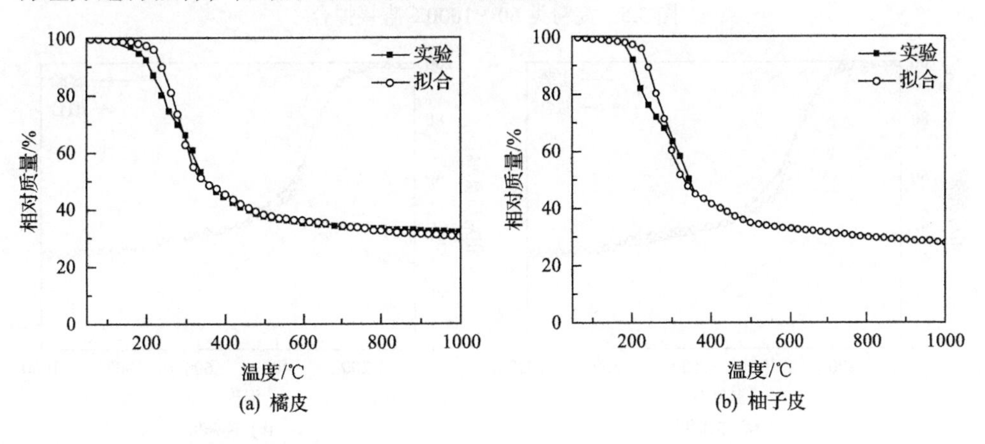

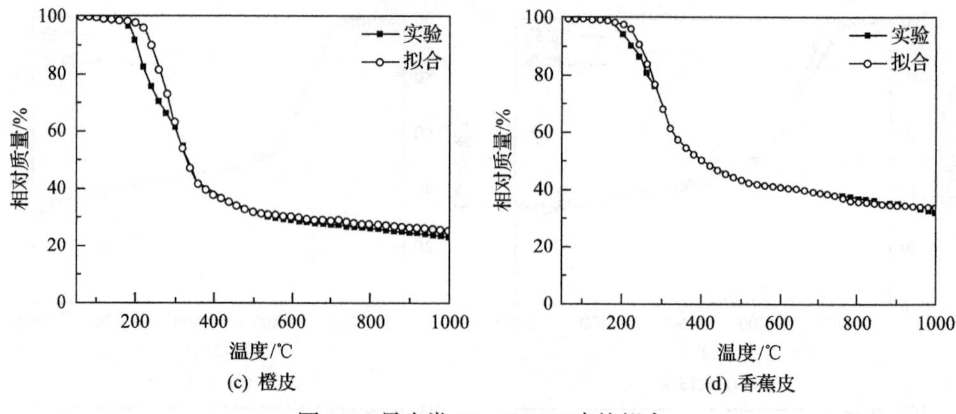


(c) 橙皮　　(d) 香蕉皮

图 5.4　果皮类 60～1000℃直接拟合

淀粉类拟合结果与实验值的灰色关联度达到或接近 0.99，如图 5.5 所示，说明这两类主食主要成分非常单一，很接近淀粉样品。

木竹类拟合值与实验值的灰色关联度也几乎都能达到 0.98，如图 5.6 所示，

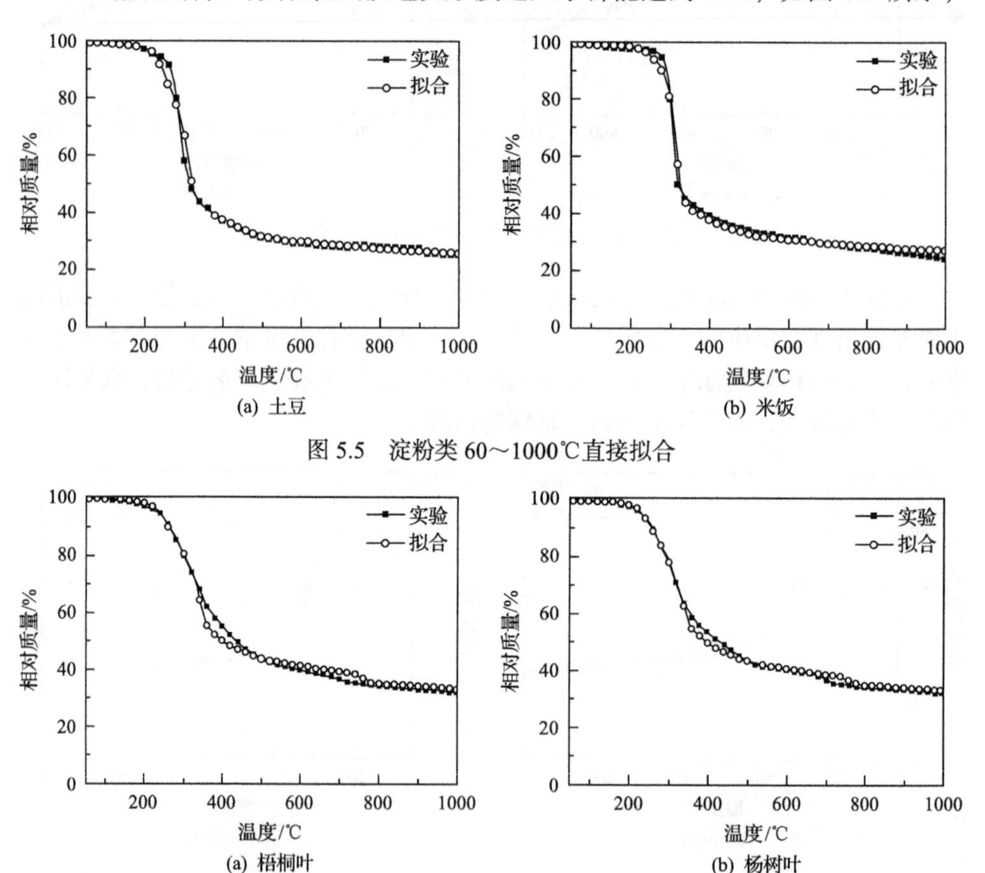


(a) 土豆　　(b) 米饭

图 5.5　淀粉类 60～1000℃直接拟合

(a) 梧桐叶　　(b) 杨树叶

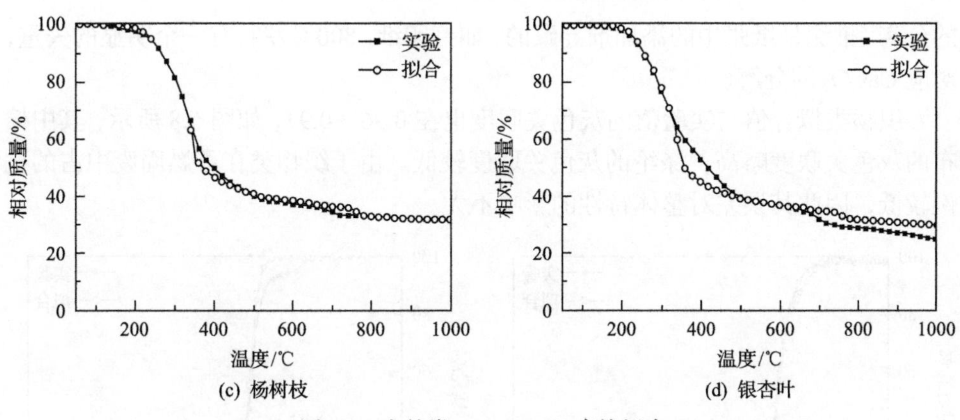


图 5.6　木竹类 60～1000℃直接拟合

从图上看，反应开始和结束阶段拟合效果较好，中间过程存在些微差异。

相对而言，纸张类的拟合结果精度较低，灰色关联度在 0.96～0.97，如图 5.7 所示，前半段吻合程度很好，这是因为纸张的主要成分是纤维素；后半段出现较大

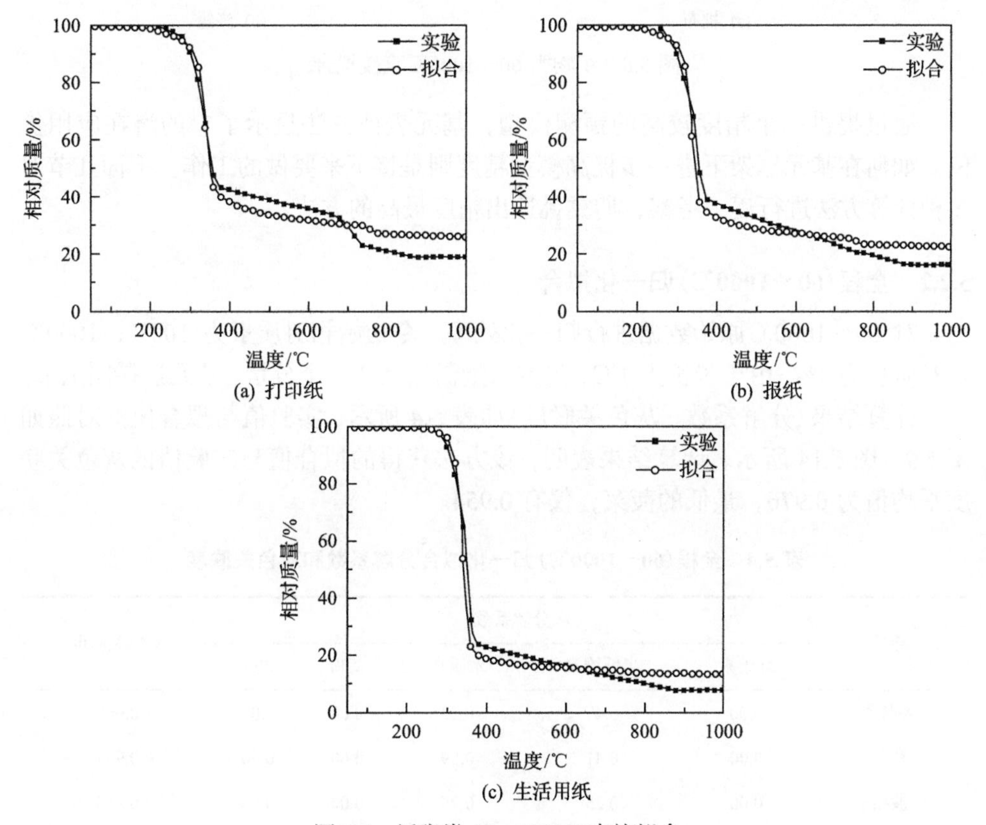


图 5.7　纸张类 60～1000℃直接拟合

的分离，推测是纸张中的添加剂导致的，如打印纸，800℃左右有一个明显的失重，对应 $CaCO_3$ 的分解。

织物类拟合值与实验值的灰色关联度也在 0.96～0.97，如图 5.8 所示，其中棉布的灰色关联度略高，涤纶的灰色关联度较低。由于织物类在可燃固废中占的比例较低，因此其误差对整体特性的影响不大。

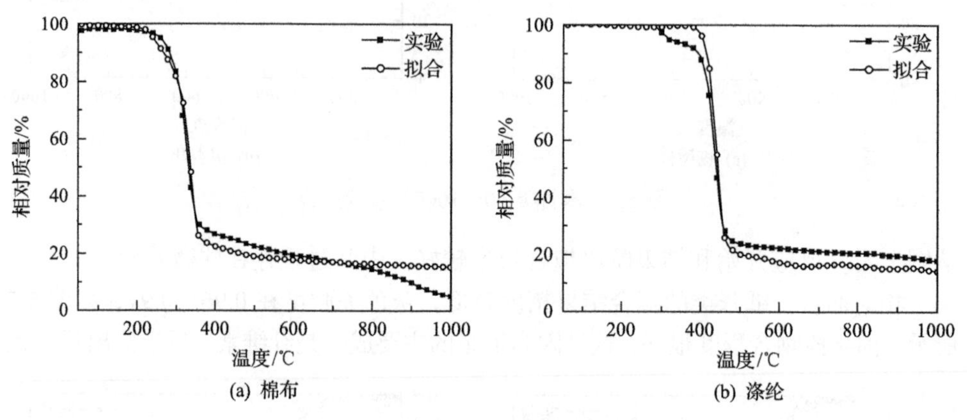


图 5.8 织物类 60～1000℃直接拟合

通过提供一个精度较高的预测模型，基元表征方法显示了它的潜在应用价值。如何在基元框架下进一步提高模型精度则是接下来要做的工作。下面几节对多种计算方法进行逐一考察，期冀挑选出精度最高的方法。

### 5.2.2 全程(60～1000℃)归一化拟合

对 60～1000℃原始数据进行归一化处理，令初始相对质量为 100%，1000℃相对质量为 0%。由于步长为 1℃，失重向量仍然是 941 个分量。基元选择同上节。

计算结果(分解系数、灰色关联度)如表 5.4 所示，实验值与拟合值的对照如图 5.9～图 5.14 所示。计算结果表明，该方法获得的拟合值与实验值的灰色关联度平均值为 0.976，最低的菠菜，仅有 0.954。

**表 5.4 全程(60～1000℃)归一化拟合分解系数和灰色关联度**

| 样品 | 分解系数 | | | | | 灰色关联度 |
|---|---|---|---|---|---|---|
| | 纤维素 | 半纤维素 | 木质素 | 淀粉 | PET | |
| 大白菜 | 0.00 | 0.47 | 0.53 | 0.00 | 0.00 | 0.958 |
| 芹菜 | 0.00 | 0.41 | 0.59 | 0.00 | 0.00 | 0.957 |
| 菠菜 | 0.00 | 0.25 | 0.75 | 0.00 | 0.00 | 0.954 |
| 小白菜 | 0.00 | 0.23 | 0.77 | 0.00 | 0.00 | 0.963 |

续表

| 样品 | 分解系数 | | | | | 灰色关联度 |
|---|---|---|---|---|---|---|
| | 纤维素 | 半纤维素 | 木质素 | 淀粉 | PET | |
| 橘皮 | 0.04 | 0.96 | 0.00 | 0.00 | 0.00 | 0.977 |
| 柚子皮 | 0.00 | 0.97 | 0.03 | 0.00 | 0.00 | 0.979 |
| 橙皮 | 0.00 | 0.93 | 0.07 | 0.00 | 0.00 | 0.980 |
| 香蕉皮 | 0.00 | 0.68 | 0.32 | 0.00 | 0.00 | 0.978 |
| 土豆 | 0.00 | 0.73 | 0.00 | 0.27 | 0.00 | 0.989 |
| 米饭 | 0.00 | 0.17 | 0.26 | 0.58 | 0.00 | 0.981 |
| 梧桐叶 | 0.16 | 0.30 | 0.55 | 0.00 | 0.00 | 0.984 |
| 杨树叶 | 0.13 | 0.40 | 0.47 | 0.00 | 0.00 | 0.988 |
| 杨树枝 | 0.30 | 0.32 | 0.38 | 0.00 | 0.00 | 0.985 |
| 银杏叶 | 0.05 | 0.32 | 0.63 | 0.00 | 0.00 | 0.987 |
| 打印纸 | 0.30 | 0.00 | 0.70 | 0.00 | 0.00 | 0.975 |
| 报纸 | 0.41 | 0.00 | 0.59 | 0.00 | 0.00 | 0.985 |
| 生活用纸 | 0.64 | 0.00 | 0.36 | 0.00 | 0.00 | 0.989 |
| 棉布 | 0.38 | 0.10 | 0.52 | 0.00 | 0.00 | 0.963 |
| 涤纶 | 0.00 | 0.00 | 0.00 | 0.00 | 1.00 | 0.978 |
| 最大值 | | | | | | 0.989 |
| 最小值 | | | | | | 0.954 |
| 平均值 | | | | | | 0.976 |

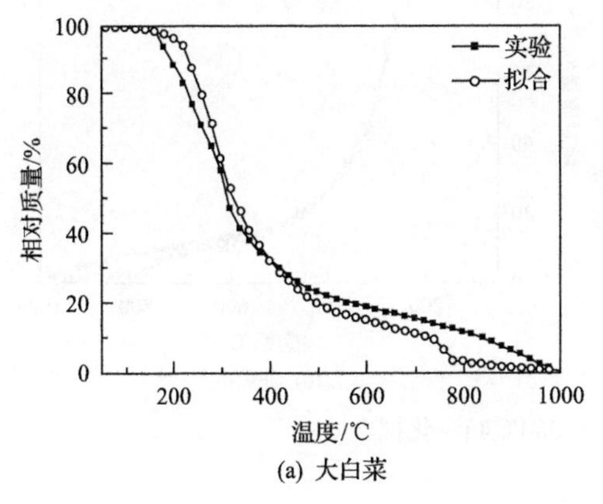

(a) 大白菜

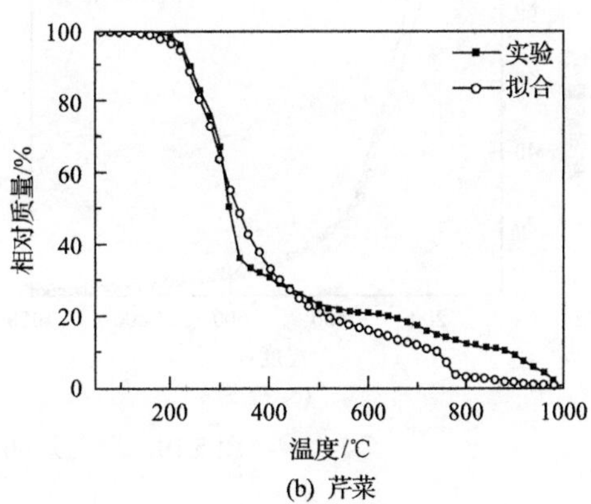

(b) 芹菜

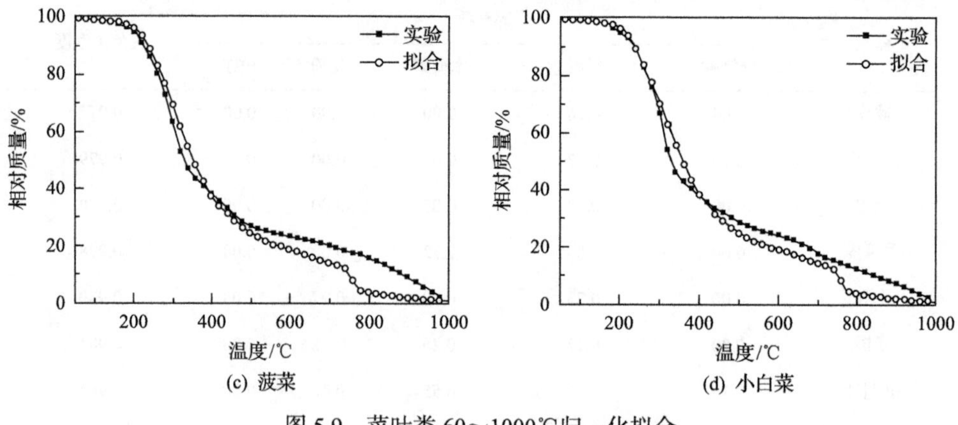


图 5.9　菜叶类 60～1000℃归一化拟合

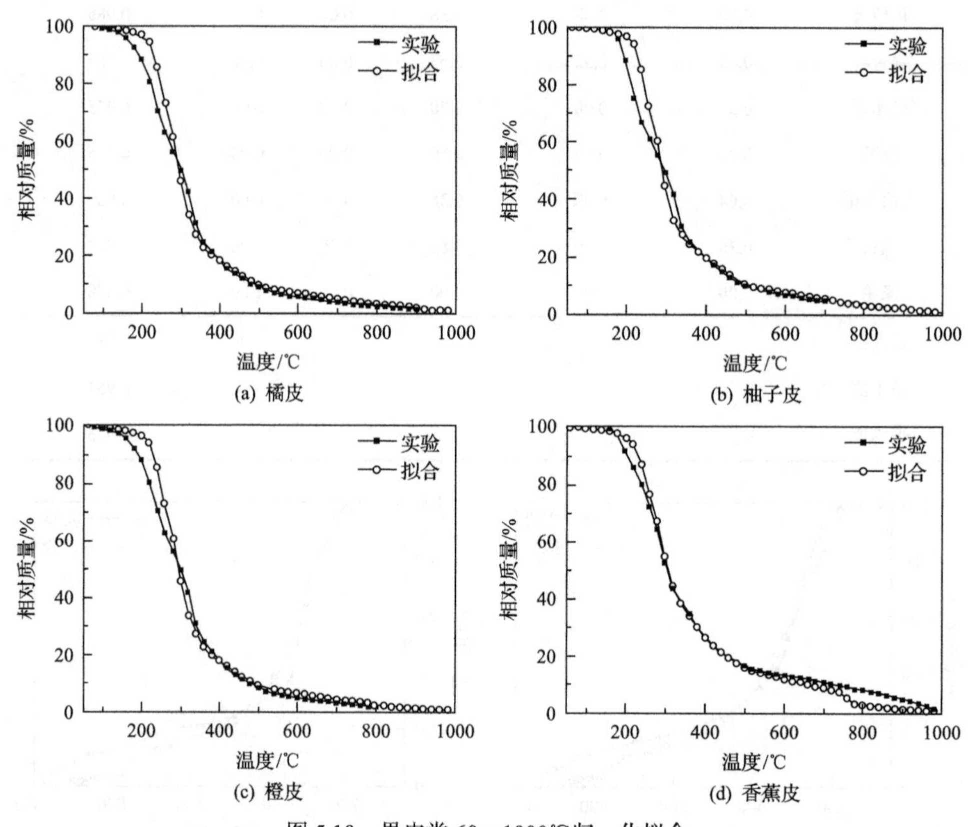


图 5.10　果皮类 60～1000℃归一化拟合

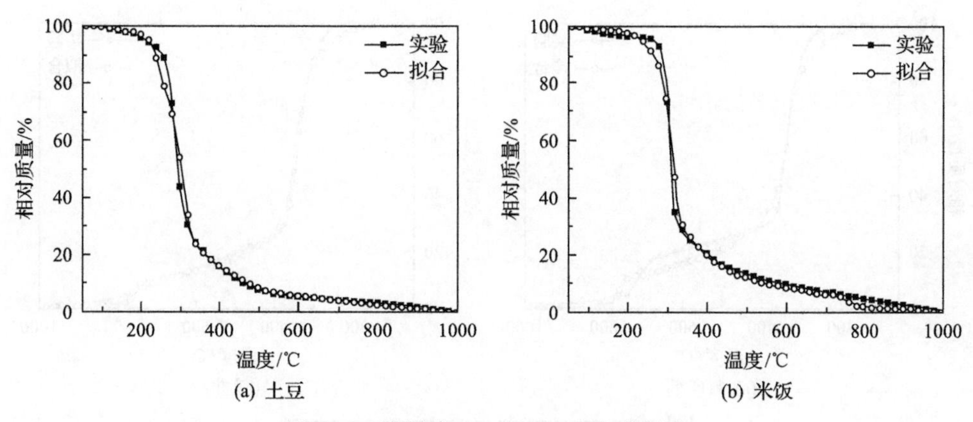


图 5.11　淀粉类 60～1000℃归一化拟合

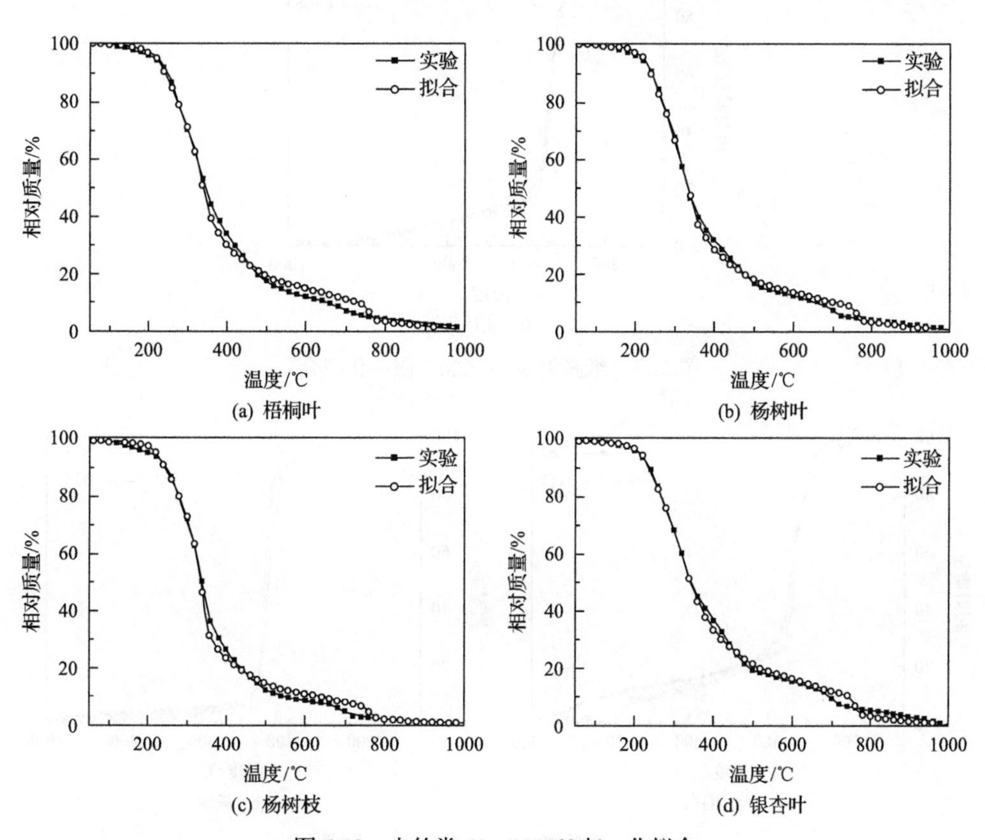


图 5.12　木竹类 60～1000℃归一化拟合

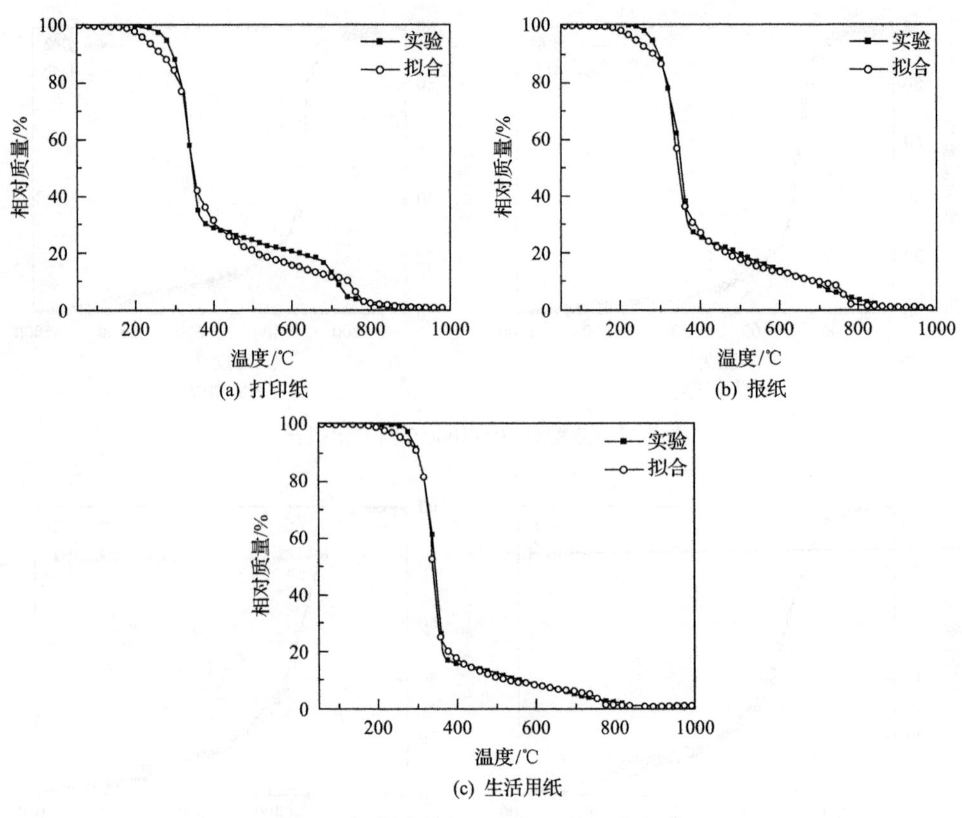


图 5.13　纸张类 60～1000℃归一化拟合

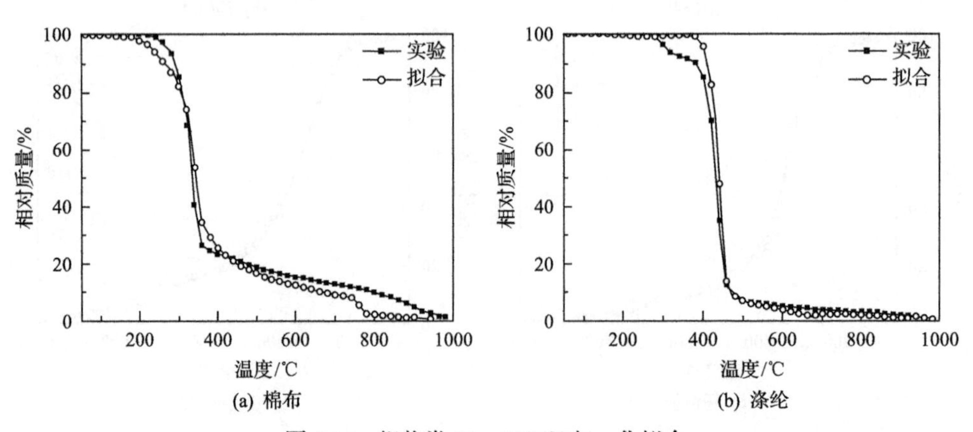


图 5.14　织物类 60～1000℃归一化拟合

### 5.2.3 重要反应区间(100～800℃)归一化拟合

为了去除不参与反应的物质(游离水、固定碳、灰分)的影响，对重要反应区间 100～800℃原始数据进行归一化处理，令 100℃时相对质量为 100%，800℃相对质量为 0%。步长为 1℃，失重向量包含 701 个分量。基元选择同上节。

计算结果(分解系数、灰色关联度)如表 5.5 所示，实验值与拟合值的对照如图 5.15～图 5.20 所示。计算结果表明，该方法获得的拟合值与实验值的关联度平均值为 0.980，最低的打印纸，也能达到 0.968。

表 5.5 重要反应区间(100～800℃)归一化拟合分解系数和灰色关联度

| 样品 | 分解系数 | | | | | 灰色关联度 |
|---|---|---|---|---|---|---|
| | 纤维素 | 半纤维素 | 木质素 | 淀粉 | PET | |
| 大白菜 | 0.00 | 0.76 | 0.24 | 0.00 | 0.00 | 0.980 |
| 芹菜 | 0.13 | 0.63 | 0.24 | 0.00 | 0.00 | 0.984 |
| 菠菜 | 0.02 | 0.63 | 0.35 | 0.00 | 0.00 | 0.991 |
| 小白菜 | 0.01 | 0.50 | 0.49 | 0.00 | 0.00 | 0.985 |
| 橘皮 | 0.03 | 0.94 | 0.02 | 0.00 | 0.00 | 0.972 |
| 柚子皮 | 0.00 | 0.98 | 0.02 | 0.00 | 0.00 | 0.971 |
| 橙皮 | 0.00 | 0.98 | 0.02 | 0.00 | 0.00 | 0.973 |
| 香蕉皮 | 0.00 | 0.86 | 0.14 | 0.00 | 0.00 | 0.984 |
| 梧桐叶 | 0.17 | 0.32 | 0.51 | 0.00 | 0.00 | 0.977 |
| 杨树叶 | 0.14 | 0.42 | 0.44 | 0.00 | 0.00 | 0.983 |
| 杨树枝 | 0.30 | 0.31 | 0.39 | 0.00 | 0.00 | 0.981 |
| 银杏叶 | 0.09 | 0.36 | 0.55 | 0.00 | 0.00 | 0.982 |
| 土豆 | 0.00 | 0.72 | 0.00 | 0.28 | 0.00 | 0.983 |
| 米饭 | 0.00 | 0.19 | 0.15 | 0.66 | 0.00 | 0.985 |
| 打印纸 | 0.31 | 0.00 | 0.69 | 0.00 | 0.00 | 0.968 |
| 报纸 | 0.47 | 0.00 | 0.53 | 0.00 | 0.00 | 0.983 |
| 生活用纸 | 0.68 | 0.00 | 0.32 | 0.00 | 0.00 | 0.986 |
| 棉布 | 0.55 | 0.25 | 0.20 | 0.00 | 0.00 | 0.983 |
| 涤纶 | 0.00 | 0.00 | 0.00 | 0.00 | 1.00 | 0.974 |
| 最大值 | | | | | | 0.991 |
| 最小值 | | | | | | 0.968 |
| 平均值 | | | | | | 0.980 |

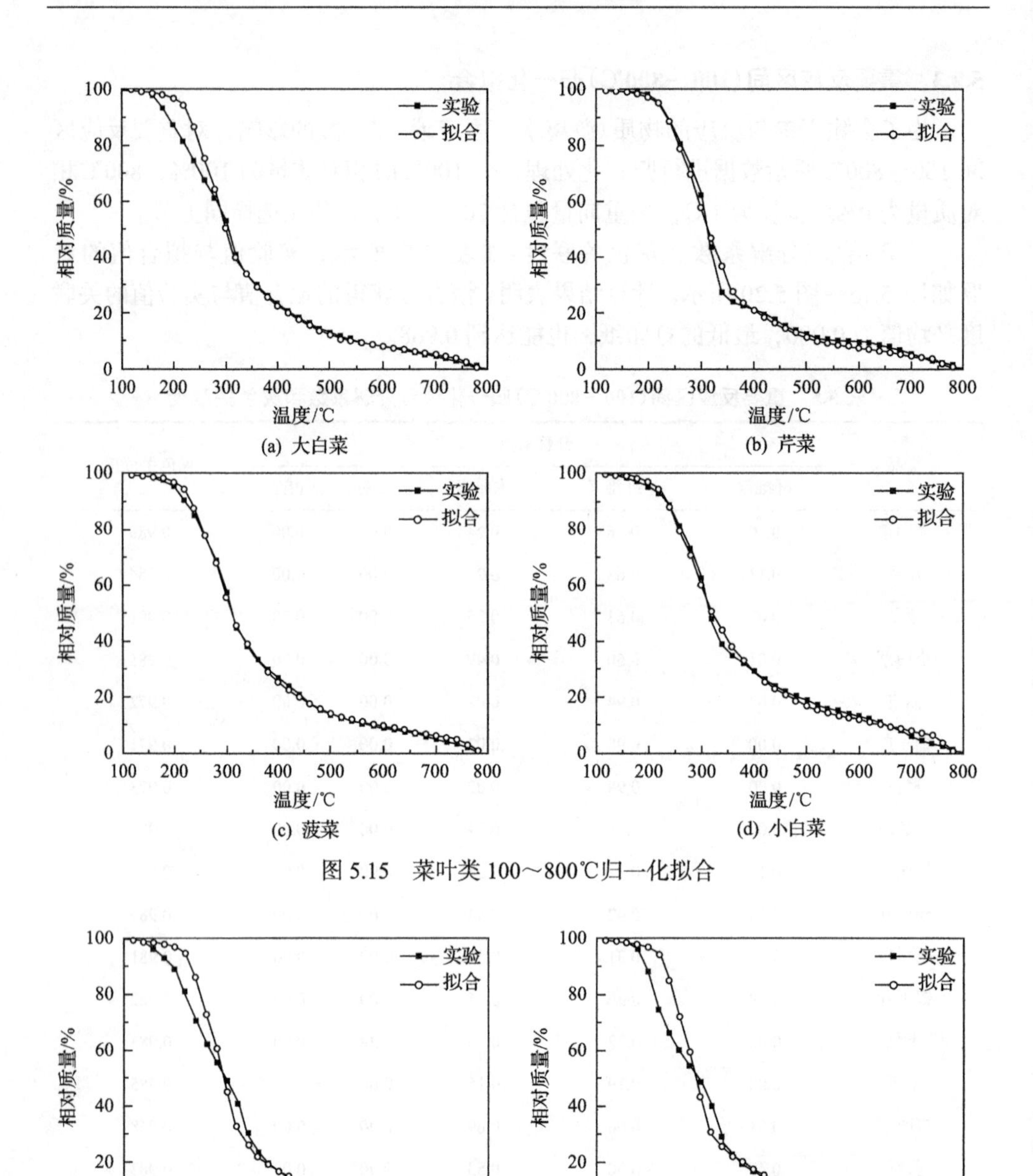


(a) 大白菜　(b) 芹菜

(c) 菠菜　(d) 小白菜

图 5.15　菜叶类 100～800℃归一化拟合

(a) 橘皮　(b) 柚子皮

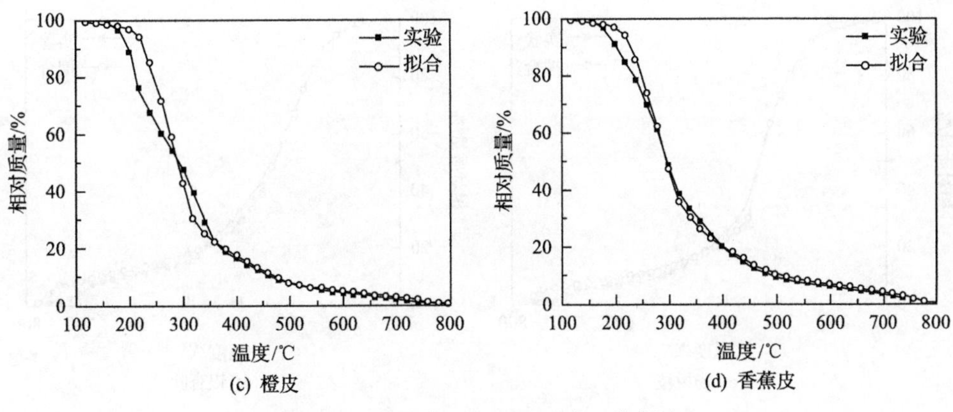


图 5.16　果皮类 100～800℃归一化拟合

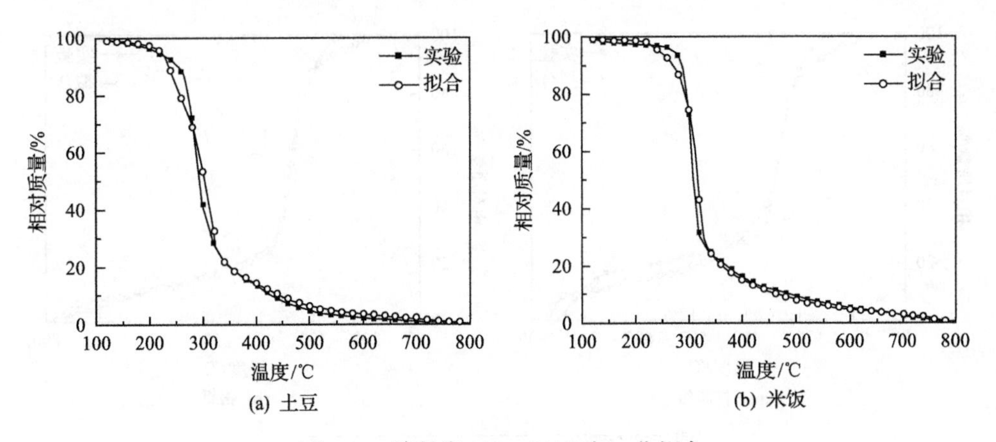


图 5.17　淀粉类 100～800℃归一化拟合

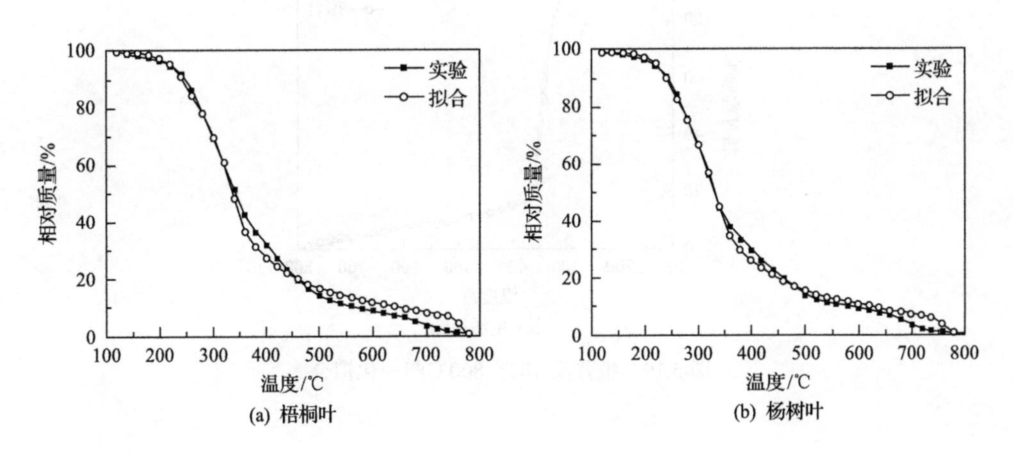

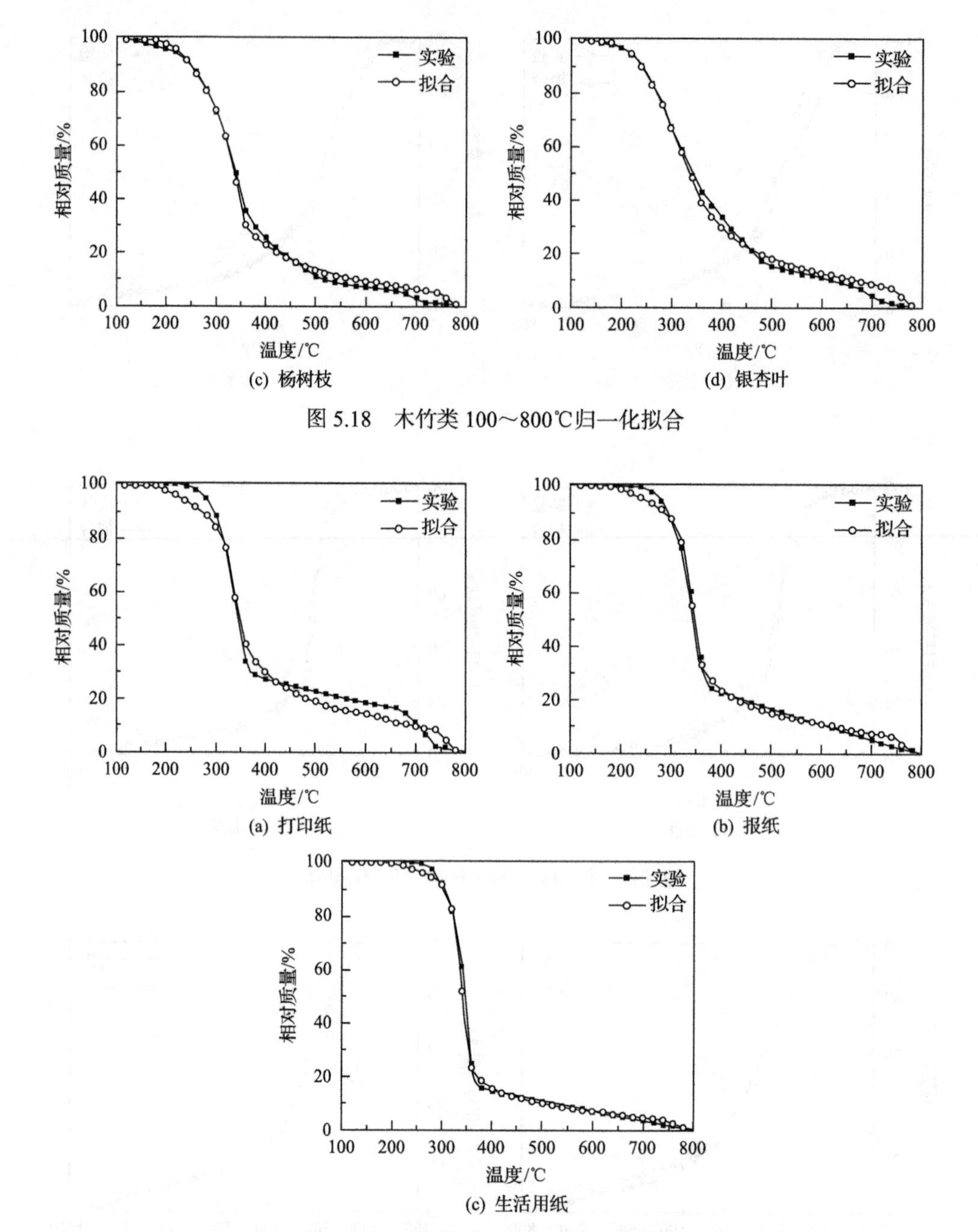


(c) 杨树枝

(d) 银杏叶

图 5.18　木竹类 100～800℃归一化拟合

(a) 打印纸

(b) 报纸

(c) 生活用纸

图 5.19　纸张类 100～800℃归一化拟合

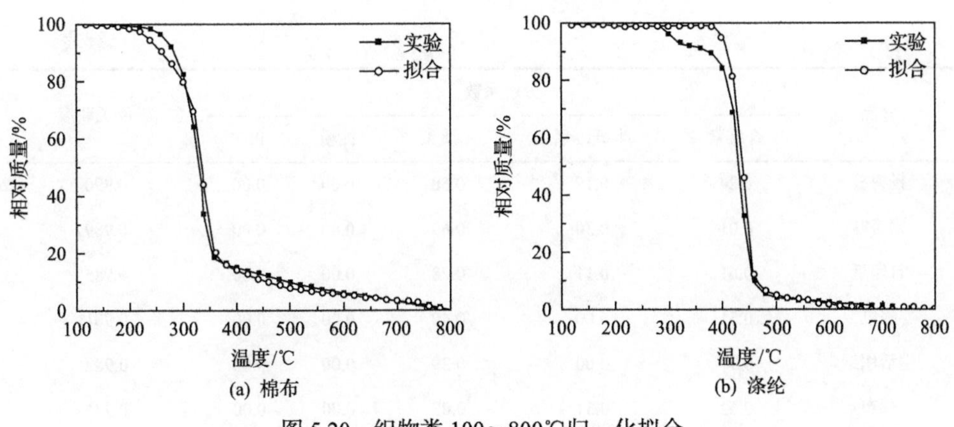


图 5.20 织物类 100～800℃归一化拟合

### 5.2.4 主要反应区间(200～600℃)归一化拟合

对 200～600℃原始数据进行归一化处理，令 200℃时相对质量为 100%，600℃相对质量为 0%。步长为 1℃，失重向量包含 401 个分量。基元选择同上节。

计算结果(分解系数、灰色关联度)如表 5.6 所示，实验值与拟合值的对照如图 5.21～图 5.26 所示。计算结果表明，该方法获得的拟合值与实验值的灰色关联度平均值为 0.981，最低的涤纶，为 0.956。

**表 5.6 主要反应区间(200～600℃)归一化拟合分解系数和灰色关联度**

| 样品 | 分解系数 | | | | | 灰色关联度 |
|---|---|---|---|---|---|---|
| | 纤维素 | 半纤维素 | 木质素 | 淀粉 | PET | |
| 大白菜 | 0.00 | 0.64 | 0.36 | 0.00 | 0.00 | 0.986 |
| 芹菜 | 0.23 | 0.76 | 0.02 | 0.00 | 0.00 | 0.984 |
| 菠菜 | 0.00 | 0.60 | 0.39 | 0.00 | 0.00 | 0.991 |
| 小白菜 | 0.08 | 0.57 | 0.35 | 0.00 | 0.00 | 0.984 |
| 橘皮 | 0.04 | 0.74 | 0.22 | 0.00 | 0.00 | 0.978 |
| 柚子皮 | 0.02 | 0.78 | 0.20 | 0.00 | 0.00 | 0.970 |
| 橙皮 | 0.03 | 0.82 | 0.16 | 0.00 | 0.00 | 0.971 |
| 香蕉皮 | 0.01 | 0.74 | 0.25 | 0.00 | 0.00 | 0.989 |
| 土豆 | 0.00 | 0.70 | 0.00 | 0.30 | 0.00 | 0.980 |
| 米饭 | 0.00 | 0.16 | 0.09 | 0.76 | 0.00 | 0.975 |
| 梧桐叶 | 0.06 | 0.18 | 0.76 | 0.00 | 0.00 | 0.989 |
| 杨树叶 | 0.08 | 0.34 | 0.58 | 0.00 | 0.00 | 0.988 |

续表

| 样品 | 分解系数 | | | | | 灰色关联度 |
|---|---|---|---|---|---|---|
| | 纤维素 | 半纤维素 | 木质素 | 淀粉 | PET | |
| 杨树枝 | 0.24 | 0.19 | 0.58 | 0.00 | 0.00 | 0.990 |
| 银杏叶 | 0.01 | 0.30 | 0.69 | 0.00 | 0.00 | 0.989 |
| 打印纸 | 0.61 | 0.11 | 0.28 | 0.00 | 0.00 | 0.985 |
| 报纸 | 0.51 | 0.00 | 0.49 | 0.00 | 0.00 | 0.981 |
| 生活用纸 | 0.71 | 0.00 | 0.29 | 0.00 | 0.00 | 0.982 |
| 棉布 | 0.62 | 0.31 | 0.08 | 0.00 | 0.00 | 0.974 |
| 涤纶 | 0.00 | 0.00 | 0.00 | 0.00 | 1.00 | 0.956 |
| 最大值 | | | | | | 0.991 |
| 最小值 | | | | | | 0.956 |
| 平均值 | | | | | | 0.981 |

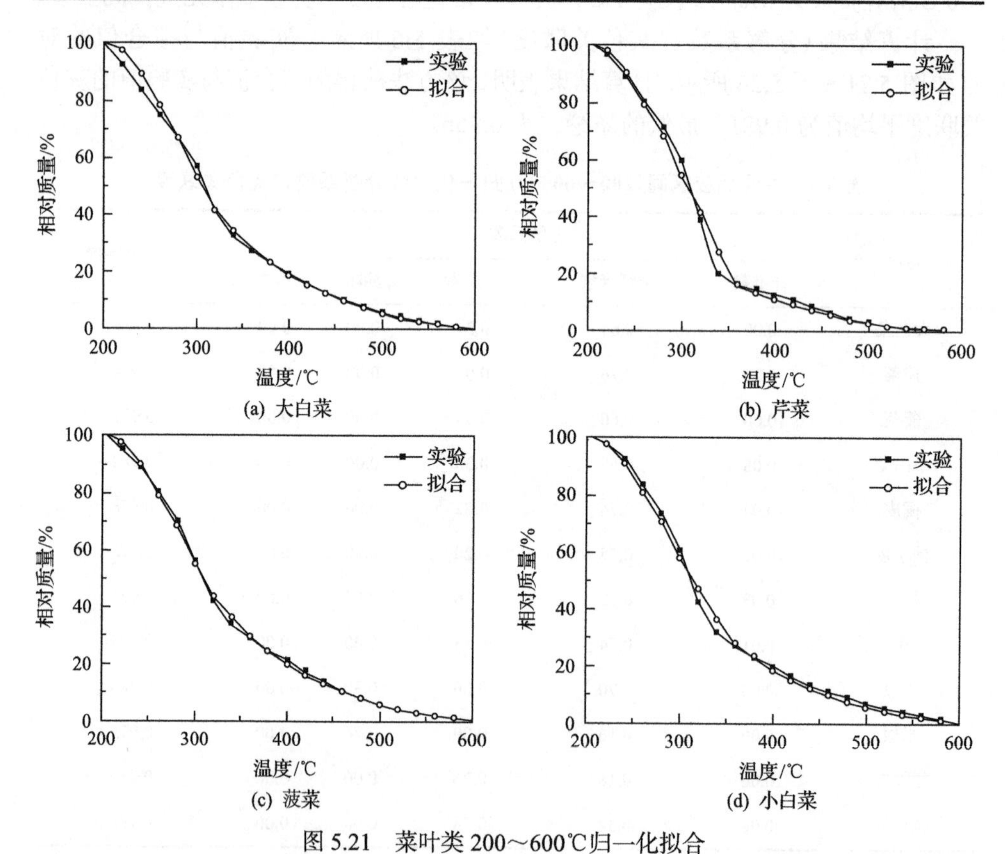


图 5.21　菜叶类 200～600℃归一化拟合

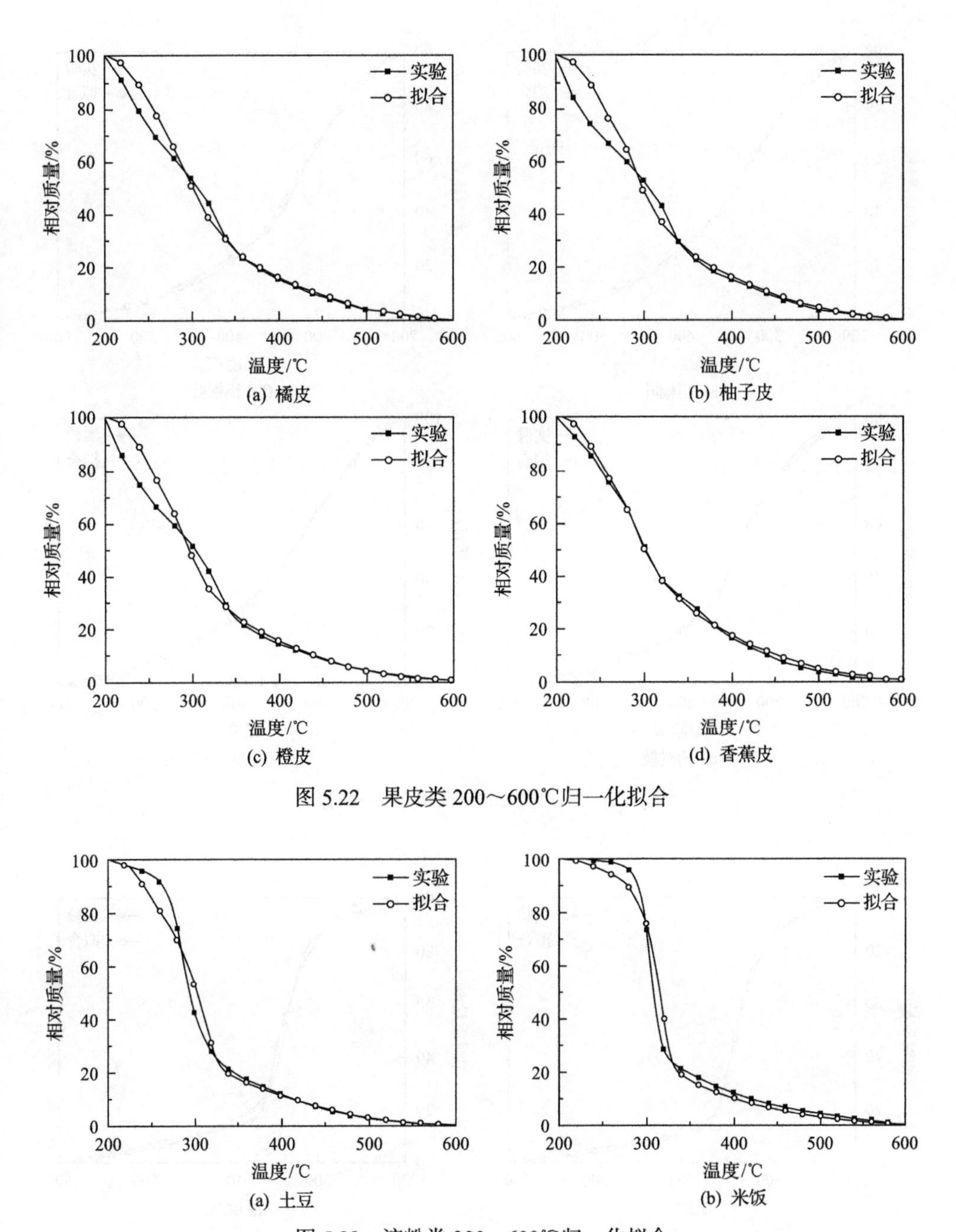


图 5.22　果皮类 200～600℃归一化拟合

图 5.23　淀粉类 200～600℃归一化拟合

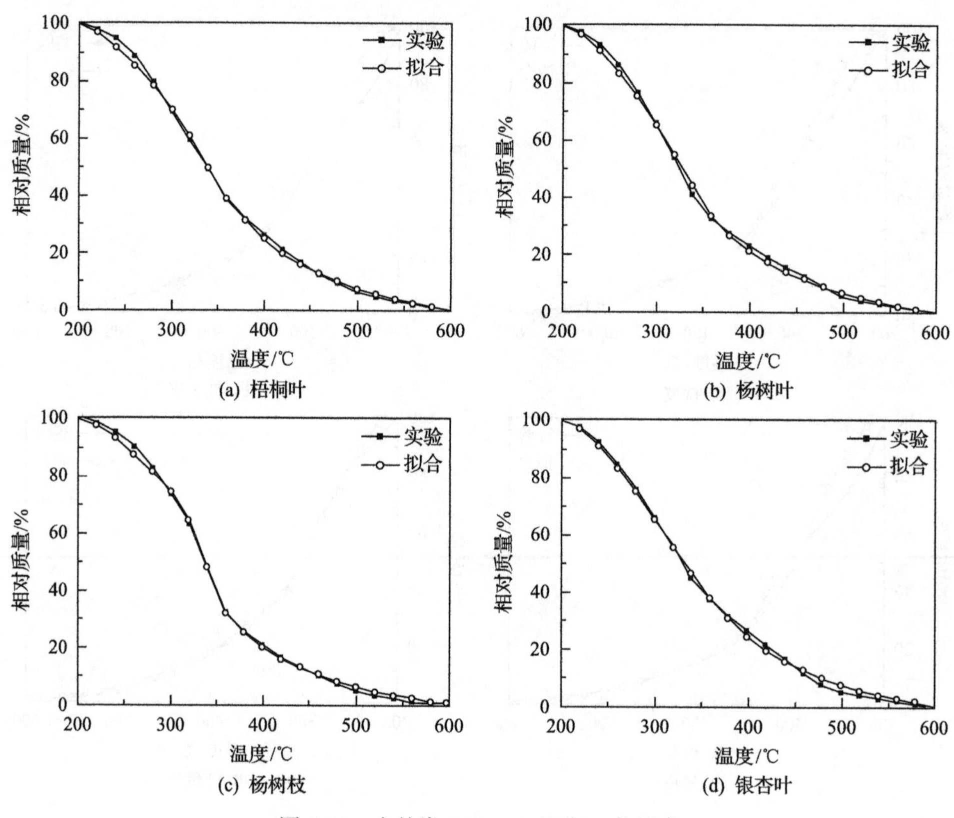


图 5.24　木竹类 200～600℃归一化拟合

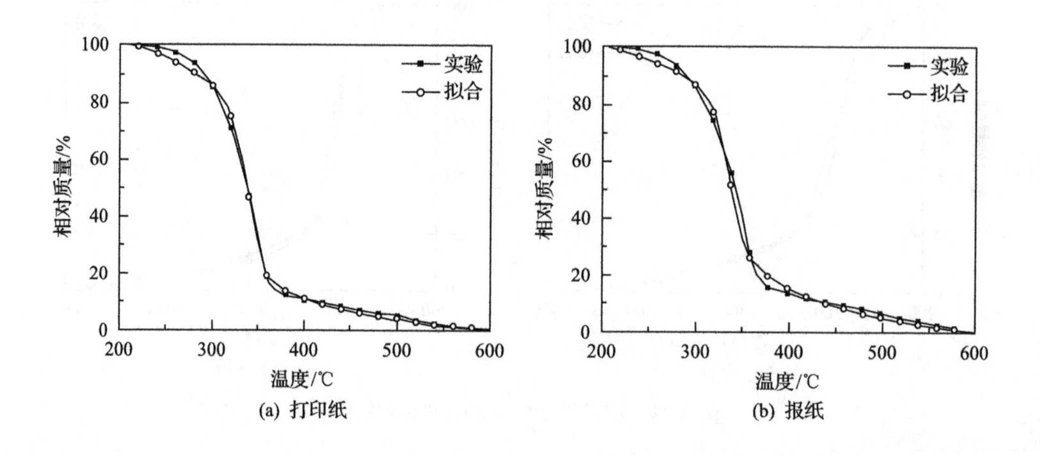

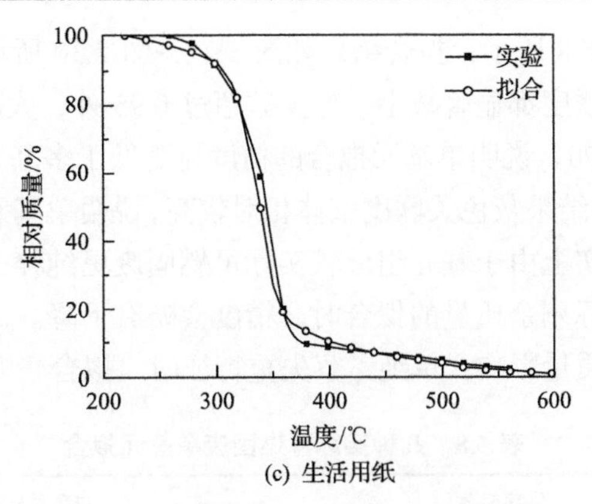

(c) 生活用纸

图 5.25　纸张类 200～600℃归一化拟合

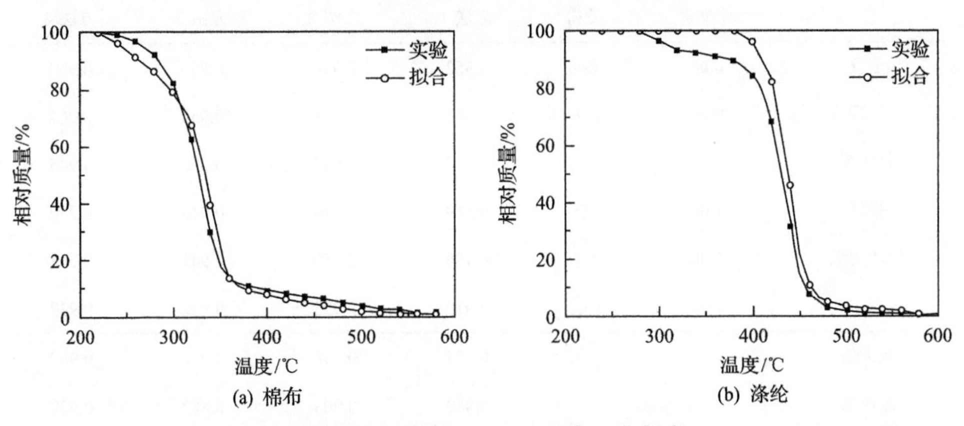

图 5.26　织物类 200～600℃归一化拟合

### 5.2.5　部分可燃固废单基元拟合

出于保持方法简洁性的考虑，对于特定实际可燃固废，拟合时使用的基元越少越好。本节使用淀粉拟合土豆和米饭，使用纤维素拟合打印纸、报纸、生活用纸和棉布，并与前面几种方法的计算结果作对比，考察单基元拟合是否可行。为描述方便，对上面四种方法进行编号，如表 5.7 所示。

表 5.7　方法简称

| 编号 | 内容 |
| --- | --- |
| 方法 1 | 全程(60～1000℃)直接拟合 |
| 方法 2 | 全程(60～1000℃)归一化拟合 |
| 方法 3 | 重要反应区间(100～800℃)归一化拟合 |
| 方法 4 | 主要反应区间(200～600℃)归一化拟合 |

计算结果如表 5.8 所示，拟合结果如图 5.27～图 5.30 所示。可见所有拟合值与实验值的灰色关联度都显著减小，除少数超过 0.95 外，大部分在 0.90～0.95，相当一部分低于 0.90，说明单基元拟合的精度显著低于多基元拟合。其中 200～600℃归一化拟合的结果灰色关联度整体相对较高，说明单基元拟合更能够把握主要的失重环节。事实上由于基元组分较实际可燃固废更纯粹，因此残余物质量较少，故而在涉及实际剩余质量的拟合时，精度会略有下降。而当对数据进行归一化处理，剔除残余质量影响，单纯考察失重特征时，拟合精度会略有提高。

**表 5.8　几种实际可燃固废单基元拟合**

| | 分解系数 | | 灰色关联度 | | | |
|---|---|---|---|---|---|---|
| | 纤维素 | 淀粉 | 方法 1 | 方法 2 | 方法 3 | 方法 4 |
| 土豆 | 0.00 | 1.00 | 0.952 | 0.956 | 0.956 | 0.939 |
| 米饭 | 0.00 | 1.00 | 0.954 | 0.948 | 0.958 | 0.967 |
| 打印纸 | 1.00 | 0.00 | 0.840 | 0.903 | 0.882 | 0.945 |
| 报纸 | 1.00 | 0.00 | 0.869 | 0.919 | 0.913 | 0.930 |
| 生活用纸 | 1.00 | 0.00 | 0.954 | 0.950 | 0.947 | 0.958 |
| 棉布 | 1.00 | 0.00 | 0.919 | 0.903 | 0.940 | 0.939 |
| 最大值 | | | 0.954 | 0.956 | 0.958 | 0.967 |
| 最小值 | | | 0.840 | 0.903 | 0.882 | 0.930 |
| 平均值 | | | 0.915 | 0.930 | 0.933 | 0.946 |
| 标准差 | | | 0.050 | 0.024 | 0.029 | 0.014 |

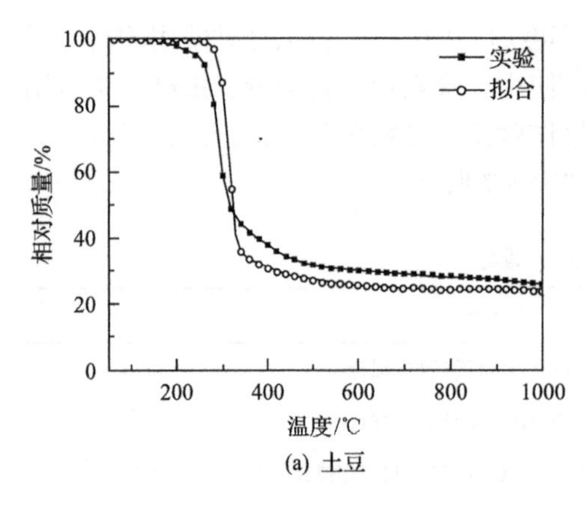

(a) 土豆

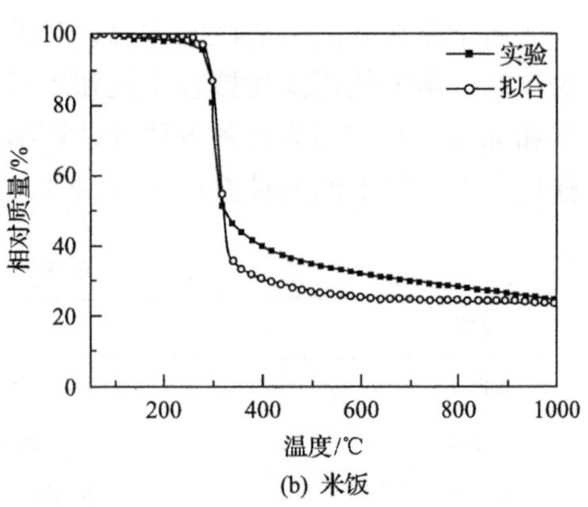

(b) 米饭

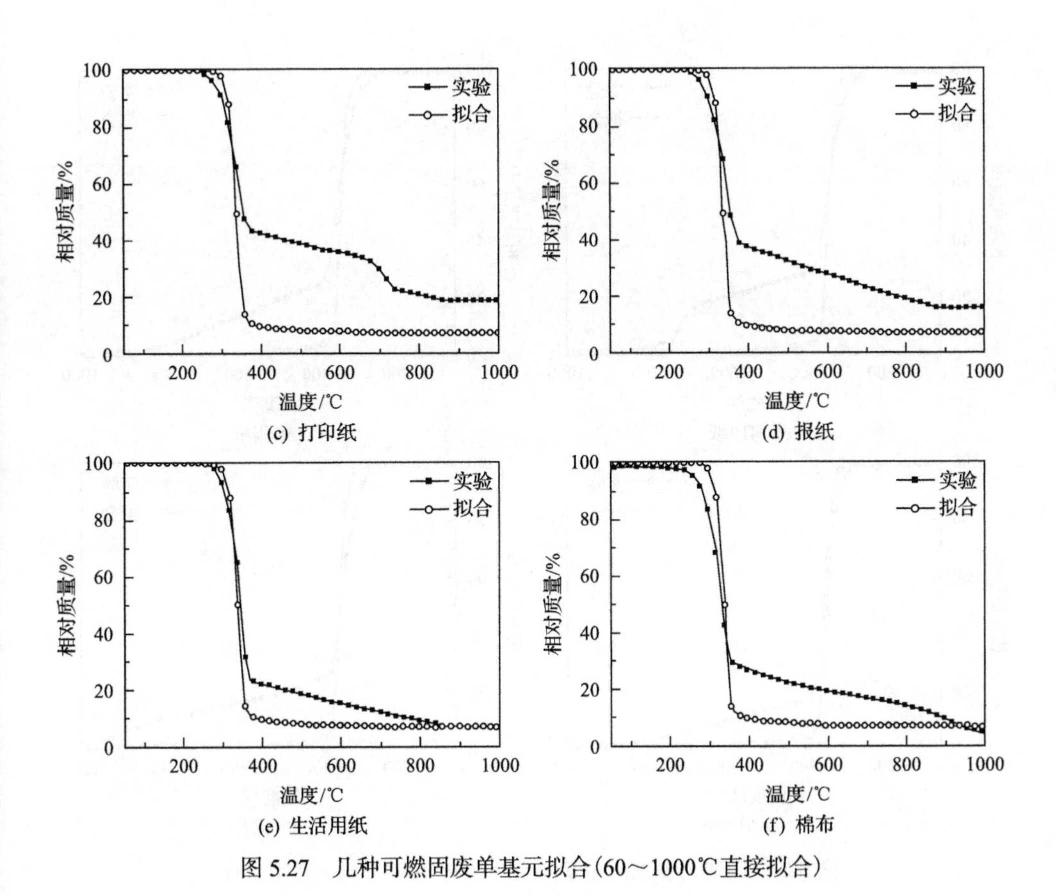


(c) 打印纸　(d) 报纸

(e) 生活用纸　(f) 棉布

图 5.27　几种可燃固废单基元拟合(60～1000℃直接拟合)

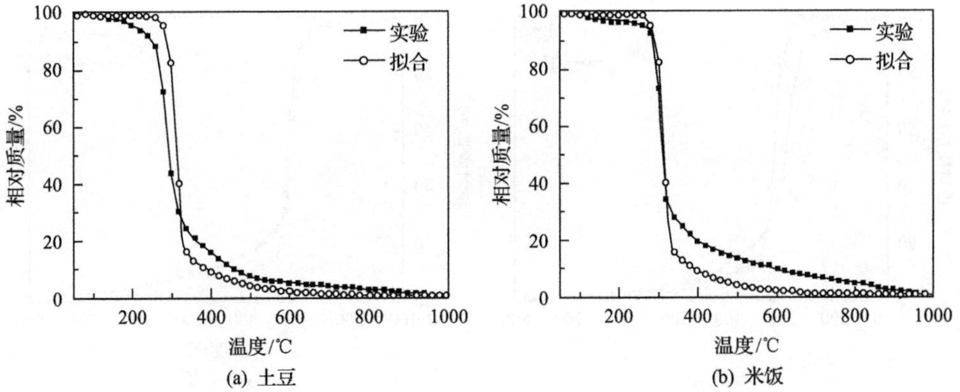

(a) 土豆　(b) 米饭

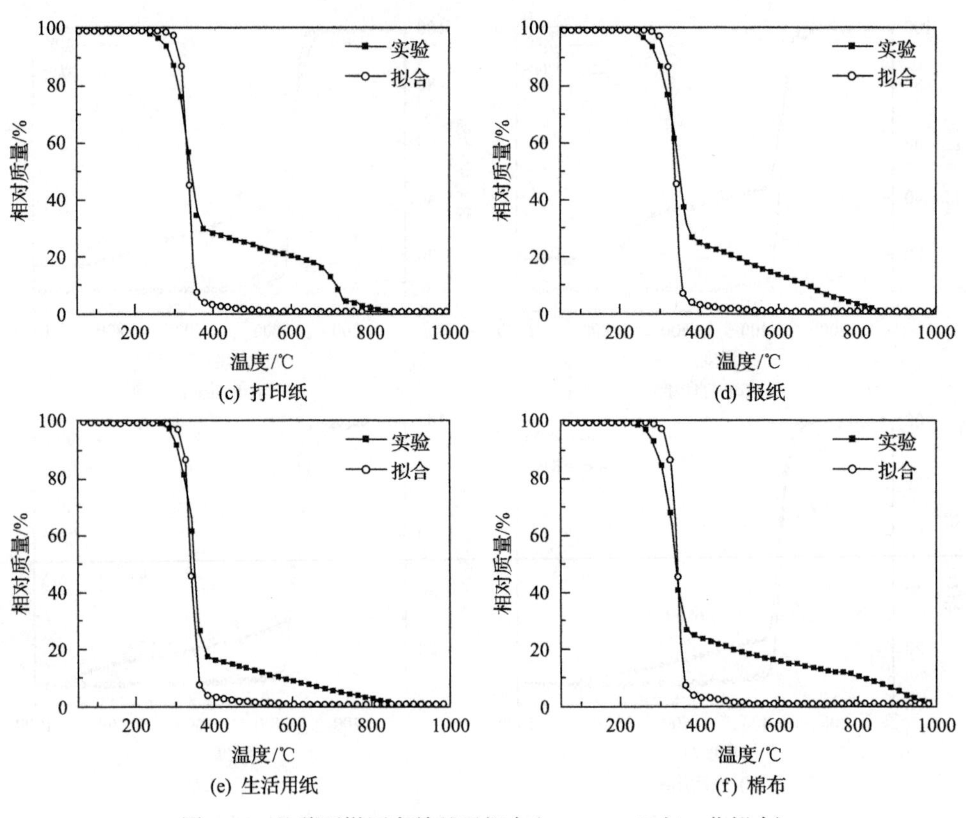


图 5.28 几种可燃固废单基元拟合(60～1000℃归一化拟合)

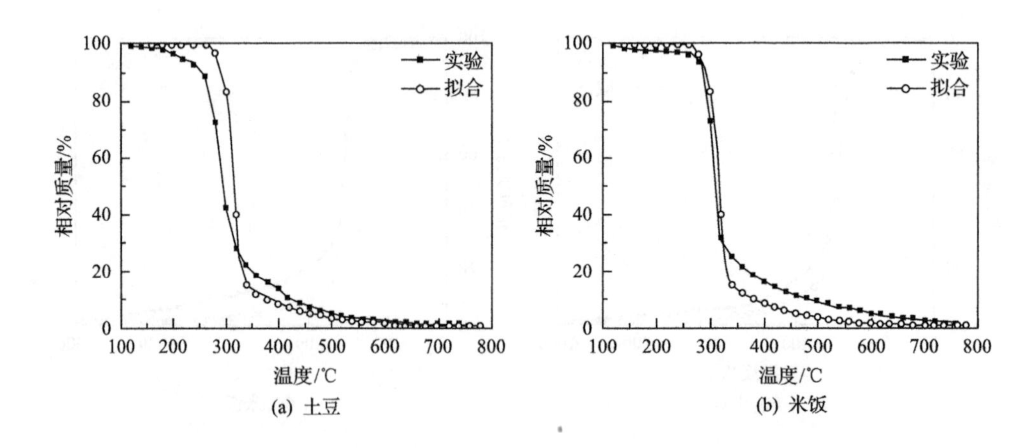

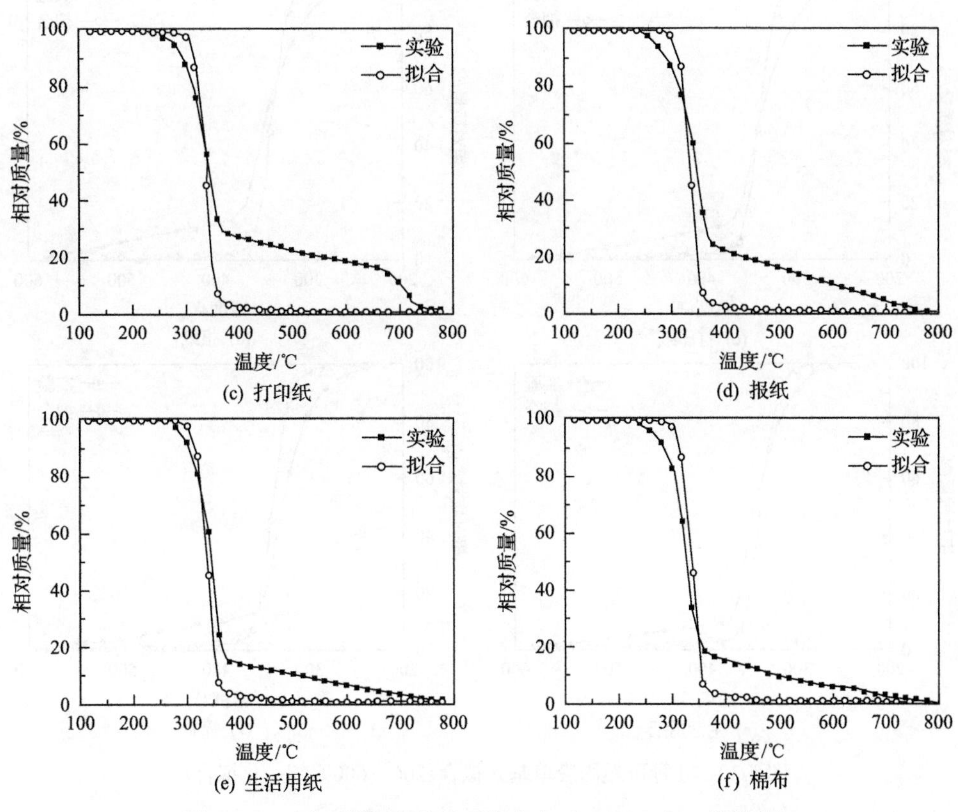


图 5.29　几种可燃固废单基元拟合(100～800℃归一化拟合)

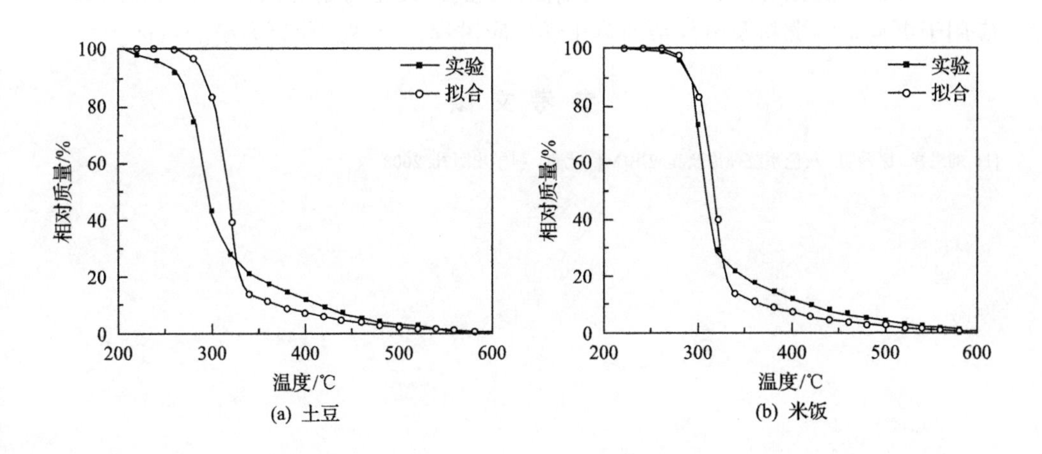

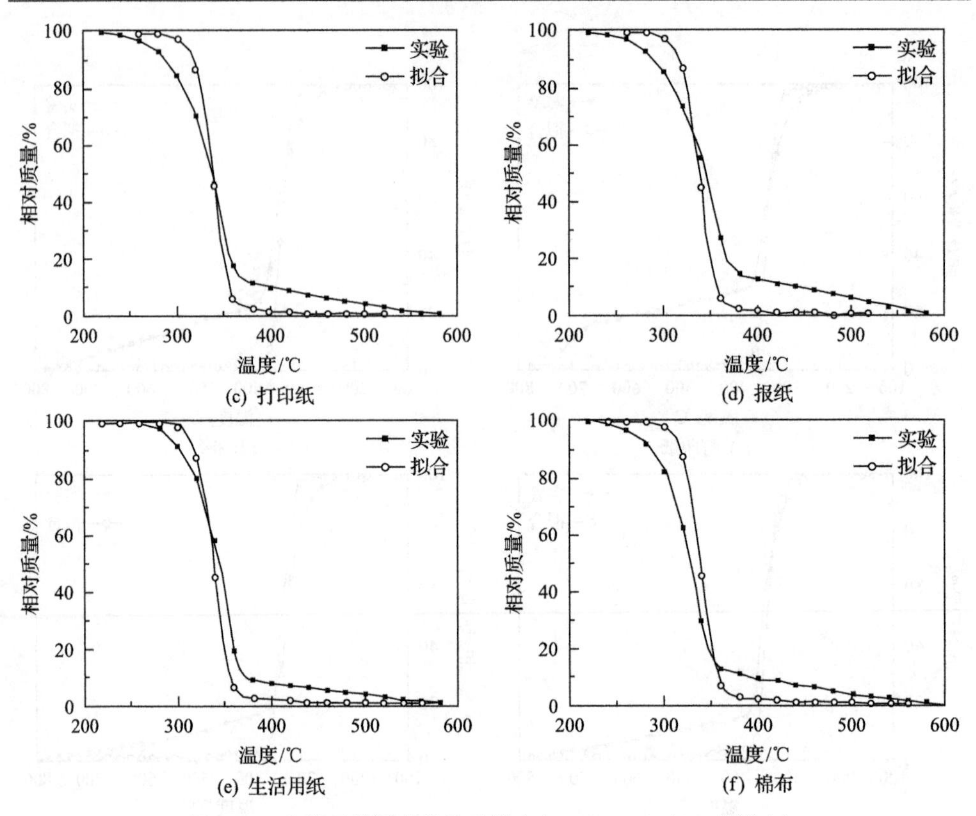


图 5.30　几种可燃固废单基元拟合(200～600℃归一化拟合)

本章给出了实际可燃固废单组分的分解方法，可以看到，对主要反应区间(200～600℃)的拟合效果较好。本章给出的在 TGA 上分解方法，将在后面两章中应用于更复杂的燃料及更复杂的热化学反应过程，以达到化繁为简的目标。

## 参考文献

[1] 刘思峰, 谢乃明. 灰色系统理论及其应用[M]. 北京: 科学出版社, 2008.

# 第6章 实际可燃固废热转化特性预测

第5章给出了建立实际可燃固废与基元对应关系的标准测试方法，并对比考察了基于失重特性计算表征系数的四种方法。本章将使用上述表征系数，利用基元的热转化特性数据，对实际可燃固废单组分在不同条件下的热转化特性进行预测，包括挥发分和热值的预测，以及 TGA 程序升温热解、燃烧、气化过程和 Macro-TGA 上快速热解过程失重曲线的重构，以进一步考察表征系数的适用性，从而筛选出最优的计算方法，以及确定依据表征系数和基元的热转化特性数据，对实际可燃固废热转化特性进行预测的模型。

各计算方法的简称如表5.7所示，下文所有标号为1的物理量(表征值、相对误差)均对应方法1，所有标号为2的物理量均对应方法2，以此类推。

## 6.1 挥发分和热值

采用5.2节中得到的分解系数结合基元的挥发分和热值数据，通过加权平均，得到实际可燃固废的挥发分和热值的预测值，结果如表6.1和表6.2所示。

**表6.1 挥发分(干燥基)预测值与实验值对比**

| 编号 | 样品 | 实验值/% | 表征值/% | | | | 相对误差/% | | | |
|---|---|---|---|---|---|---|---|---|---|---|
| | | | 1 | 2 | 3 | 4 | 1 | 2 | 3 | 4 |
| 1 | 大白菜 | 67.6 | 70.7 | 65.8 | 72.9 | 70.1 | 4.5 | 2.6 | 7.8 | 3.6 |
| 2 | 芹菜 | 65.4 | 68.2 | 64.4 | 75.0 | 81.9 | 4.3 | 1.4 | 14.7 | 25.3 |
| 3 | 菠菜 | 65.3 | 69.5 | 60.7 | 70.4 | 69.3 | 6.5 | 7.0 | 7.9 | 6.2 |
| 4 | 小白菜 | 64.0 | 66.3 | 60.1 | 67.0 | 71.4 | 3.6 | 6.0 | 4.7 | 11.5 |
| 5 | 橘皮 | 76.5 | 75.4 | 79.2 | 78.6 | 73.9 | 1.4 | 3.6 | 2.8 | 3.4 |
| 6 | 柚子皮 | 77.6 | 78.1 | 78.0 | 78.0 | 74.2 | 0.6 | 0.5 | 0.6 | 4.4 |
| 7 | 橙皮 | 77.9 | 80.3 | 76.9 | 78.1 | 75.2 | 3.0 | 1.4 | 0.2 | 3.4 |
| 8 | 香蕉皮 | 64.4 | 71.1 | 70.9 | 75.2 | 72.6 | 10.4 | 10.1 | 16.7 | 12.7 |
| 9 | 土豆 | 79.5 | 83.4 | 83.1 | 69.1 | 83.5 | 4.9 | 4.5 | 13.1 | 5.0 |
| 10 | 米饭 | 84.4 | 86.2 | 82.1 | 70.3 | 89.0 | 2.1 | 2.8 | 16.7 | 5.4 |
| 11 | 梧桐叶 | 69.7 | 69.6 | 68.0 | 74.3 | 61.2 | 0.2 | 2.4 | 6.6 | 12.2 |

续表

| 编号 | 样品 | 实验值/% | 表征值/% | | | | 相对误差/% | | | |
|---|---|---|---|---|---|---|---|---|---|---|
| | | | 1 | 2 | 3 | 4 | 1 | 2 | 3 | 4 |
| 12 | 杨树叶 | 68.7 | 70.2 | 69.4 | 66.9 | 66.1 | 2.1 | 0.9 | 2.7 | 3.8 |
| 13 | 杨树枝 | 73.9 | 72.2 | 74.5 | 83.2 | 68.6 | 2.3 | 0.9 | 12.7 | 7.0 |
| 14 | 银杏叶 | 73.2 | 73.8 | 64.4 | 86.0 | 62.1 | 0.9 | 12.0 | 17.5 | 15.1 |
| 15 | 打印纸 | 79.3 | 76.3 | 66.7 | 67.4 | 82.2 | 3.9 | 15.9 | 15.1 | 3.6 |
| 16 | 报纸 | 79.5 | 79.9 | 71.3 | 73.7 | 75.3 | 0.5 | 10.3 | 7.4 | 5.3 |
| 17 | 生活用纸 | 90.5 | 89.8 | 80.6 | 82.1 | 83.6 | 0.7 | 10.9 | 9.3 | 7.6 |
| 18 | 棉布 | 84.5 | 88.4 | 72.5 | 83.1 | 87.0 | 4.6 | 14.2 | 1.7 | 2.9 |
| 19 | 涤纶 | 88.6 | 90.4 | 90.4 | 90.4 | 90.4 | 2.1 | 2.1 | 2.1 | 2.1 |
| | 均值 | | | | | | 3.1 | 5.8 | 8.4 | 7.4 |

**表 6.2 热值(干基高位)预测值与实验值对比**

| 编号 | 样品 | 实验值/(MJ/kg) | 表征值/(MJ/kg) | | | | 相对误差/% | | | |
|---|---|---|---|---|---|---|---|---|---|---|
| | | | 1 | 2 | 3 | 4 | 1 | 2 | 3 | 4 |
| 1 | 大白菜 | 17.0 | 18.6 | 19.4 | 18.3 | 18.7 | 9.7 | 13.9 | 7.8 | 10.2 |
| 2 | 芹菜 | 13.6 | 19.1 | 19.6 | 18.3 | 17.5 | 40.8 | 44.1 | 34.7 | 28.7 |
| 3 | 菠菜 | 17.1 | 18.9 | 20.1 | 18.7 | 18.8 | 10.6 | 17.7 | 9.5 | 10.3 |
| 4 | 小白菜 | 18.9 | 19.4 | 20.2 | 19.2 | 18.7 | 2.4 | 6.9 | 1.6 | 1.0 |
| 5 | 橘皮 | 18.5 | 17.9 | 17.5 | 17.5 | 18.2 | 2.9 | 5.5 | 5.1 | 1.2 |
| 6 | 柚子皮 | 18.0 | 17.6 | 17.6 | 17.5 | 18.2 | 2.4 | 2.4 | 2.5 | 0.9 |
| 7 | 橙皮 | 17.1 | 17.4 | 17.7 | 17.5 | 18.0 | 2.0 | 3.6 | 2.6 | 5.4 |
| 8 | 香蕉皮 | 16.4 | 18.6 | 18.6 | 18.0 | 18.4 | 13.4 | 13.6 | 9.7 | 12.1 |
| 9 | 土豆 | 17.1 | 17.4 | 17.4 | 19.2 | 17.4 | 1.9 | 1.9 | 12.5 | 1.9 |
| 10 | 米饭 | 18.1 | 17.9 | 18.3 | 19.0 | 17.7 | 1.6 | 0.8 | 4.7 | 2.6 |
| 11 | 梧桐叶 | 19.1 | 19.2 | 19.4 | 18.7 | 20.1 | 0.3 | 1.2 | 2.0 | 5.4 |
| 12 | 杨树叶 | 16.9 | 19.0 | 19.1 | 19.4 | 19.5 | 12.9 | 13.4 | 15.0 | 15.6 |
| 13 | 杨树枝 | 18.5 | 18.9 | 18.7 | 17.4 | 19.4 | 2.4 | 1.1 | 5.8 | 5.1 |
| 14 | 银杏叶 | 15.3 | 18.6 | 19.7 | 17.9 | 19.9 | 21.9 | 28.8 | 17.2 | 30.4 |
| 15 | 打印纸 | 17.5 | 18.9 | 19.9 | 19.8 | 18.2 | 8.1 | 13.5 | 13.1 | 4.2 |
| 16 | 报纸 | 17.2 | 18.6 | 19.4 | 19.2 | 19.0 | 8.2 | 13.2 | 11.9 | 10.9 |

续表

| 编号 | 样品 | 实验值/(MJ/kg) | 表征值/(MJ/kg) | | | | 相对误差/% | | | |
|---|---|---|---|---|---|---|---|---|---|---|
| | | | 1 | 2 | 3 | 4 | 1 | 2 | 3 | 4 |
| 17 | 生活用纸 | 17.3 | 17.6 | 18.5 | 18.4 | 18.2 | 2.2 | 7.5 | 6.6 | 5.8 |
| 18 | 棉布 | 17.4 | 17.3 | 19.2 | 18.0 | 17.5 | 0.9 | 10.0 | 3.2 | 0.6 |
| 19 | 涤纶 | 20.9 | 23.1 | 23.1 | 23.1 | 23.1 | 10.7 | 10.7 | 10.7 | 10.7 |
| | 均值 | | | | | | 8.2 | 11.0 | 9.3 | 8.6 |

四种方法预测挥发分的误差均值分别为 3.1%、5.8%、8.4%、7.4%，方法 1 的预测精度最高，且方法 1 对绝大部分可燃固废挥发分预测误差均在 5%以内，显然就挥发分预测而言，方法 1 为最优。

四种方法对热值的预测误差均值分别为 8.2%、11.0%、9.3%、8.6%，同样是方法 1 的误差最小，且大部分可燃固废热值预测值误差均在 10%以内。就热值预测精度而言，同样是方法 1 最优。

## 6.2　TGA 程序升温

对于任一实验条件，均可得到基元失重矩阵 $A_1=\left[X_{基元1}, X_{基元2},\cdots,X_{基元n}\right]$，四种计算方法得到的分解系数分别如表 5.3～表 5.6 所示。以大白菜为例，记表 5.3 中的分解系数为 $b_1$，则大白菜在新的实验条件下，其失重向量的预测值为 $A_1b_1$。计算该预测值与实测值的灰色关联度，即可评判表 5.3 中的分解系数通用性的强弱，进而评估表 5.3 对应的计算方法是否最优，从而获得基础计算方法。

本节先对 TGA 上不同反应条件下可燃固废热转化特性进行考察，下节将对 Macro-TGA 上快速热解过程热转化特性进行考察。

### 6.2.1　$N_2$ 气氛下的热解过程

由于方法 2～4 均是采用归一化数据进行计算，从计算原理讲，该结果仅保证对归一化数据的拟合效果良好，对真实非归一化过程的拟合情况是未知的。真实过程的复现是很重要的研究对象，因此首先将这几组系数(表 5.4、表 5.5 和表 5.6)运用到对 60～1000℃原始非归一化失重过程的拟合上。

拟合结果如表 6.3 和图 6.1～图 6.6 所示。归一化拟合(方法 2～4)得到的分解系数，在应用到 60～1000℃真实失重过程的复现时，相应的灰色关联度均不及直接拟合得到的结果，方法 1 得到的灰色关联度平均值高达 0.980，而方法 4 灰色关联度平均值降到 0.9 以下，芹菜和杨树叶拟合值与实验值的灰色关联度甚至降到 0.8 以下。方法 2 和 3 的表现接近。

**表 6.3 TGA 上热解实验值与 4 种方法拟合值的灰色关联度对比**

| 样品 | 方法 1 | 方法 2 | 方法 3 | 方法 4 |
|---|---|---|---|---|
| 大白菜 | 0.984 | 0.953 | 0.963 | 0.966 |
| 芹菜 | 0.985 | 0.967 | 0.920 | 0.726 |
| 菠菜 | 0.985 | 0.923 | 0.974 | 0.966 |
| 小白菜 | 0.986 | 0.947 | 0.979 | 0.900 |
| 橘皮 | 0.983 | 0.959 | 0.951 | 0.951 |
| 柚子皮 | 0.985 | 0.985 | 0.980 | 0.904 |
| 橙皮 | 0.980 | 0.952 | 0.947 | 0.858 |
| 香蕉皮 | 0.991 | 0.991 | 0.950 | 0.959 |
| 土豆 | 0.992 | 0.978 | 0.977 | 0.831 |
| 米饭 | 0.987 | 0.986 | 0.986 | 0.917 |
| 梧桐叶 | 0.985 | 0.979 | 0.974 | 0.926 |
| 杨树叶 | 0.989 | 0.916 | 0.916 | 0.760 |
| 杨树枝 | 0.990 | 0.992 | 0.989 | 0.981 |
| 银杏叶 | 0.975 | 0.969 | 0.982 | 0.954 |
| 打印纸 | 0.959 | 0.910 | 0.887 | 0.875 |
| 报纸 | 0.965 | 0.918 | 0.915 | 0.882 |
| 生活用纸 | 0.971 | 0.914 | 0.901 | 0.856 |
| 棉布 | 0.970 | 0.862 | 0.931 | 0.930 |
| 涤纶 | 0.963 | 0.963 | 0.950 | 0.913 |
| 最大值 | 0.992 | 0.992 | 0.989 | 0.981 |
| 最小值 | 0.959 | 0.862 | 0.887 | 0.726 |
| 平均值 | 0.980 | 0.951 | 0.951 | 0.898 |
| 标准差 | 0.010 | 0.035 | 0.031 | 0.069 |

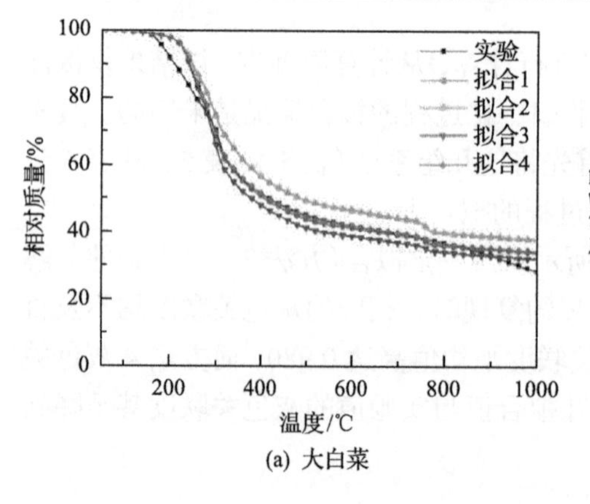

(a) 大白菜

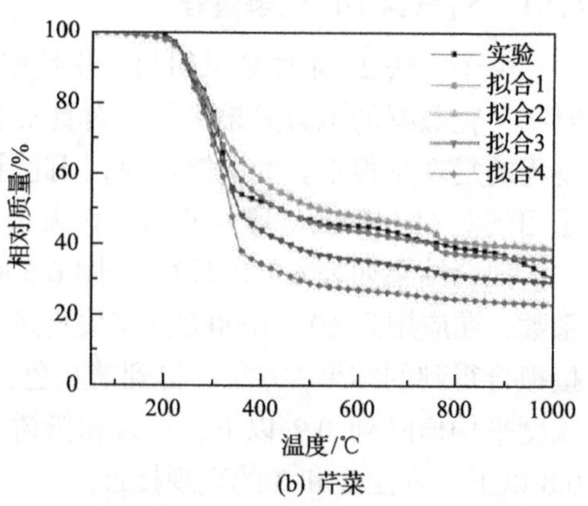

(b) 芹菜

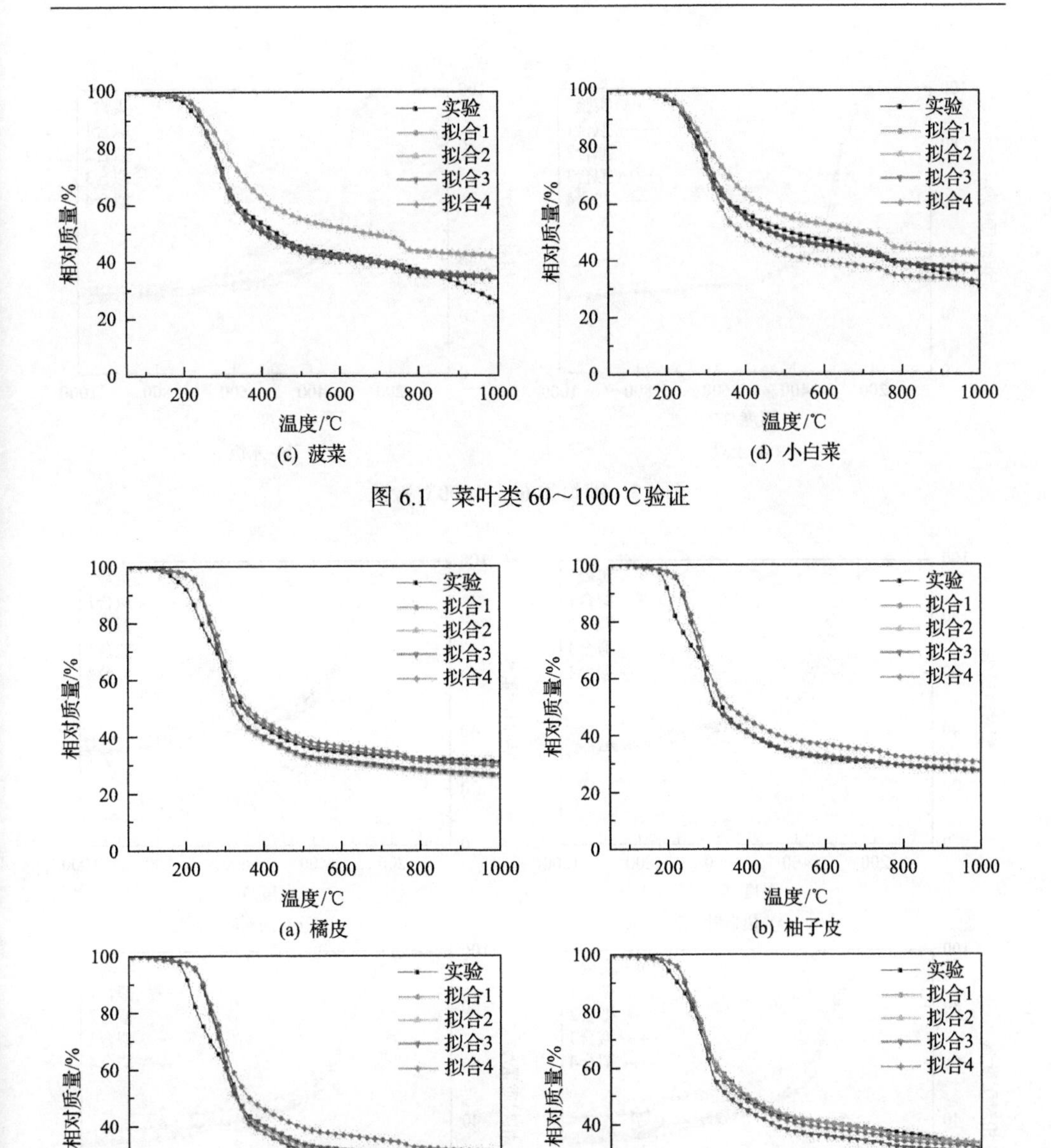


(c) 菠菜　　(d) 小白菜

图 6.1　菜叶类 60～1000℃验证

(a) 橘皮　　(b) 柚子皮

(c) 橙皮　　(d) 香蕉皮

图 6.2　果皮类 60～1000℃验证

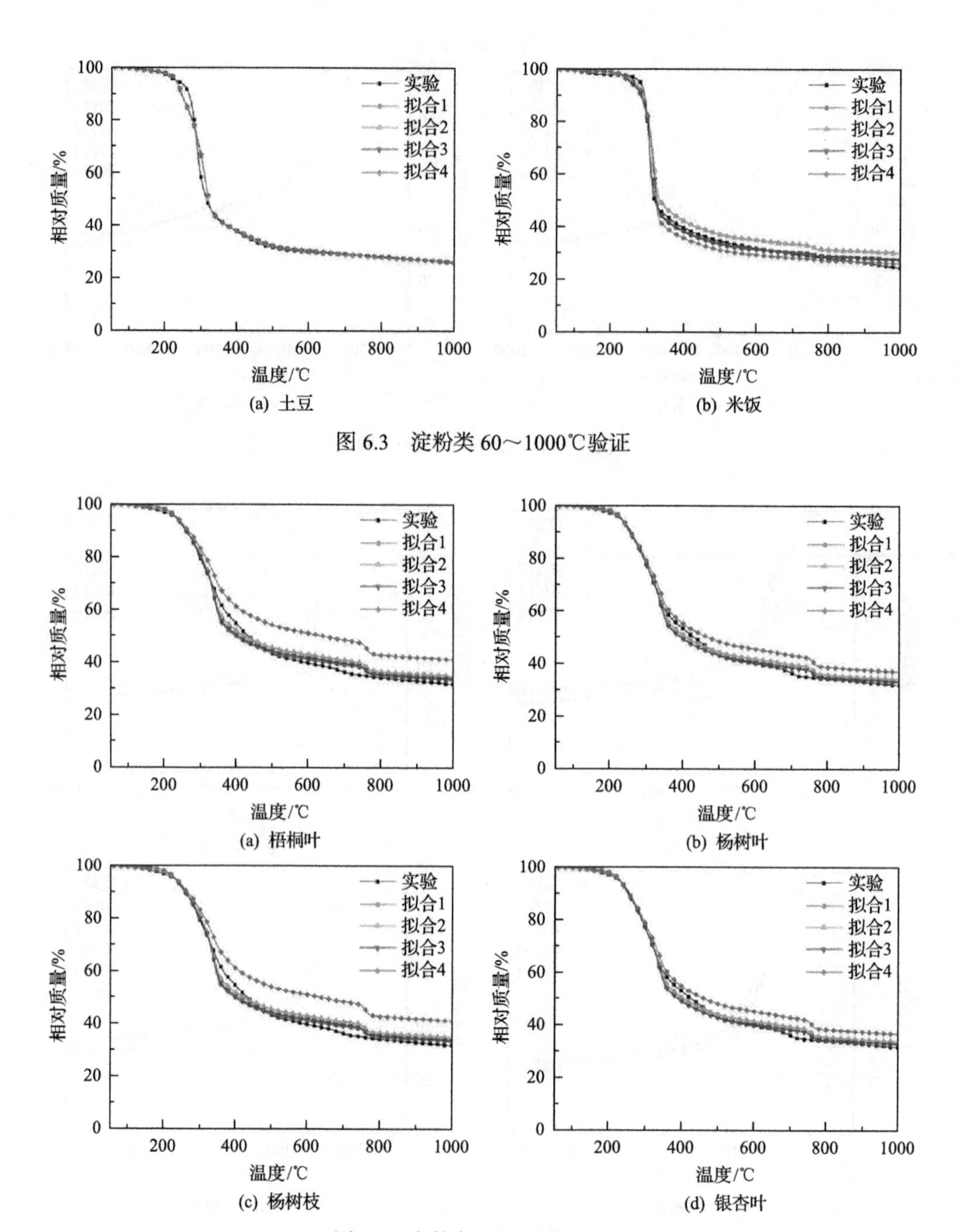


(a) 土豆　(b) 米饭

图 6.3　淀粉类 60～1000℃验证

(a) 梧桐叶　(b) 杨树叶

(c) 杨树枝　(d) 银杏叶

图 6.4　木竹类 60～1000℃验证

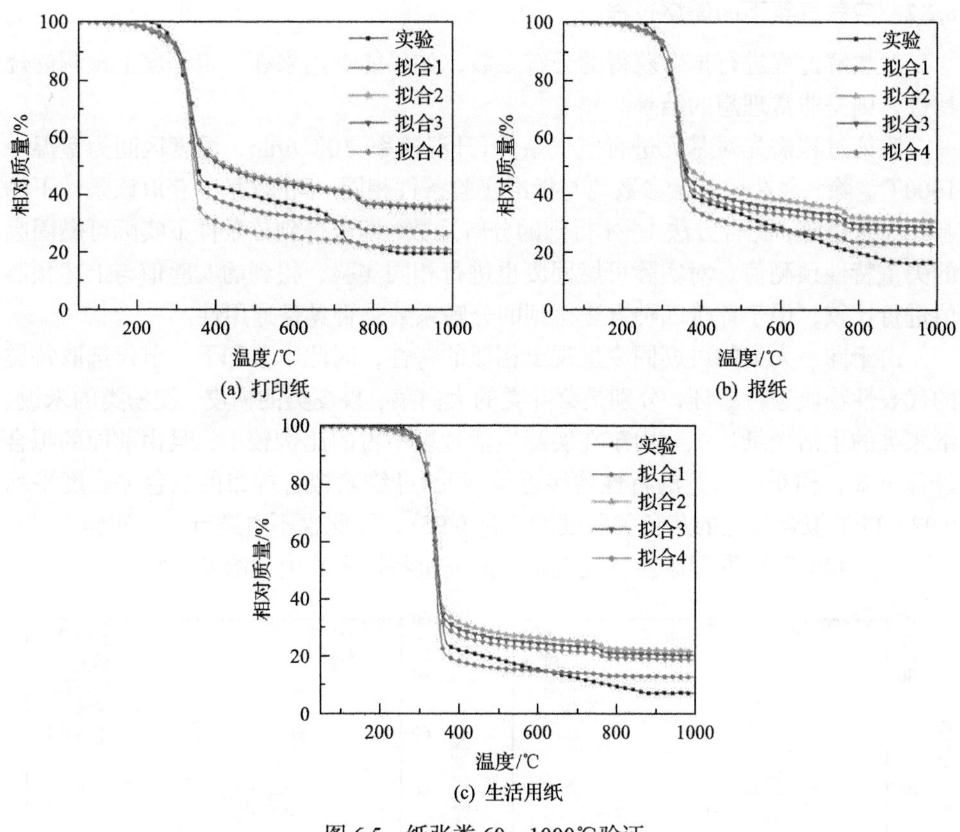

(a) 打印纸　(b) 报纸

(c) 生活用纸

图 6.5　纸张类 60～1000℃验证

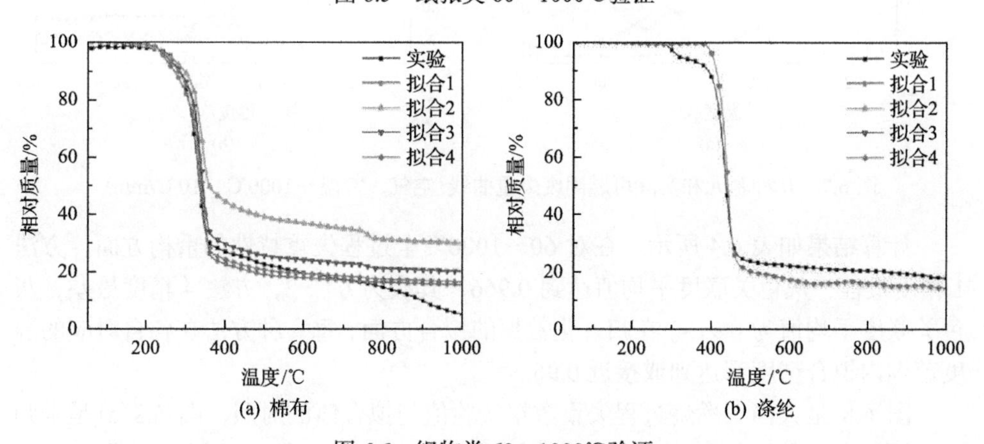

(a) 棉布　(b) 涤纶

图 6.6　织物类 60～1000℃验证

就热解原始过程的全过程复现来看，显然方法 1 最优。

### 6.2.2 空气气氛下的燃烧过程

对热解过程进行拟合获得的分解系数，如果能够用来在一定程度上预测燃烧特性，则是非常理想的结果。

验证过程需先对基元进行空气条件(升温速率 10℃/min，温度区间为室温～1000℃，除气氛外，其余参数均与标准实验条件相同)下的实验，获取该条件下的基元失重矩阵，配合方法 1～4 得到的分解系数，即可得到该条件下实际可燃固废的失重特性预测值。对实际可燃固废也进行相同实验，得到的实验值与上述预测值进行比较，用于评价四种方法得到的分解系数是否具备通用性。

由于同一大类的可燃固废呈现出相似的特性，因此本节和下一节仅选取每类的代表性物质进行验证，分别是菜叶类的大白菜、果皮类的橘皮、淀粉类的米饭、纸张类的生活用纸。织物由于在实际生活垃圾中占的比例较小，且由前面的拟合过程可知，棉布和涤纶的特性均接近单基元(纤维素拟合棉布的灰色关联度平均 0.92，PET 拟合涤纶的灰色关联度均超过 0.95)，因此也不再进行一一实验。

基元和实际可燃固废在空气气氛下的失重特性实验值如图 6.7 所示。

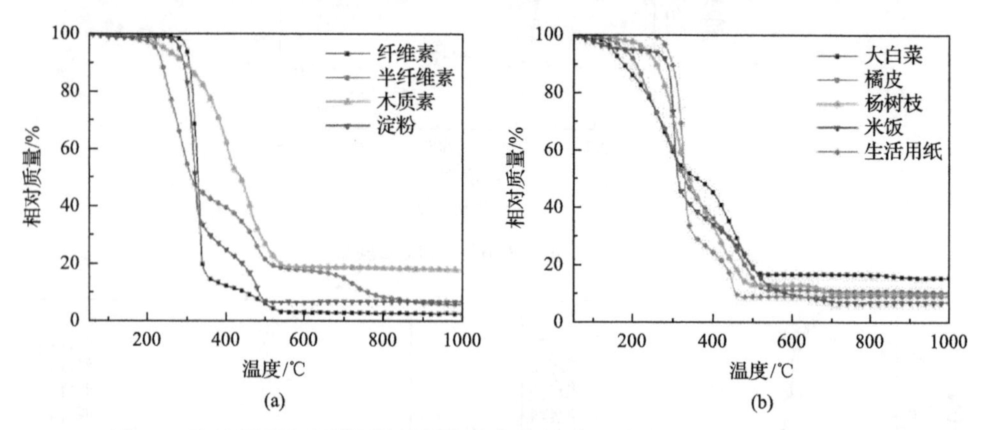


图 6.7　几种基元和实际可燃固废失重曲线(空气，室温～1000℃，10℃/min)

计算结果如表 6.4 所示。在对 60～1000℃全过程失重特性的重构方面，方法 1 精度最佳，灰色关联度平均值达到 0.966，其次为方法 2，方法 4 精度最差，灰色关联度平均值为 0.915。在归一化数据的拟合方面，每一种方法在各自对应的温度范围内拟合精度都达到或接近 0.96。

图 6.8 是大白菜燃烧过程失重数据实验值与拟合值的对照，图 6.8(a)是未归一的原始实验数据与四种方法计算出的拟合值的对比，后三张则是相应温度区间归一化数据的对比。从图中可知，用标准测试得到的表征系数来预测 TGA 上燃烧特性，其拟合精度略低于对标准测试过程本身的拟合精度，即较图 5.3，图 6.8 中

**表 6.4　TGA 上燃烧实验值与 4 种方法拟合值的灰色关联度对比**

| 样品 | 60～1000℃原始 | | | | 60～1000℃归一 | 100～800℃归一 | 200～600℃归一 |
|---|---|---|---|---|---|---|---|
| | 方法 1 | 方法 2 | 方法 3 | 方法 4 | 方法 2 | 方法 3 | 方法 4 |
| 大白菜 | 0.957 | 0.950 | 0.947 | 0.898 | 0.935 | 0.933 | 0.984 |
| 橘皮 | 0.961 | 0.962 | 0.951 | 0.904 | 0.950 | 0.947 | 0.983 |
| 米饭 | 0.974 | 0.965 | 0.967 | 0.937 | 0.974 | 0.973 | 0.955 |
| 杨树枝 | 0.969 | 0.977 | 0.969 | 0.886 | 0.969 | 0.966 | 0.915 |
| 生活用纸 | 0.970 | 0.977 | 0.970 | 0.949 | 0.971 | 0.968 | 0.956 |
| 最大值 | 0.974 | 0.977 | 0.970 | 0.949 | 0.974 | 0.973 | 0.984 |
| 最小值 | 0.957 | 0.950 | 0.947 | 0.886 | 0.935 | 0.933 | 0.915 |
| 平均值 | 0.966 | 0.966 | 0.961 | 0.915 | 0.960 | 0.957 | 0.959 |
| 标准差 | 0.007 | 0.011 | 0.011 | 0.027 | 0.017 | 0.017 | 0.028 |

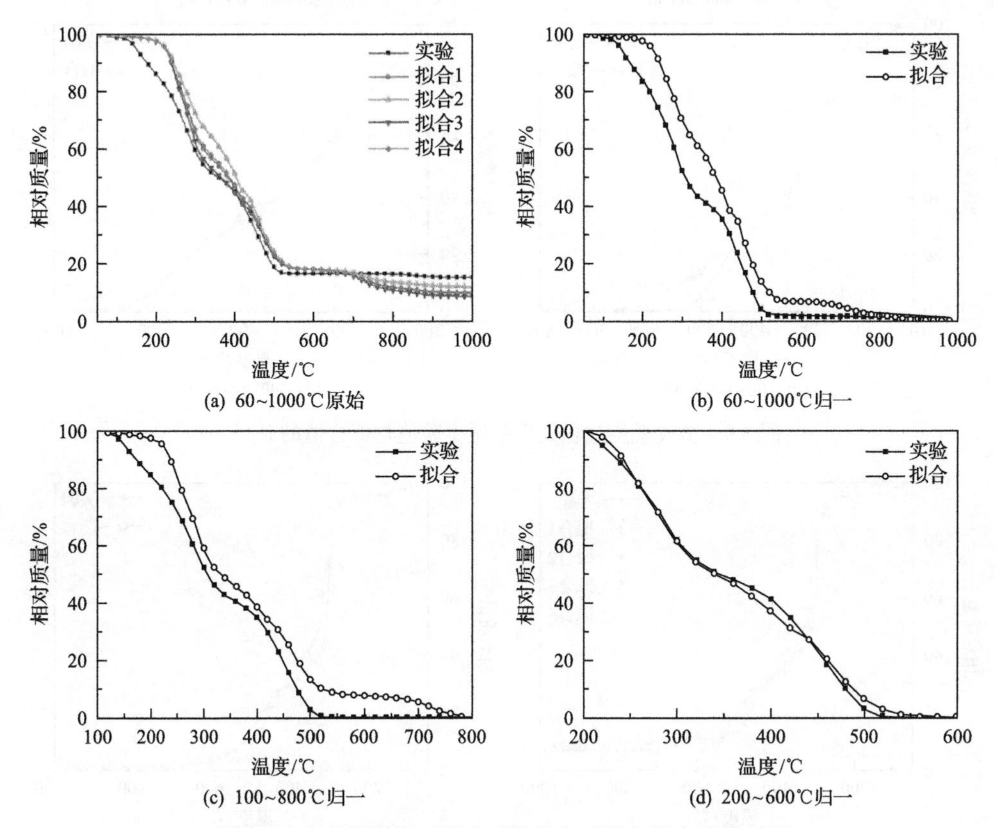


(a) 60~1000℃原始　(b) 60~1000℃归一

(c) 100~800℃归一　(d) 200~600℃归一

图 6.8　大白菜燃烧过程失重数据实验值与拟合值的对照

实验曲线与拟合曲线接近程度略低。这说明，虽然热解是燃烧的基础过程，但燃烧本身还是具备自己的独特属性的。总体而言，接近 0.97 的拟合精度是可以接受的。橘皮、米饭、杨树枝、生活用纸呈现了相似的特性，如图 6.9～图 6.12 所示。

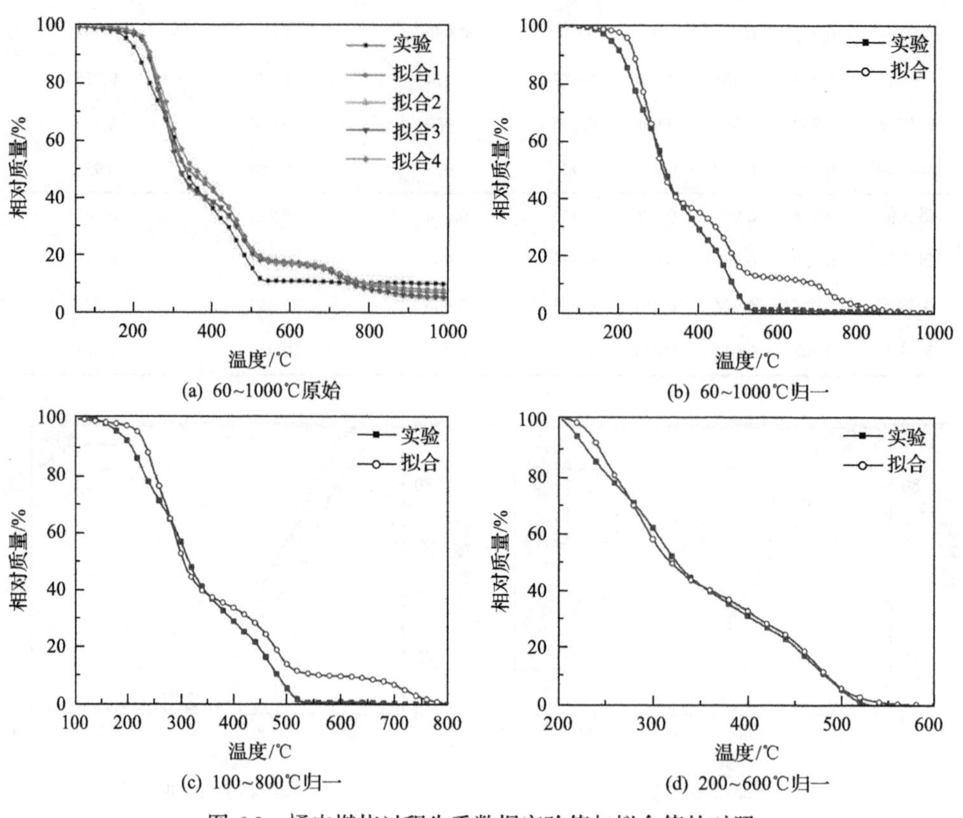


(a) 60~1000℃原始　(b) 60~1000℃归一

(c) 100~800℃归一　(d) 200~600℃归一

图 6.9　橘皮燃烧过程失重数据实验值与拟合值的对照

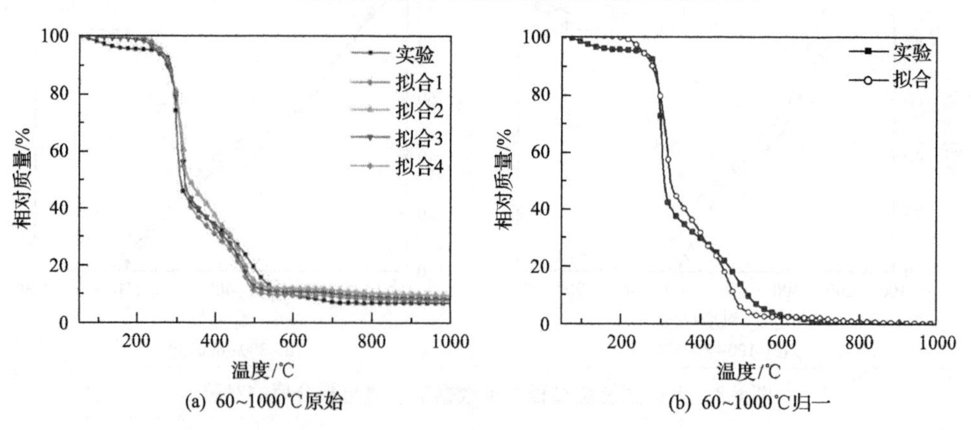


(a) 60~1000℃原始　(b) 60~1000℃归一

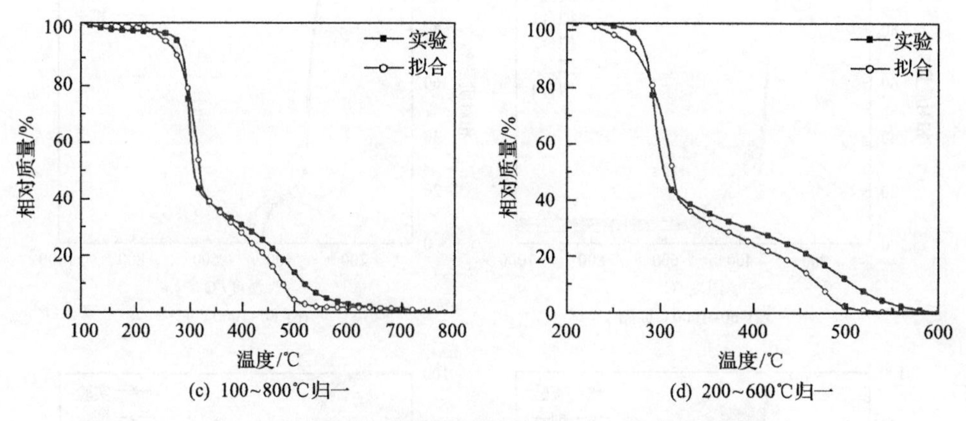


图 6.10　米饭燃烧过程失重数据实验值与拟合值的对照

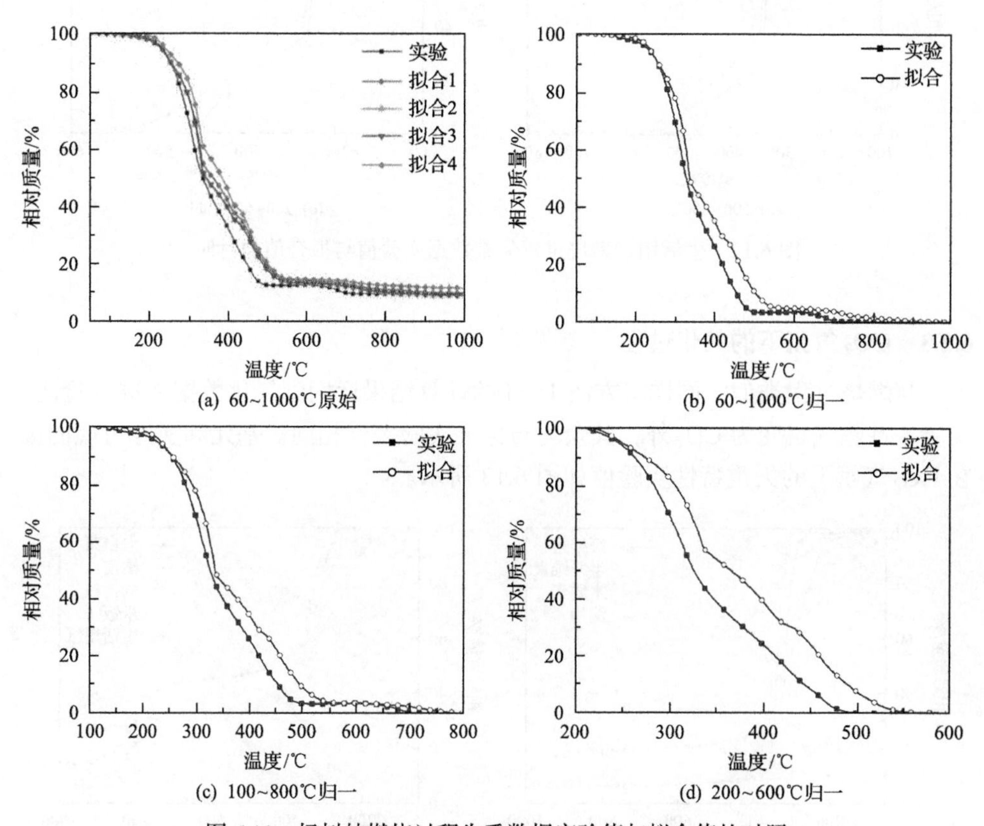


图 6.11　杨树枝燃烧过程失重数据实验值与拟合值的对照

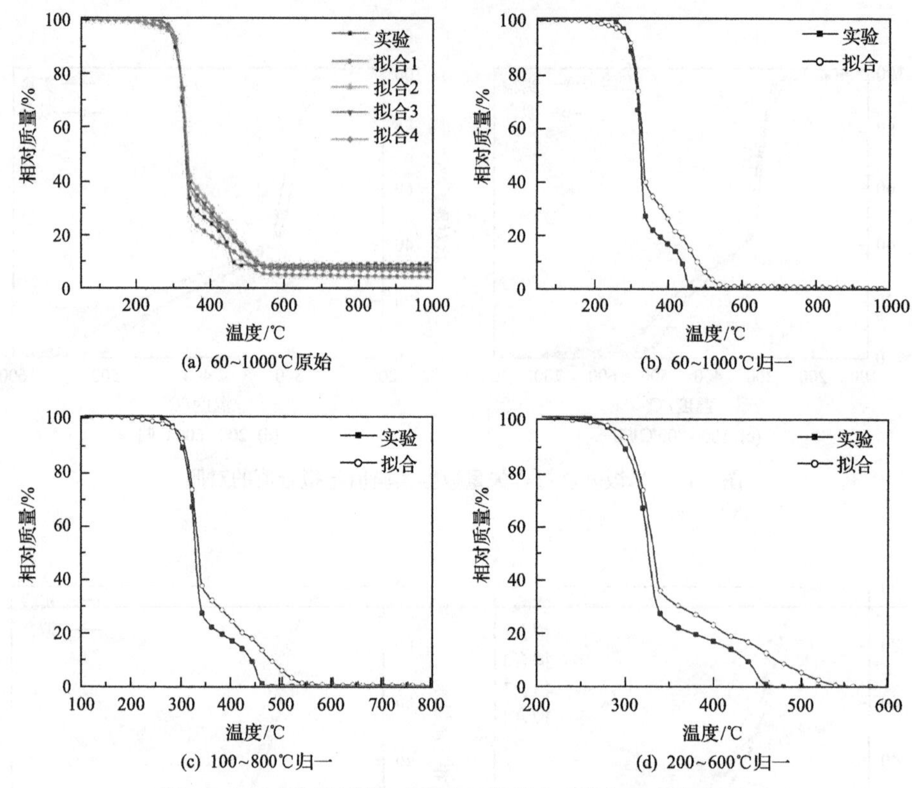


图 6.12　生活用纸燃烧过程失重数据实验值与拟合值的对照

### 6.2.3　$CO_2$气氛下的气化过程

与燃烧过程类似，同样将方法 1～4 的计算结果运用到气化数据上进行验证。实验条件除气氛变为 $CO_2$外，其余均与标准实验条件相同。基元和实际可燃固废在 $CO_2$气氛下的失重特性实验值如图 6.13 所示。

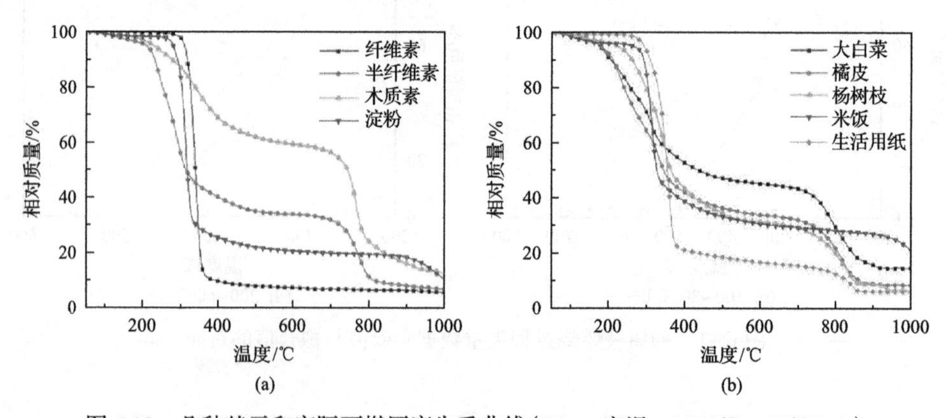


图 6.13　几种基元和实际可燃固废失重曲线($CO_2$，室温～1000℃，10℃/min)

计算结果如表 6.5 和图 6.14～图 6.18 所示。在对 60～1000℃全过程失重特性的重构方面，方法 1 和方法 2 精度接近，灰色关联度平均值达到 0.965，同样是方

**表 6.5　TGA 上气化实验值与 4 种方法拟合值的灰色关联度对比**

| 样品 | 60～1000℃原始 | | | | 60～1000℃归一 | 100～800℃归一 | 200～600℃归一 |
|---|---|---|---|---|---|---|---|
| | 方法 1 | 方法 2 | 方法 3 | 方法 4 | 方法 2 | 方法 3 | 方法 4 |
| 大白菜 | 0.957 | 0.966 | 0.924 | 0.911 | 0.955 | 0.944 | 0.985 |
| 橘皮 | 0.974 | 0.970 | 0.964 | 0.929 | 0.977 | 0.941 | 0.976 |
| 米饭 | 0.953 | 0.961 | 0.938 | 0.863 | 0.935 | 0.946 | 0.968 |
| 杨树枝 | 0.968 | 0.977 | 0.968 | 0.865 | 0.979 | 0.938 | 0.988 |
| 生活用纸 | 0.974 | 0.951 | 0.947 | 0.923 | 0.955 | 0.932 | 0.971 |
| 最大值 | 0.974 | 0.977 | 0.968 | 0.929 | 0.979 | 0.946 | 0.988 |
| 最小值 | 0.953 | 0.951 | 0.924 | 0.863 | 0.935 | 0.932 | 0.968 |
| 平均值 | 0.965 | 0.965 | 0.948 | 0.898 | 0.960 | 0.940 | 0.978 |
| 标准差 | 0.010 | 0.010 | 0.018 | 0.032 | 0.018 | 0.005 | 0.009 |

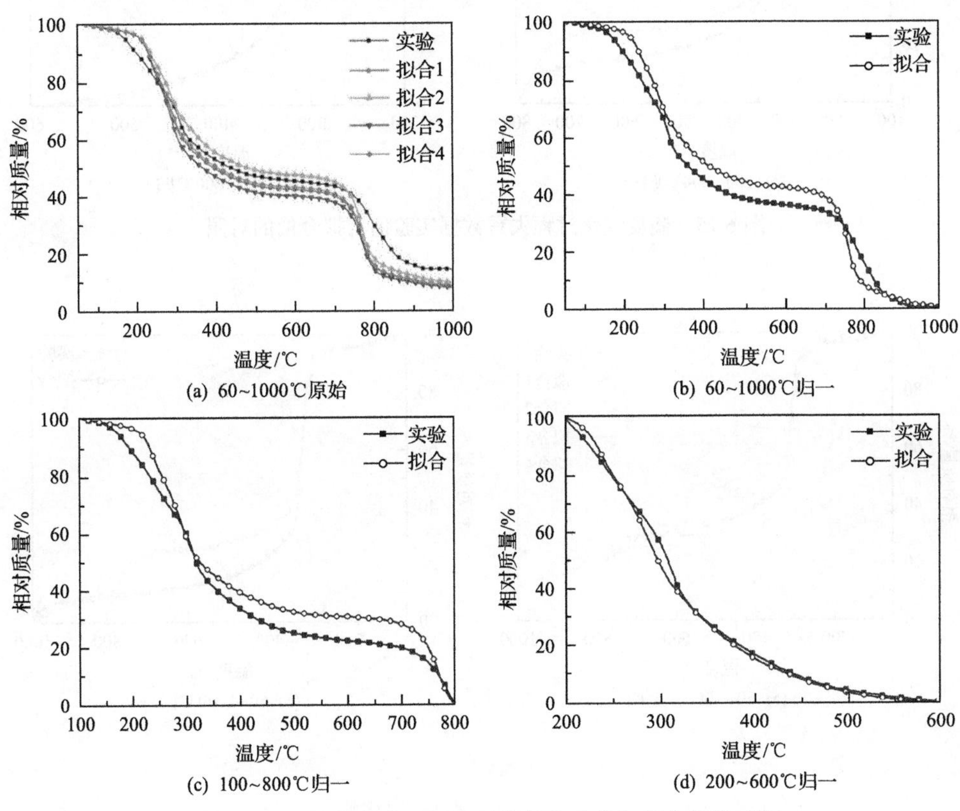

(a) 60~1000℃原始　(b) 60~1000℃归一　(c) 100~800℃归一　(d) 200~600℃归一

图 6.14　大白菜气化过程失重数据实验值与拟合值的对照

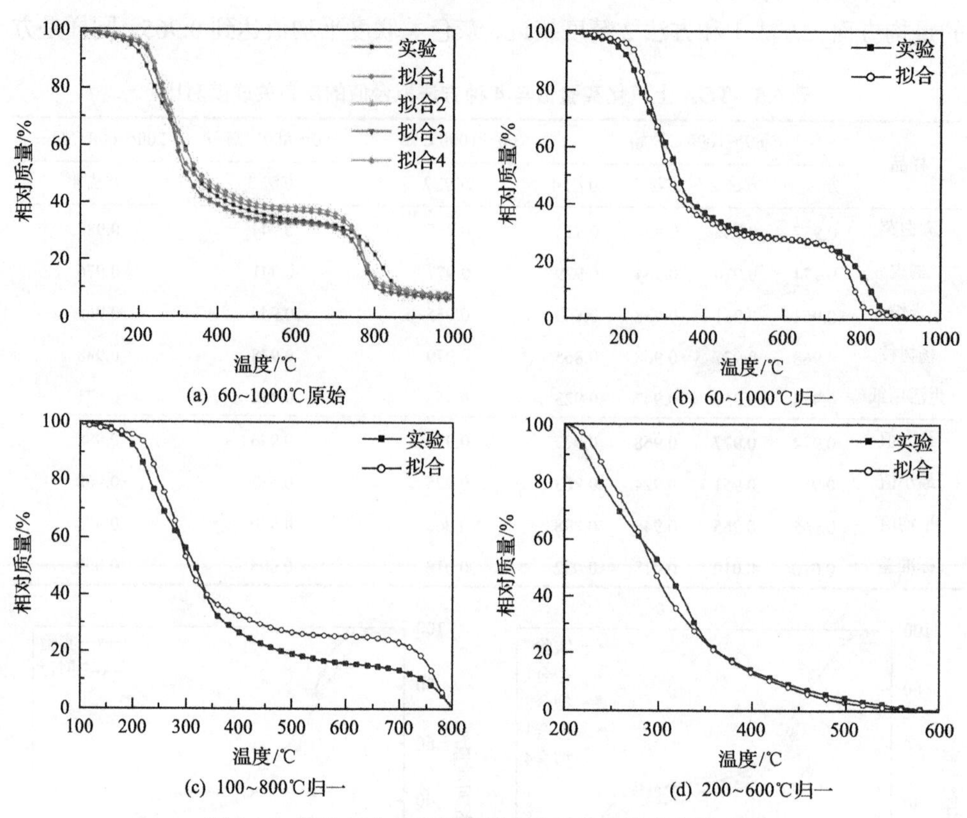


图 6.15　橘皮气化过程失重数据实验值与拟合值的对照

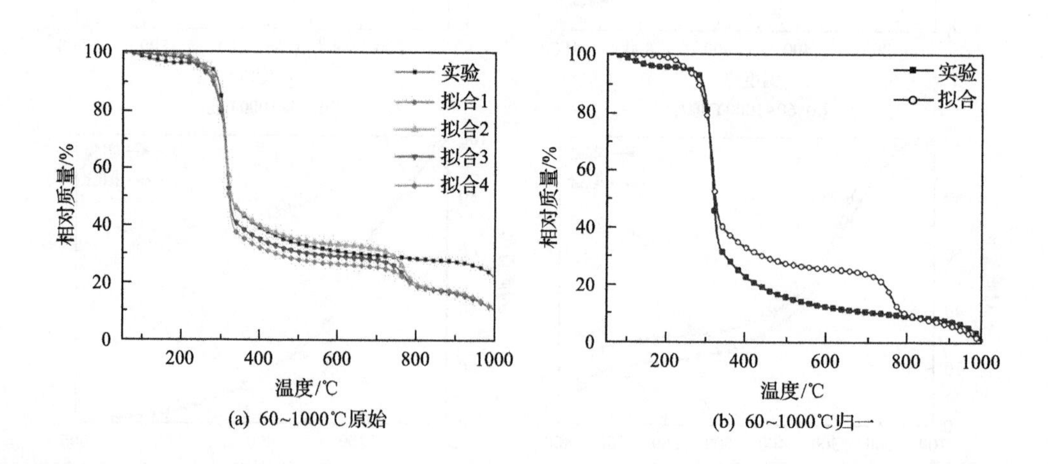

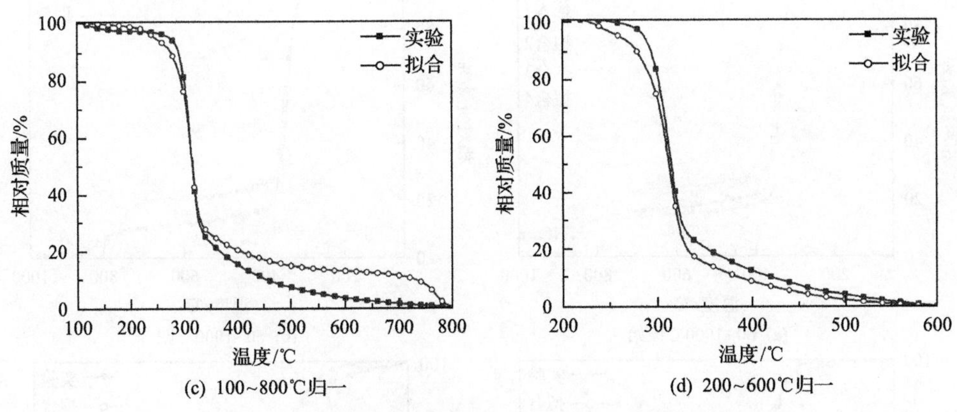


图 6.16　米饭气化过程失重数据实验值与拟合值的对照

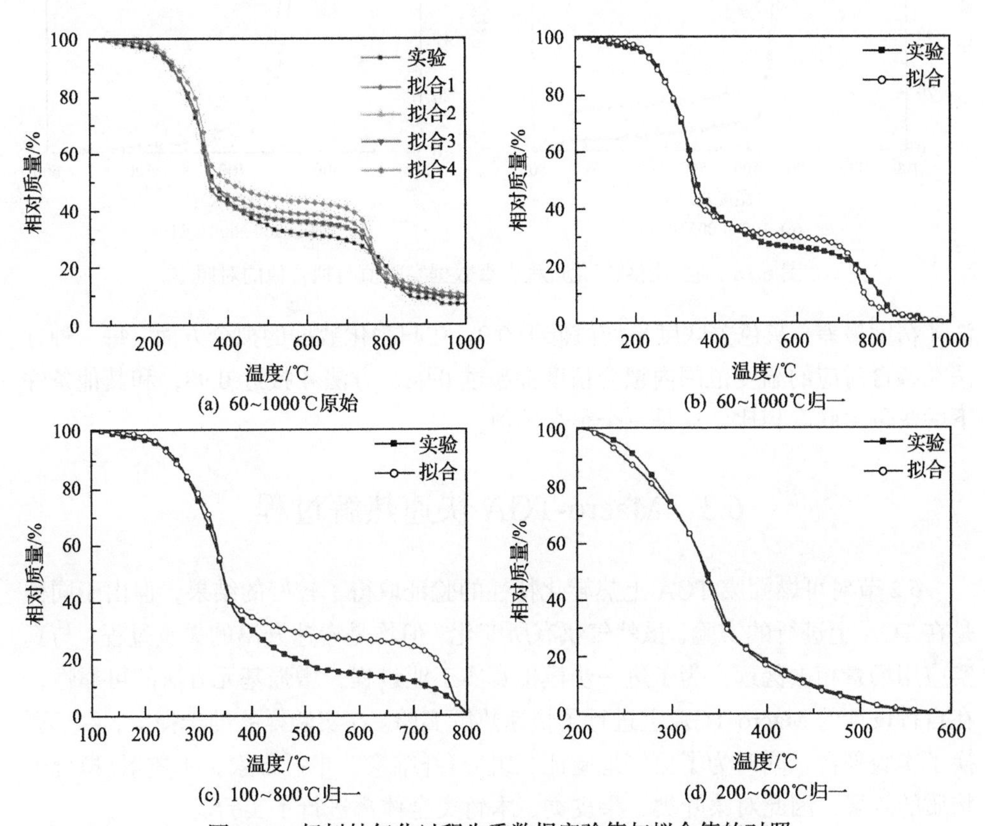


图 6.17　杨树枝气化过程失重数据实验值与拟合值的对照

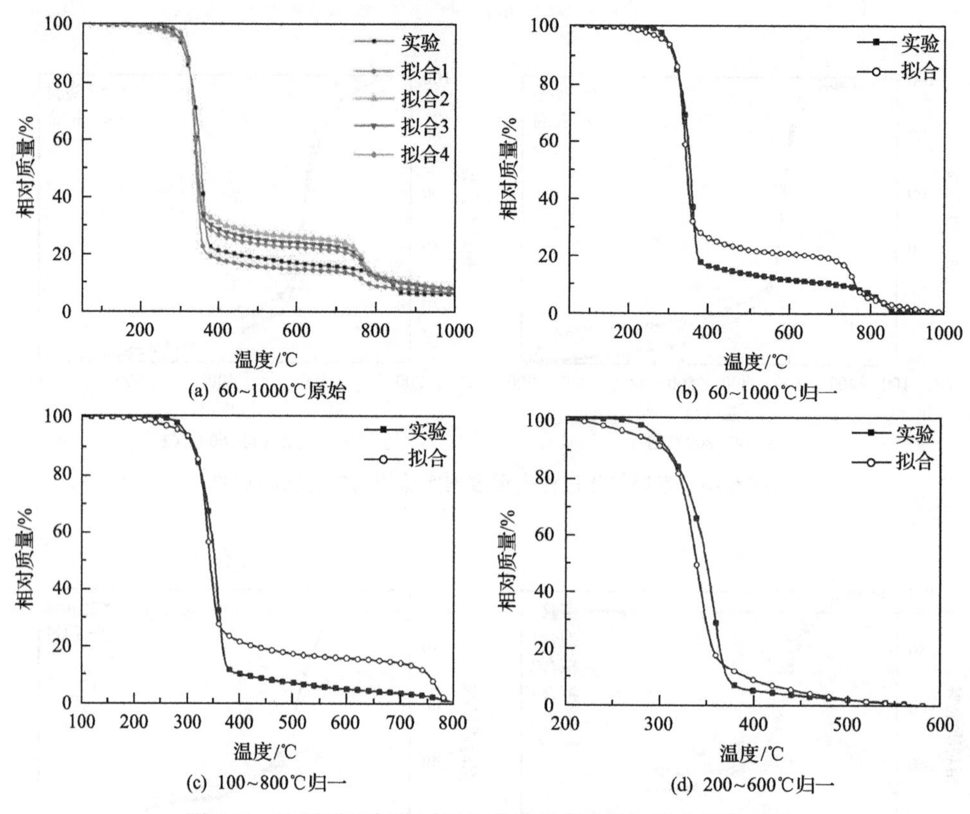


图 6.18　生活用纸气化过程失重数据实验值与拟合值的对照

法 4 精度最差，灰色关联度平均值低于 0.9。在归一化数据的拟合方面，每一种方法在各自对应的温度范围内拟合精度都超过 0.94，方法 4 接近 0.98，和其他条件下的灰色关联度相比，这是一个很高的值。

# 6.3　Macro-TGA 快速热解过程

6.2 节对可燃固废 TGA 上热转化特性的验证取得了较好的结果，但由于同样是在 TGA 上进行的实验，虽然气氛有所变化，但均是慢速升温的失重过程，与真实应用场景相去甚远。为了进一步模拟真实工业过程，增强基元方法的可靠性，在自行设计的 Macro-TGA 上进行了快速热解实验。在实验样品的选择上，由于更换了实验平台，同时为了更好地验证三组分(纤维素、半纤维素、木质素)拟合生物质的效果，因此对菜叶类、果皮类、木竹类全体都进行了实验。

基元和实际可燃固废在 Macro-TGA 上 800℃快速热解的失重特性实验值如图 6.19～图 6.21 所示。在时间长度的选择上，对于全部样品而言，99%的失重均发生在前 200s，因此把 200s 作为一个关键节点，认为此时反应完毕。此外 90%以上的失重均发生在前 100s，因此也把 100s 作为一个关键节点，认为该时间窗口为主要反应区间。

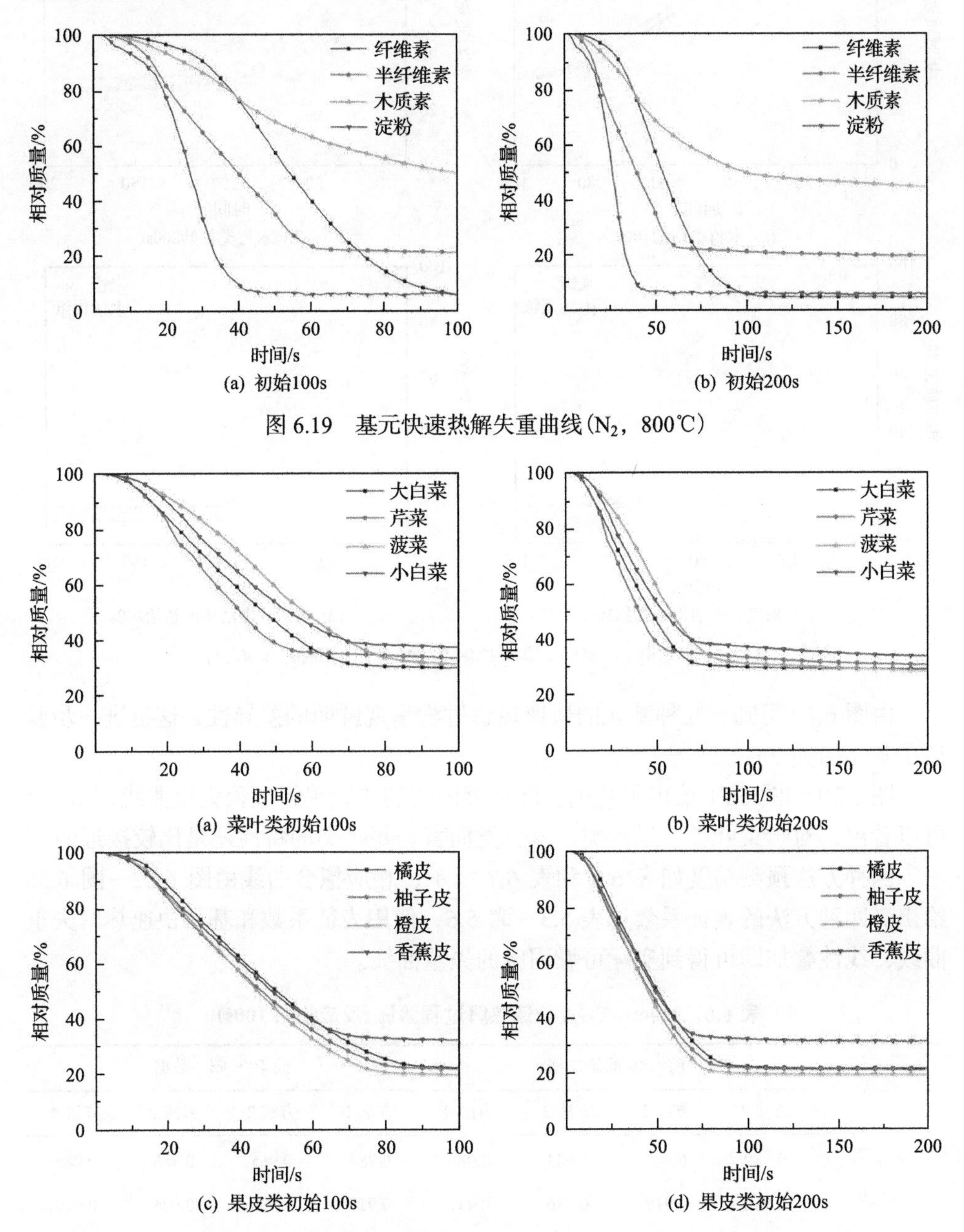


图 6.19　基元快速热解失重曲线($N_2$，800℃)

图 6.20　实际可燃固废快速热解失重曲线(1)($N_2$，800℃)

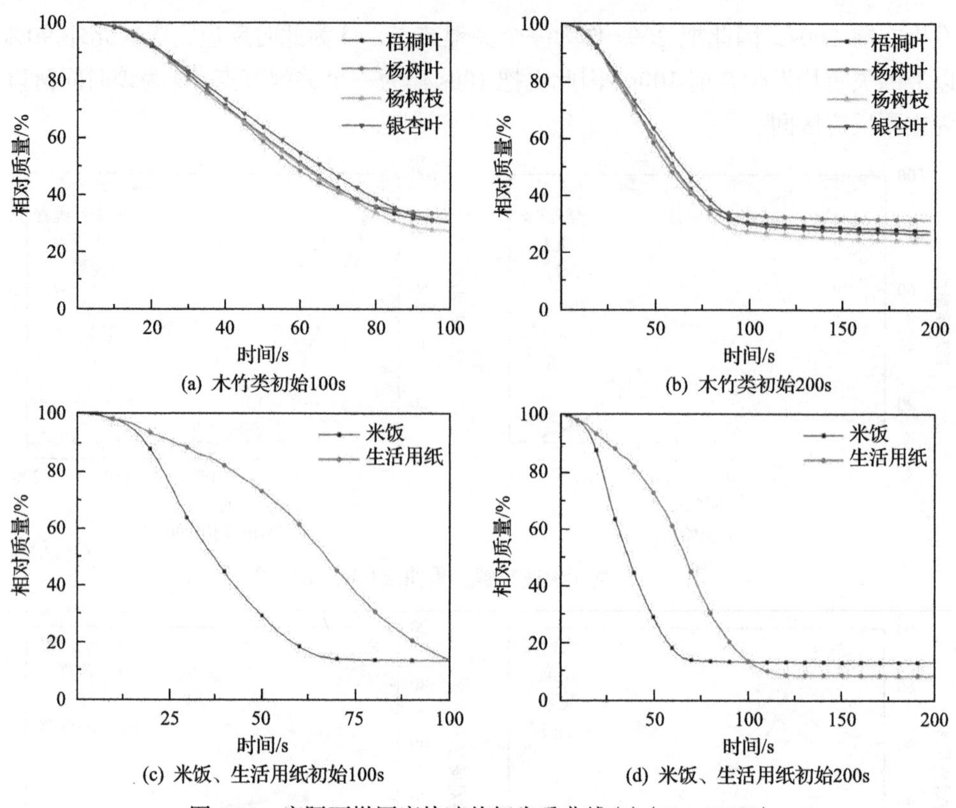

(a) 木竹类初始100s

(b) 木竹类初始200s

(c) 米饭、生活用纸初始100s

(d) 米饭、生活用纸初始200s

图 6.21 实际可燃固废快速热解失重曲线(2)($N_2$，800℃)

由图 6.19 可知，几种基元的快速热解过程呈现鲜明的差异性，这也进一步验证了基元的独立性。

图 6.20 和图 6.21 给出了几类实际可燃固废的快速热解过程失重曲线，从图上可以看出，对于菜叶类、果皮类、木竹类而言，每一类的特性还是比较接近的。

四种方法预测精度如表 6.6 和表 6.7 所示，相应拟合曲线由图 6.22～图 6.35 给出。四种方法的表征系数见表 5.3～表 5.6，使用表征系数和基元快速热解失重曲线，线性叠加即可得到实际可燃固废的失重曲线。

**表 6.6 Macro-TGA 快速热解过程验证(反应初始 100s)**

| 样品 | 前 100s 原始数据 | | | | 前 100s 归一数据 | | | |
|---|---|---|---|---|---|---|---|---|
| | 方法 1 | 方法 2 | 方法 3 | 方法 4 | 方法 1 | 方法 2 | 方法 3 | 方法 4 |
| 大白菜 | 0.989 | 0.945 | 0.983 | 0.986 | 0.987 | 0.965 | 0.986 | 0.985 |
| 芹菜 | 0.950 | 0.919 | 0.956 | 0.931 | 0.918 | 0.909 | 0.925 | 0.929 |
| 菠菜 | 0.950 | 0.945 | 0.942 | 0.940 | 0.932 | 0.953 | 0.924 | 0.921 |
| 小白菜 | 0.990 | 0.944 | 0.984 | 0.957 | 0.973 | 0.955 | 0.980 | 0.983 |

续表

| 样品 | 前 100s 原始数据 | | | | 前 100s 归一数据 | | | |
|---|---|---|---|---|---|---|---|---|
| | 方法 1 | 方法 2 | 方法 3 | 方法 4 | 方法 1 | 方法 2 | 方法 3 | 方法 4 |
| 橘皮 | 0.942 | 0.922 | 0.921 | 0.956 | 0.920 | 0.912 | 0.909 | 0.937 |
| 柚子皮 | 0.957 | 0.956 | 0.954 | 0.973 | 0.945 | 0.944 | 0.942 | 0.964 |
| 橙皮 | 0.969 | 0.961 | 0.957 | 0.970 | 0.959 | 0.948 | 0.943 | 0.963 |
| 香蕉皮 | 0.980 | 0.982 | 0.938 | 0.966 | 0.986 | 0.987 | 0.977 | 0.985 |
| 梧桐叶 | 0.977 | 0.978 | 0.977 | 0.957 | 0.963 | 0.966 | 0.962 | 0.966 |
| 杨树叶 | 0.974 | 0.976 | 0.971 | 0.974 | 0.968 | 0.967 | 0.966 | 0.967 |
| 杨树枝 | 0.978 | 0.977 | 0.978 | 0.972 | 0.961 | 0.964 | 0.965 | 0.974 |
| 银杏叶 | 0.927 | 0.960 | 0.959 | 0.958 | 0.919 | 0.926 | 0.924 | 0.926 |
| 米饭 | 0.941 | 0.938 | 0.938 | 0.927 | 0.940 | 0.950 | 0.938 | 0.930 |
| 生活用纸 | 0.920 | 0.949 | 0.947 | 0.945 | 0.917 | 0.911 | 0.913 | 0.914 |
| 最大值 | 0.990 | 0.982 | 0.984 | 0.986 | 0.987 | 0.987 | 0.986 | 0.985 |
| 最小值 | 0.920 | 0.919 | 0.921 | 0.927 | 0.917 | 0.909 | 0.909 | 0.914 |
| 平均值 | 0.960 | 0.954 | 0.958 | 0.958 | 0.949 | 0.947 | 0.947 | 0.953 |
| 标准差 | 0.023 | 0.020 | 0.019 | 0.017 | 0.025 | 0.024 | 0.026 | 0.026 |

**表 6.7　Macro-TGA 快速热解过程验证(反应初始 200s)**

| 样品 | 前 200s 原始数据 | | | | 前 200s 归一数据 | | | |
|---|---|---|---|---|---|---|---|---|
| | 方法 1 | 方法 2 | 方法 3 | 方法 4 | 方法 1 | 方法 2 | 方法 3 | 方法 4 |
| 大白菜 | 0.992 | 0.947 | 0.979 | 0.990 | 0.979 | 0.959 | 0.985 | 0.976 |
| 芹菜 | 0.974 | 0.938 | 0.944 | 0.896 | 0.953 | 0.944 | 0.965 | 0.965 |
| 菠菜 | 0.971 | 0.920 | 0.969 | 0.965 | 0.966 | 0.969 | 0.962 | 0.961 |
| 小白菜 | 0.991 | 0.944 | 0.983 | 0.945 | 0.984 | 0.967 | 0.989 | 0.991 |
| 橘皮 | 0.961 | 0.950 | 0.952 | 0.960 | 0.958 | 0.956 | 0.954 | 0.965 |
| 柚子皮 | 0.976 | 0.976 | 0.974 | 0.968 | 0.972 | 0.971 | 0.970 | 0.978 |
| 橙皮 | 0.981 | 0.968 | 0.972 | 0.961 | 0.978 | 0.972 | 0.970 | 0.977 |
| 香蕉皮 | 0.973 | 0.976 | 0.930 | 0.958 | 0.983 | 0.982 | 0.984 | 0.985 |
| 梧桐叶 | 0.980 | 0.972 | 0.978 | 0.927 | 0.980 | 0.980 | 0.979 | 0.976 |
| 杨树叶 | 0.976 | 0.981 | 0.974 | 0.976 | 0.977 | 0.976 | 0.977 | 0.973 |
| 杨树枝 | 0.975 | 0.986 | 0.985 | 0.952 | 0.981 | 0.982 | 0.982 | 0.985 |

续表

| 样品 | 前 200s 原始数据 | | | | 前 200s 归一数据 | | | |
|---|---|---|---|---|---|---|---|---|
| | 方法 1 | 方法 2 | 方法 3 | 方法 4 | 方法 1 | 方法 2 | 方法 3 | 方法 4 |
| 银杏叶 | 0.953 | 0.939 | 0.952 | 0.927 | 0.958 | 0.963 | 0.963 | 0.962 |
| 米饭 | 0.965 | 0.942 | 0.963 | 0.955 | 0.965 | 0.965 | 0.963 | 0.961 |
| 生活用纸 | 0.952 | 0.922 | 0.929 | 0.934 | 0.951 | 0.949 | 0.950 | 0.951 |
| 最大值 | 0.992 | 0.986 | 0.985 | 0.990 | 0.984 | 0.982 | 0.989 | 0.991 |
| 最小值 | 0.952 | 0.920 | 0.929 | 0.896 | 0.951 | 0.944 | 0.950 | 0.951 |
| 平均值 | 0.973 | 0.954 | 0.963 | 0.951 | 0.970 | 0.967 | 0.971 | 0.972 |
| 标准差 | 0.012 | 0.022 | 0.019 | 0.024 | 0.012 | 0.012 | 0.012 | 0.011 |

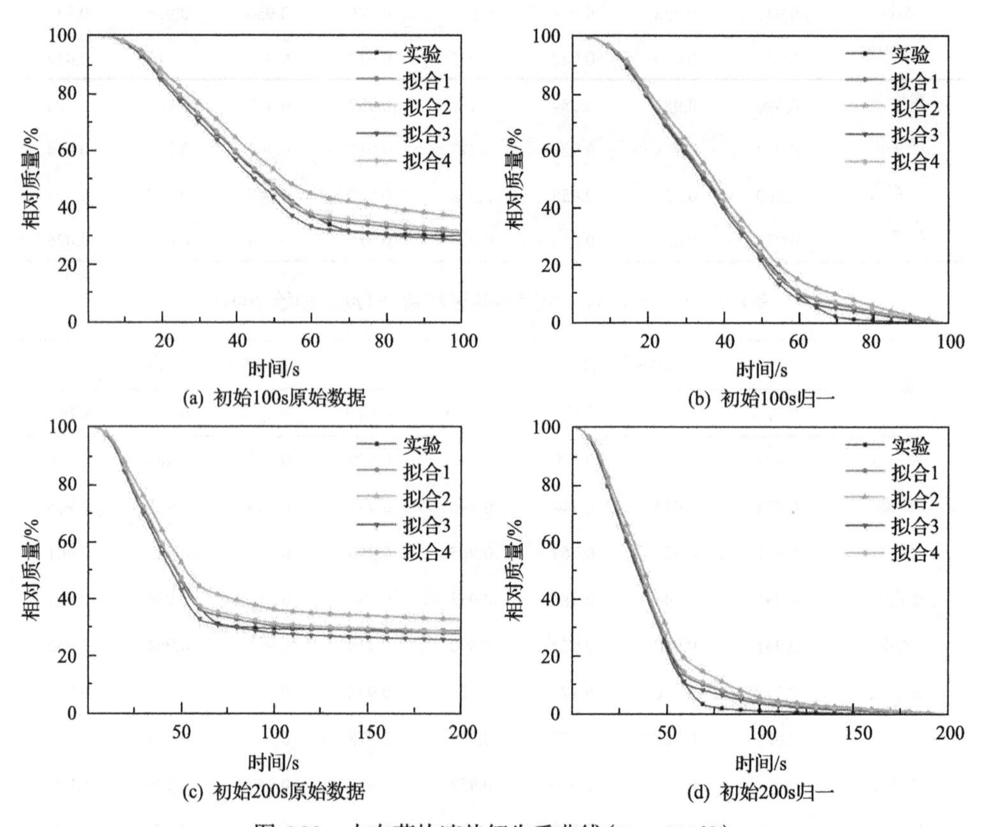


图 6.22　大白菜快速热解失重曲线($N_2$，800℃)

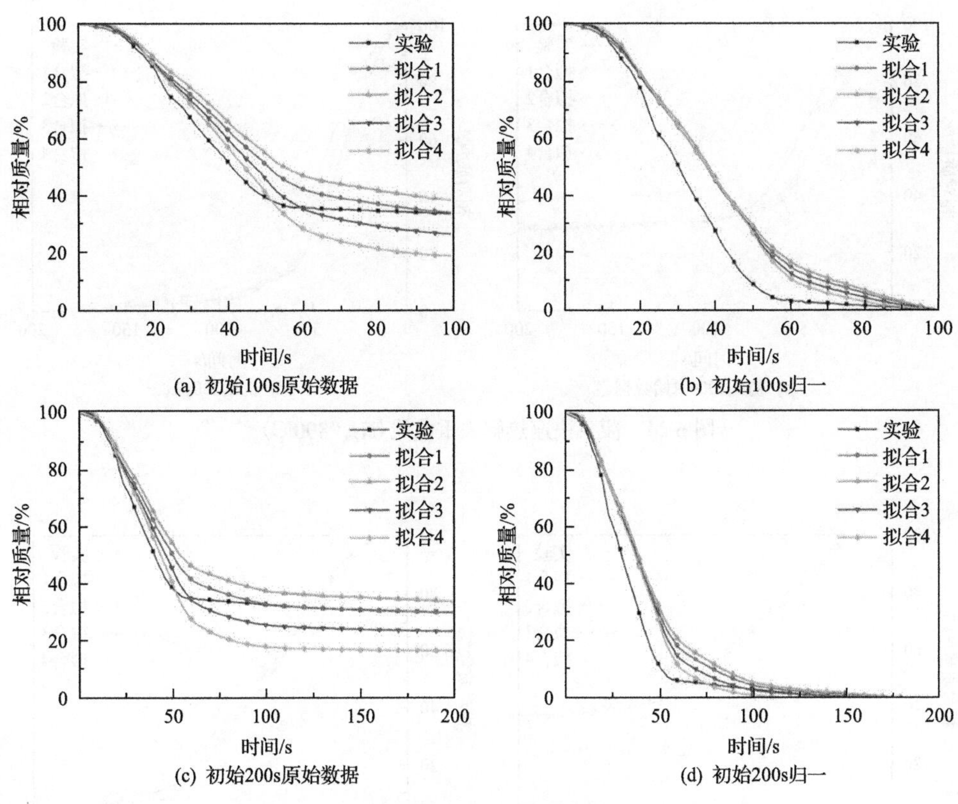


(a) 初始100s原始数据　(b) 初始100s归一

(c) 初始200s原始数据　(d) 初始200s归一

图 6.23　芹菜快速热解失重曲线($N_2$，800℃)

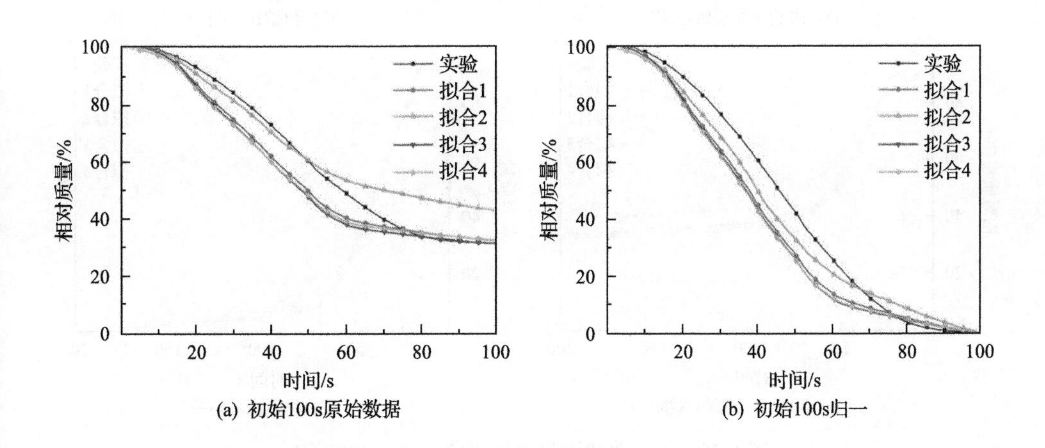


(a) 初始100s原始数据　(b) 初始100s归一

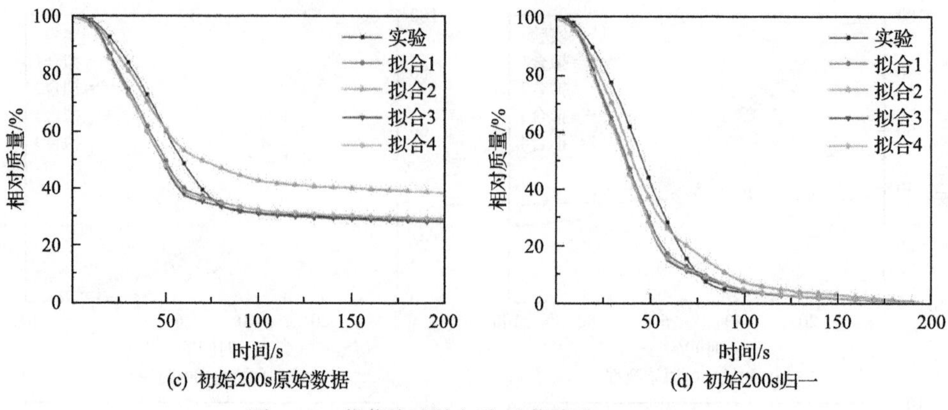


图 6.24　菠菜快速热解失重曲线($N_2$，800℃)

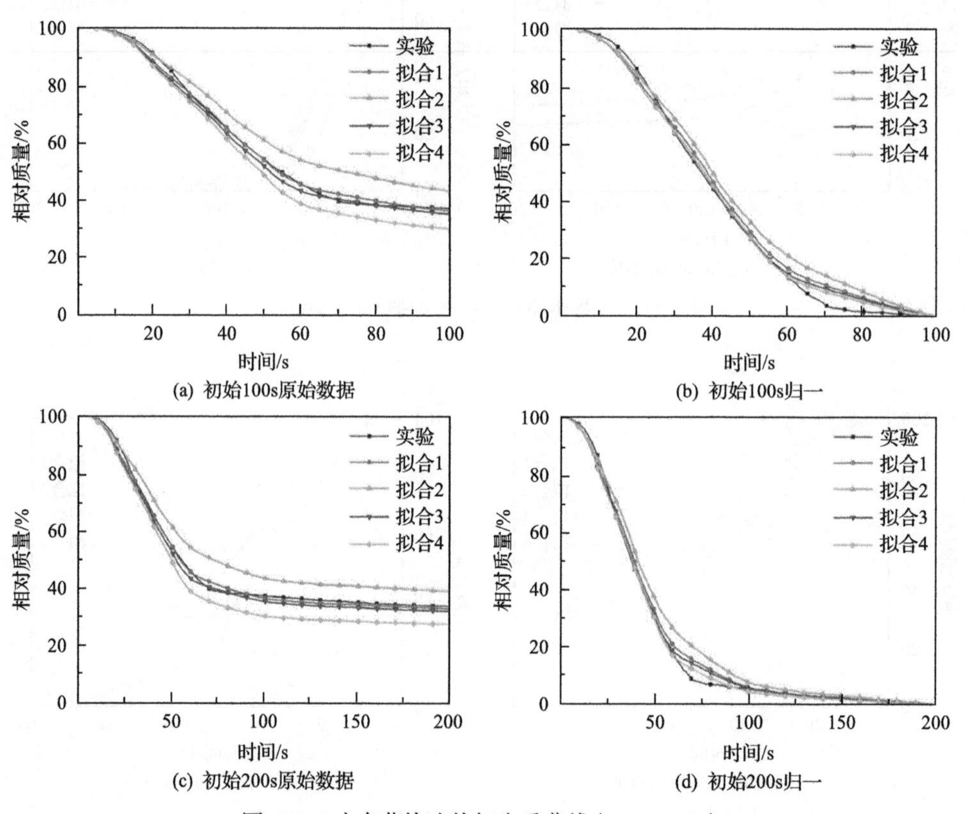


图 6.25　小白菜快速热解失重曲线($N_2$，800℃)

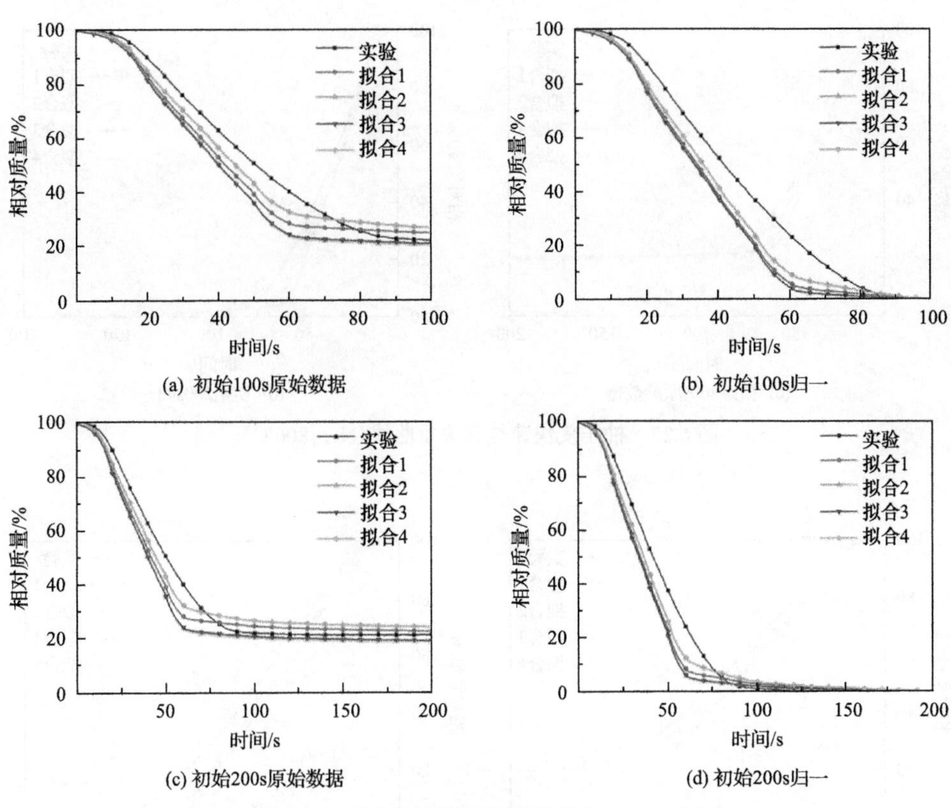


(a) 初始100s原始数据

(b) 初始100s归一

(c) 初始200s原始数据

(d) 初始200s归一

图6.26　橘皮快速热解失重曲线($N_2$，800℃)

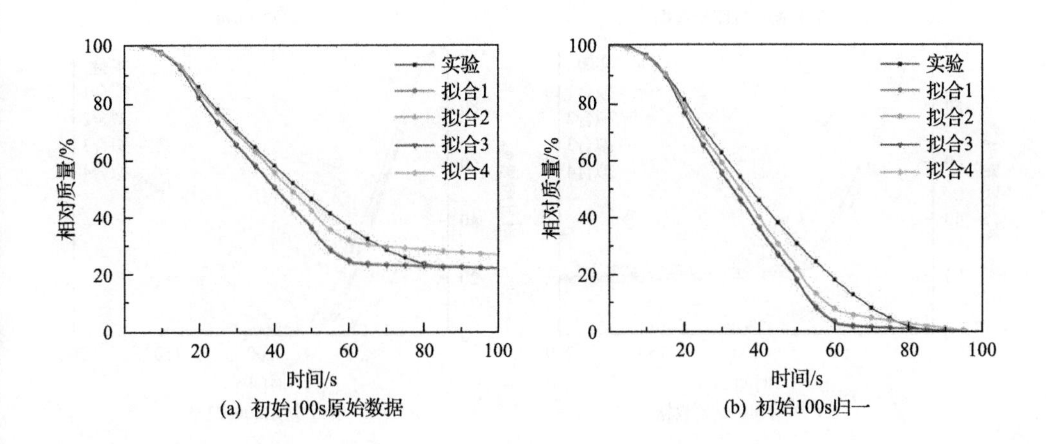


(a) 初始100s原始数据

(b) 初始100s归一

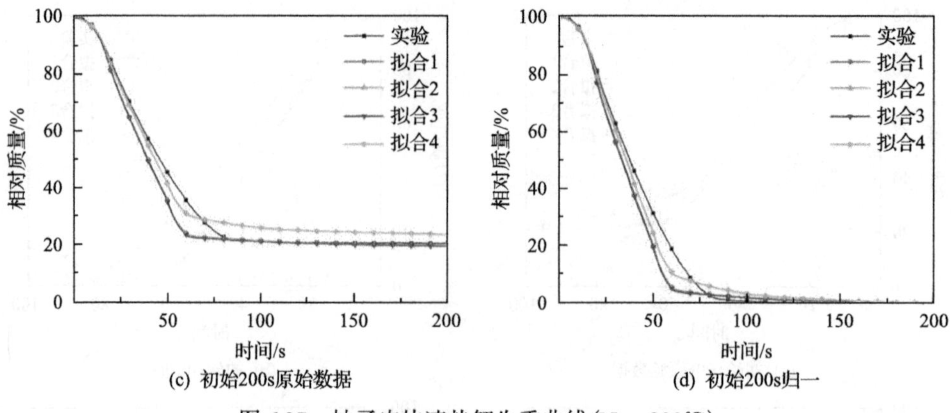


(c) 初始200s原始数据　　(d) 初始200s归一

图 6.27　柚子皮快速热解失重曲线($N_2$，800℃)

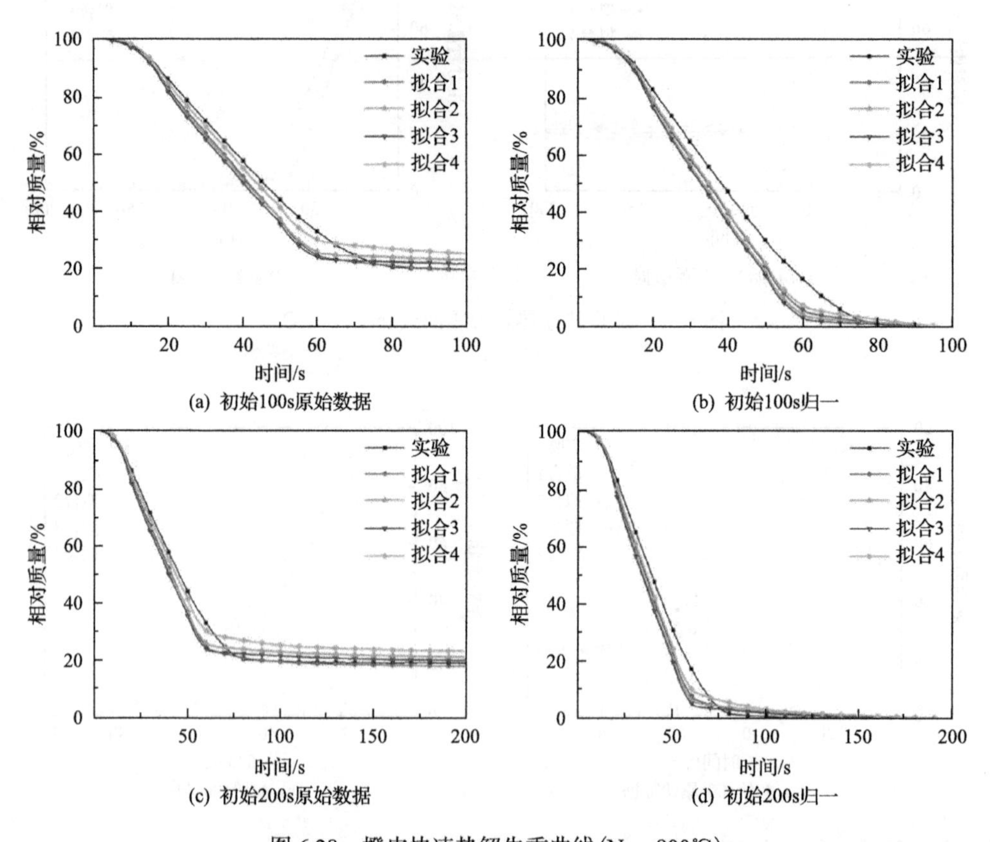


(a) 初始100s原始数据　　(b) 初始100s归一

(c) 初始200s原始数据　　(d) 初始200s归一

图 6.28　橙皮快速热解失重曲线($N_2$，800℃)

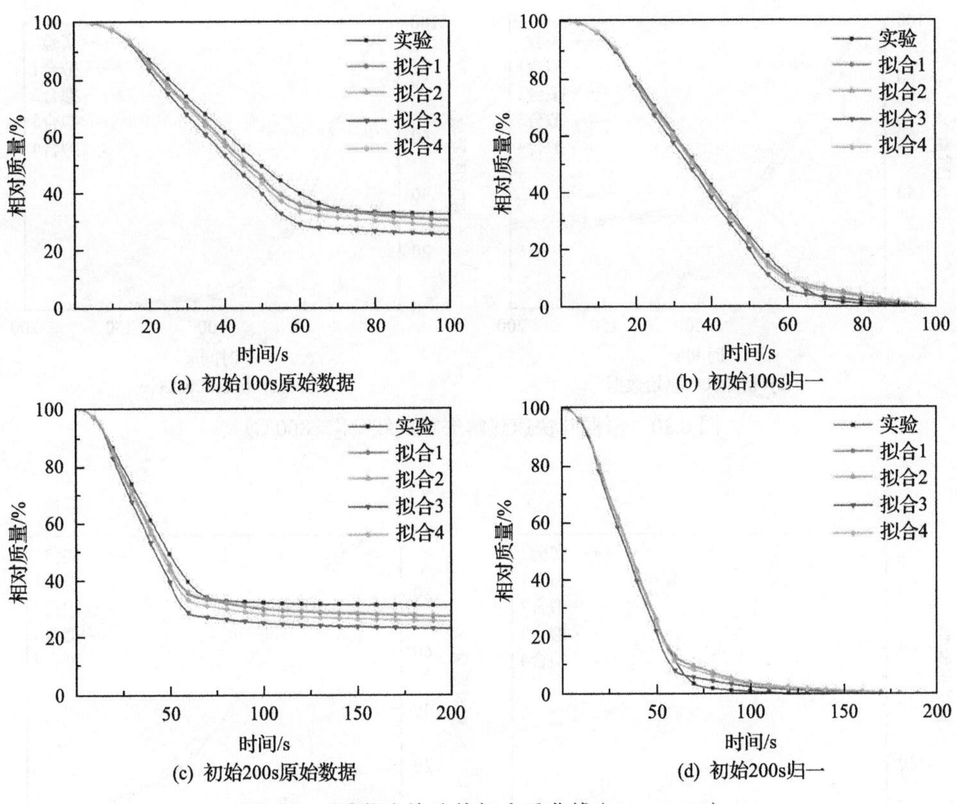


(a) 初始100s原始数据　(b) 初始100s归一

(c) 初始200s原始数据　(d) 初始200s归一

图 6.29　香蕉皮快速热解失重曲线($N_2$，800℃)

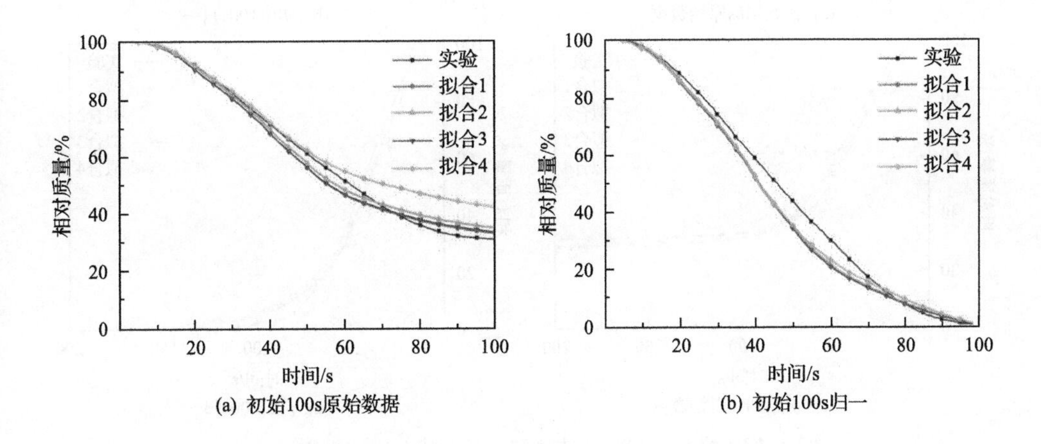


(a) 初始100s原始数据　(b) 初始100s归一

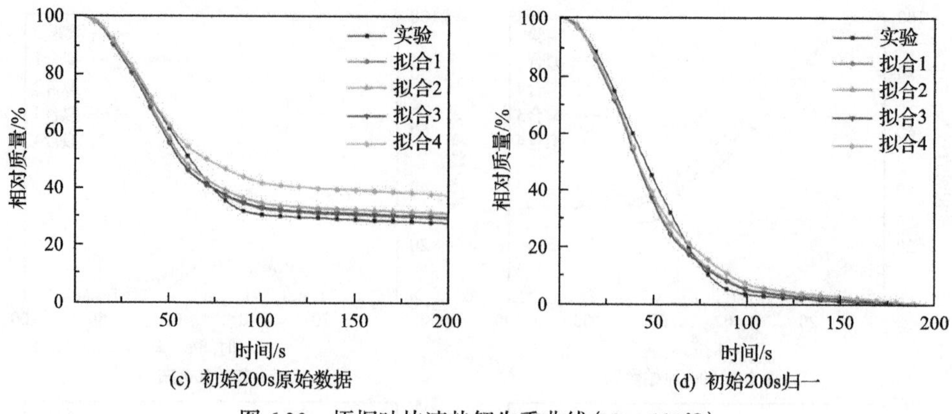

(c) 初始200s原始数据　(d) 初始200s归一

图 6.30　梧桐叶快速热解失重曲线($N_2$，800℃)

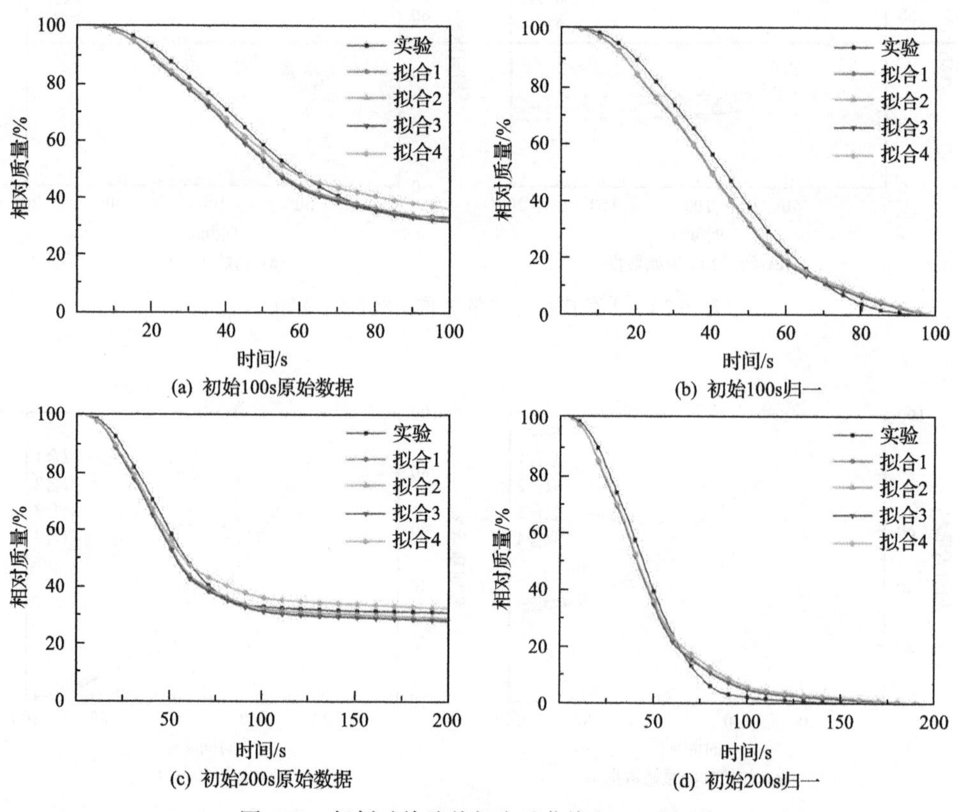

(a) 初始100s原始数据　(b) 初始100s归一

(c) 初始200s原始数据　(d) 初始200s归一

图 6.31　杨树叶快速热解失重曲线($N_2$，800℃)

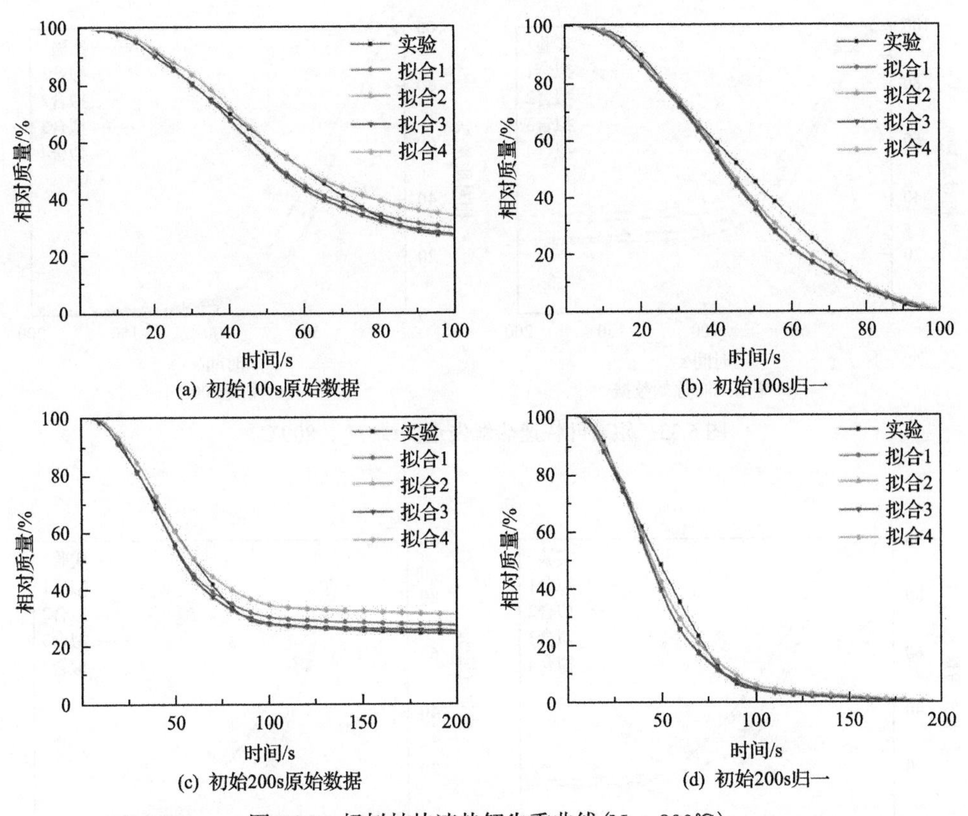


(a) 初始100s原始数据　(b) 初始100s归一

(c) 初始200s原始数据　(d) 初始200s归一

图 6.32　杨树枝快速热解失重曲线($N_2$，800℃)

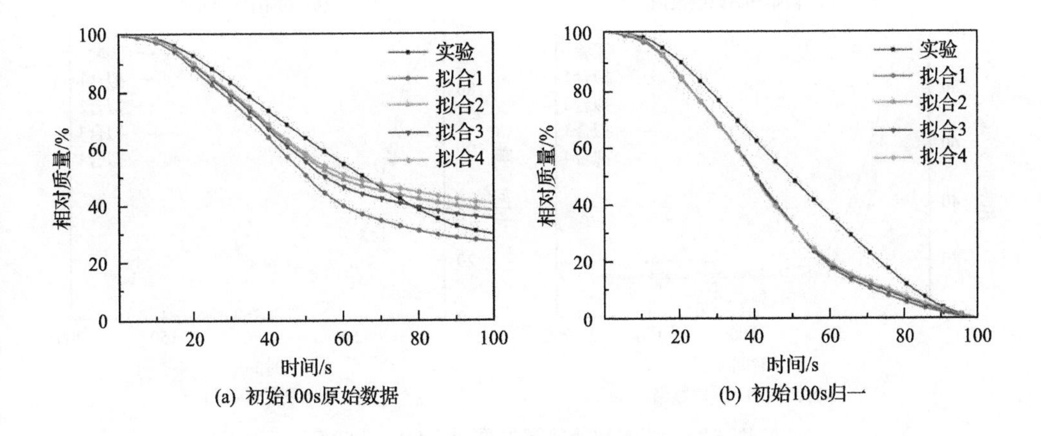


(a) 初始100s原始数据　(b) 初始100s归一

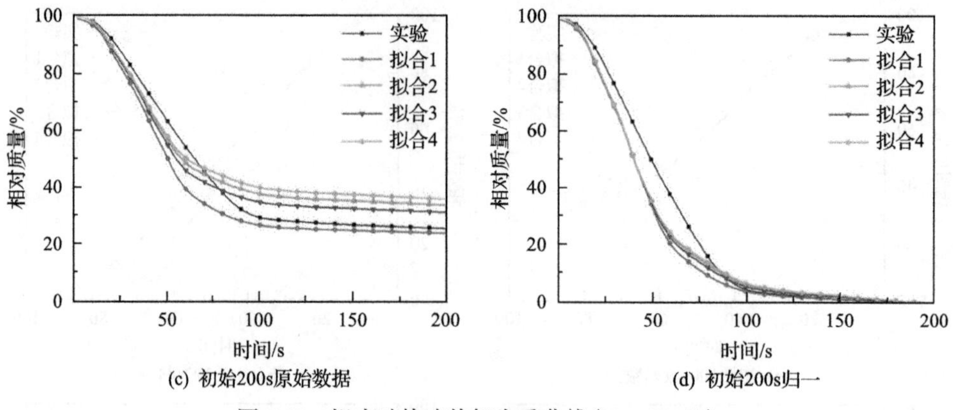


图 6.33 银杏叶快速热解失重曲线($N_2$，800℃)

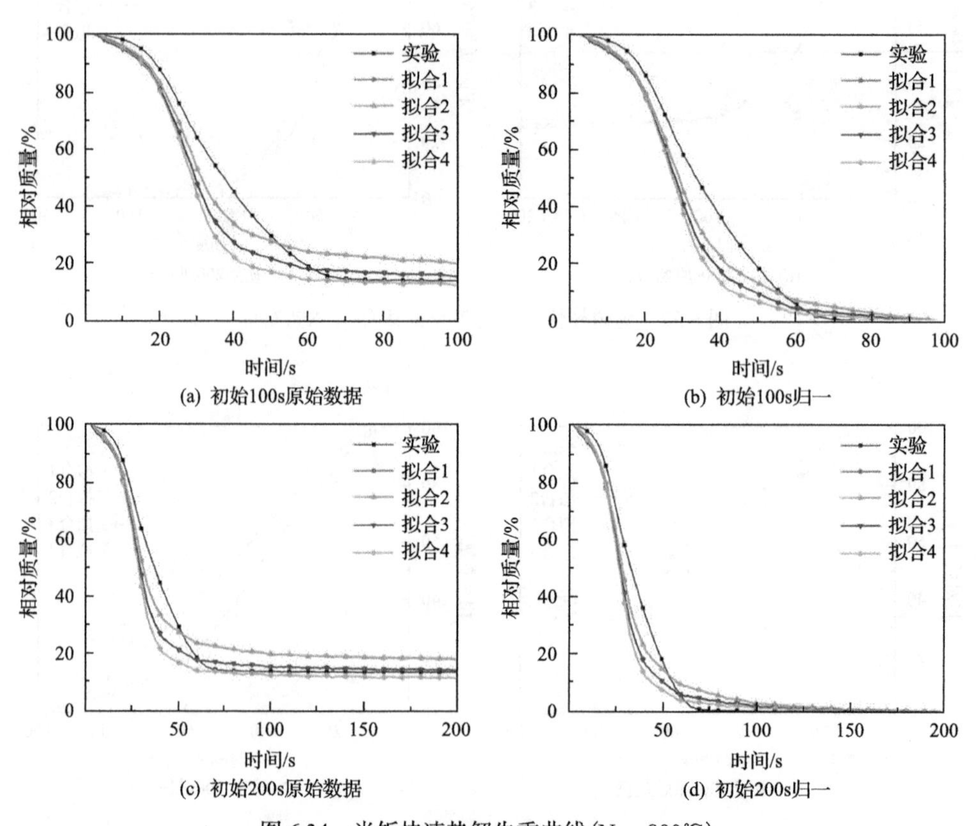


图 6.34 米饭快速热解失重曲线($N_2$，800℃)

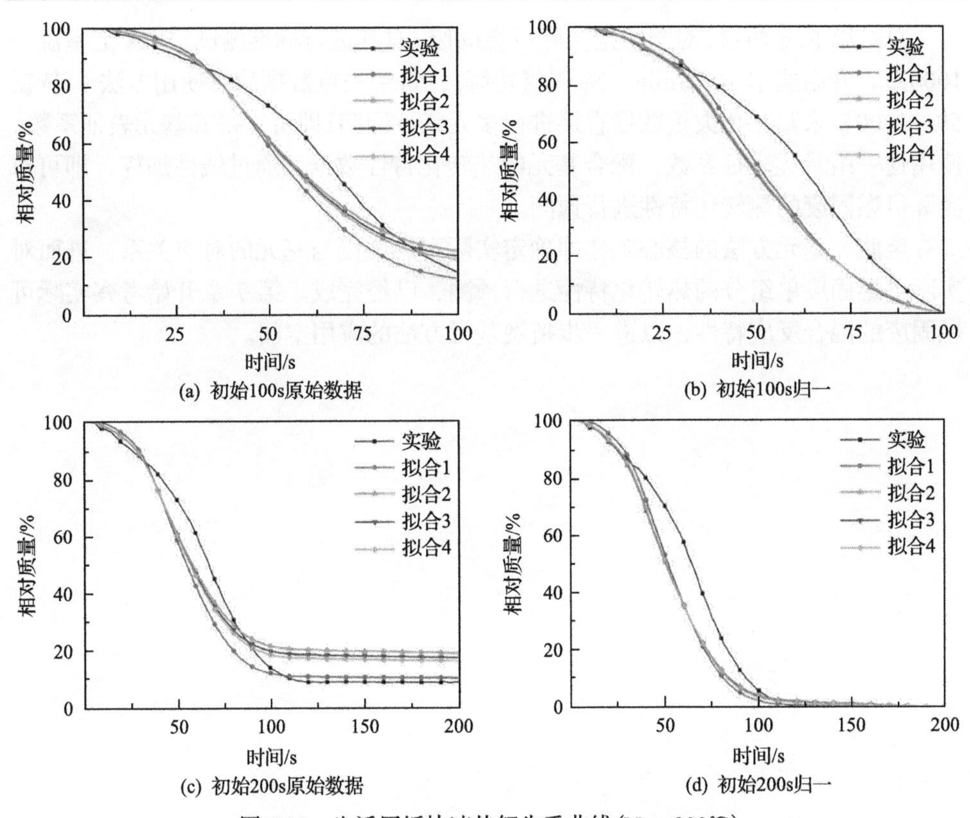

(a) 初始100s原始数据
(b) 初始100s归一
(c) 初始200s原始数据
(d) 初始200s归一

图 6.35　生活用纸快速热解失重曲线($N_2$，800℃)

比较可知，在对快速热解失重过程原始数据重构方面，方法 1 精度最佳，初始 100s 拟合值与实验值灰色关联度平均值达到 0.963，200s 灰色关联度平均值达到 0.975。在对失重过程归一化数据拟合方面，方法 4 精度最高，初始 100s 灰色关联度平均值达到 0.956，200s 灰色关联度平均值达到 0.973。

使用基元表征系数并配合基元热转化特性数据对实际可燃固废的热转化特性进行预测，从结果看，方法 1 得到的表征系数表现最好，普适性最强，在挥发分和热值预测上误差均最小，前者误差均值为 3%左右，后者误差均值为 8%左右；在 TGA 上不同条件热解过程的拟合上，燃烧过程未归一化数据拟合值与实验值灰色关联度达到 0.966，气化过程达到 0.965；Macro-TGA 上快速热解过程未归一化数据拟合值与实验值灰色关联度前 100s 达到 0.960，前 200s 达到 0.973。虽然在对 Macro-TGA 上快速热解过程归一化数据的预测方面，方法 1 略低于方法 4，但考虑到表征系数的普适性，最终确定方法 1 为确定可燃固废与基元对应关系的最优计算方法，即使用标准测试得到的 60～1000℃未归一化失重数据进行直接拟合，这样得到的系数适用性最广泛。

总结第 5、6 两章，对于给定实际可燃固废，对其进行标准测试(TGA 上室温～1000℃、升温速率 10℃/min、$N_2$气氛热解)，得到失重数据后，使用方法 1(依据 60～1000℃未归一化失重数据直接进行多元线性回归)即可算得其基元表征系数。使用这一组最优表征系数，配合基元的热转化特性数据，通过线性加权，即可对实际可燃固废的热转化特性进行预测。

至此，基元方法的核心工作即确定实际可燃固废与基元的对应关系，进而对实际可燃固废单组分的热转化特性进行预测，已经完成。第 7 章开始考察实际可燃固废的混合反应特性，以进一步拓展基元方法的应用空间。

# 第 7 章　实际可燃固废混合反应的基元表征与数据库呈现

第 5 章和第 6 章的工作建立起了实际可燃固废与基元间的对应关系，并给出了预测实际可燃固废单组分热转化特性的方法。本章开始研究实际可燃固废混合反应特性。由于实际可燃固废可以转化为等价基元，实际可燃固废的混合反应即可等价为相应基元的混合反应，因此本章先从基元混合反应特性入手，建立基元混合反应模型后，再通过实际可燃固废的混合实验，验证用基元混合反应表征实际可燃固废混合反应的可行性。最后，在对样品进行物性和热化学反应动力学分析的基础上，建立了可应用于科学研究和工程设计的热化学表征数据库。

## 7.1　基元混合反应模型

对基元混合效应的研究先从两两混合开始，逐步建立多种乃至 9 种基元共同反应的模型。

### 7.1.1　混合效应判定

基元两两混合效应是模型的基础，三个及三个以上基元的混合效应在本书中视为不同程度的两两混合作用的累积宏观表现。这里首先对基元两两混合效应进行系统研究。

由于升温实验中不同基元失重的温度区间不一致，当一种基元开始失重时另一种基元还处在稳定状态，混合效应不明显。为保证基元能够同时发生反应，需进行恒温实验。为了保证混合效应足够显著，反应物需要达到一定质量并尽可能混合均匀，因此混合效应研究在在线称重的固定床试验台 Macro-TGA 上进行。

实验温度为 800℃，气氛为 $N_2$，流量 1L/min。在混合效应研究过程中，首先对所有基元进行质量比为 1∶1 的两两混合实验，判定彼此之间是否存在较强的混合效应。对于混合效应较强的基元对，再进行若干不同比例的混合实验，以能够进一步定量表征混合效应。

定义两种基元的相互作用系数

$$\alpha=1-\lambda(X_0,X_1) \tag{7-1}$$

式中，$X_0$为两种基元混合物实验得到的失重向量；$X_1$为相同实验条件下两种基元单组分失重向量的线性加权值；$(X_0,X_1)$为二者的灰色关联度[式(5-1)]，由定义可知，$\alpha$越接近于0，说明两条曲线越接近，混合效应越微弱。

所有基元的相互作用系数如表7.1所示。由表6.6可知在Macro-TGA上直接应用TGA上的分解系数，其表征精度均值为0.96，因而当相互作用系数$\alpha$小于0.04(即 1–0.96)时，可以认为加权值与实验值足够接近，两种基元的混合效应可以忽略不计；当$\alpha$大于0.04时，认为基元之间存在的混合效应需要考虑。因为在整个基元表征方法中，表征是第一步，混合特性计算是第二步，因此第二步的精度没有必要比第一步更高。据此，可以认为表7.1中，纤维素/PE、纤维素/PVC、纤维素/PP、纤维素/PET、半纤维素/PE、半纤维素/PP、半纤维素/PS、半纤维素/PET、木质素/PE、木质素/PP、木质素/PS、木质素/PET、PVC/PS、PVC/PET共14组基元对之间存在混合效应，其余的混合效应忽略不计。

**表7.1 基元之间的相互作用系数**

| | 半纤维素 | 木质素 | 淀粉 | PE | PVC | PP | PS | PET |
|---|---|---|---|---|---|---|---|---|
| 纤维素 | 0.021 | 0.032 | 0.010 | 0.055 | 0.065 | 0.048 | 0.039 | 0.066 |
| 半纤维素 | | 0.024 | 0.038 | 0.045 | 0.016 | 0.044 | 0.054 | 0.050 |
| 木质素 | | | 0.016 | 0.044 | 0.016 | 0.061 | 0.063 | 0.056 |
| 淀粉 | | | | 0.039 | 0.040 | 0.017 | 0.022 | 0.020 |
| PE | | | | | 0.030 | 0.039 | 0.015 | 0.036 |
| PVC | | | | | | 0.033 | 0.067 | 0.058 |
| PP | | | | | | | 0.017 | 0.032 |
| PS | | | | | | | | 0.010 |

除PVC/PS、PVC/PET外，其余存在相互作用的基元对均是一个生物质类基元和一个塑料类基元。由此可见，当生物质类与塑料类混合时会出现较强烈的混合反应。此外，纤维素、半纤维素、木质素之间，在本书的研究精度下，并不存在相互作用，这反过来论证了第5章中可燃固废表征时直接使用多元线性回归的合理性。线性回归的一个隐含假设即是各基元间不存在相互作用，也即纤维素、半纤维素、木质素、淀粉间不存在相互作用。在第5章使用多元线性回归时并未进行仔细探讨，只是由第6章对不同条件下热转化特性预测值的高精度，反证了第5章获得的表征系数的有效性。此处对混合效应的分析表明，之前所采取的计算方法从原理上也是可行的。

相互作用显著的14组基元对，其质量比例1∶1混合实验值与线性叠加值的对比关系如下所示。

图 7.1 反映了纤维素与 PE、PVC、PP、PET 的混合效应。由图可知纤维素与这四种塑料的相互作用呈现四种模式，即与 PE 混合时，出现模式 1 前半段反应提前效应；与 PVC 混合时，出现模式 2 残余增加效应；与 PP 混合时，出现模式 3 前半段反应提前、后半段反应滞后的效应；与 PET 混合时，出现模式 4 全程提前效应。总体而言，纤维素与塑料类基元混合时会使反应提前(与 PVC 混合也有轻微的提前效应)。

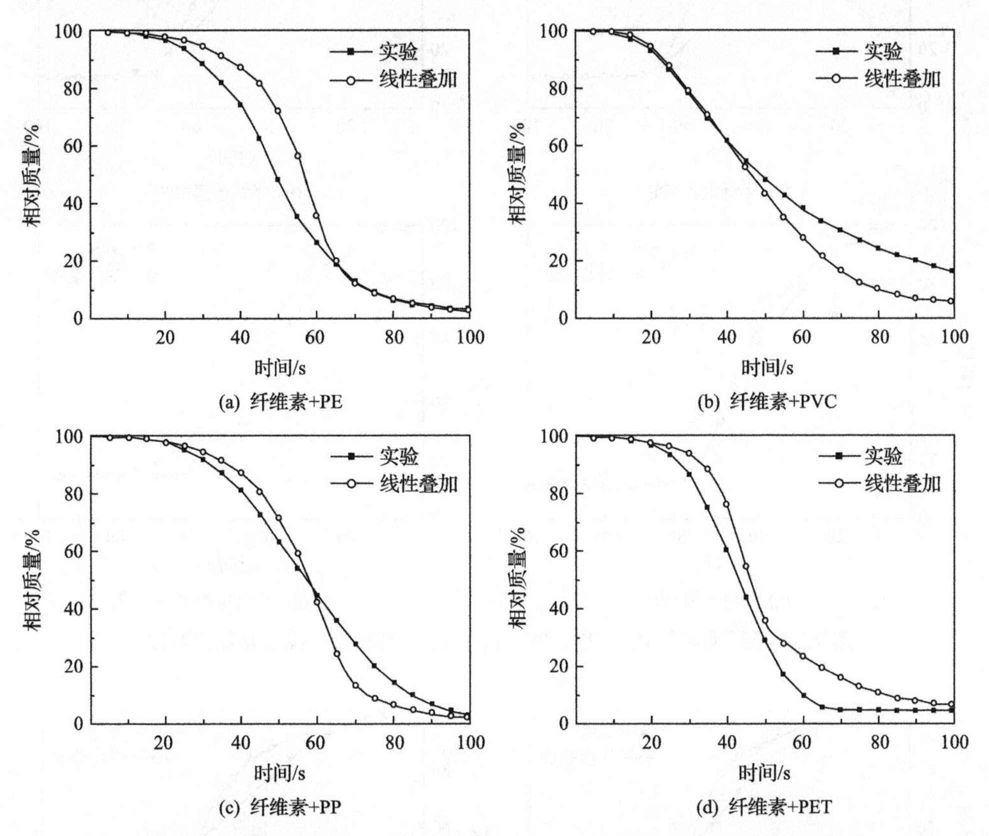


图 7.1　纤维素与 PE、PVC、PP、PET 1∶1 实验值与线性叠加值对比

图 7.2 是半纤维素与 PE、PP、PS、PET 的相互作用情况，主要呈现两种模式，即与 PE、PP 混合时出现模式 1，与 PS、PET 混合时出现模式 3。半纤维素与塑料类基元混合时，也主要呈现出提前效应，原理与纤维素类似。

图 7.3 是木质素与 PE、PP、PS、PET 的相互作用情况，主要呈现模式 3 前半段提前、后半段滞后的效应。

图 7.4 是塑料类基元间的相互作用。PVC 与 PS 的混合效应出现第 5 种模式，即滞后效应。PVC 与 PET 的混合同样是第 3 种模式，前半段提前，后半段滞后。

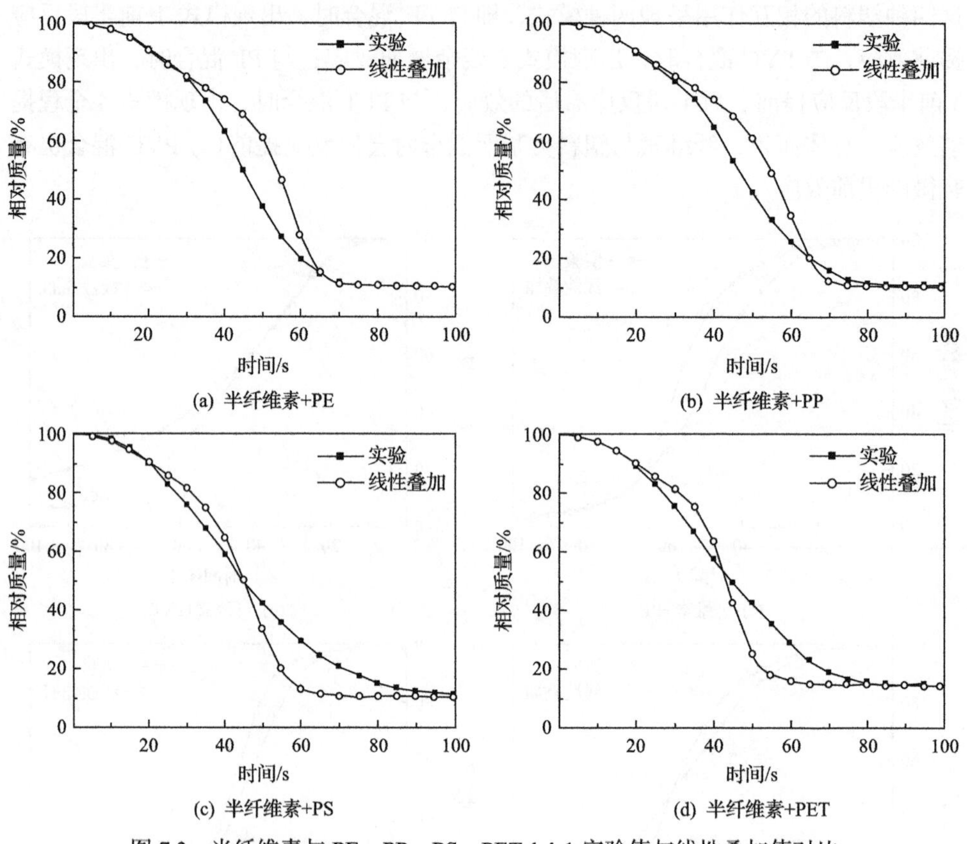


图 7.2　半纤维素与 PE、PP、PS、PET 1∶1 实验值与线性叠加值对比

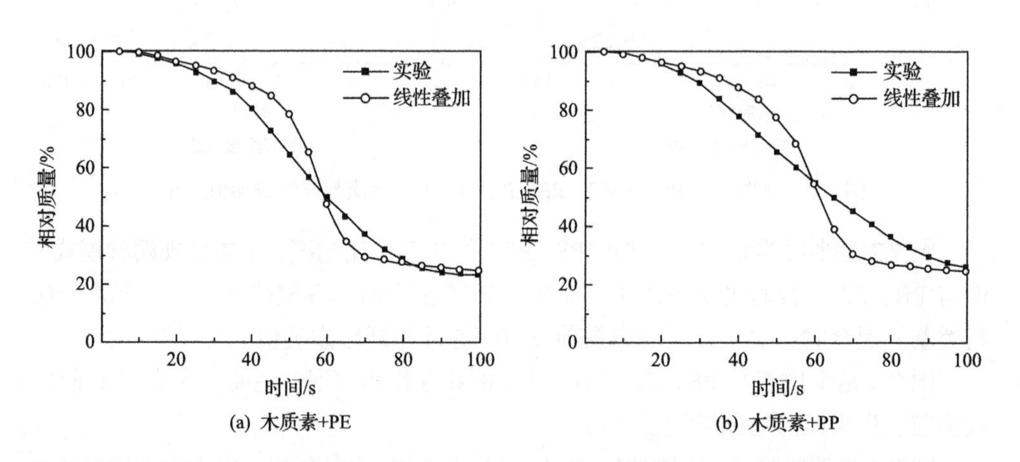

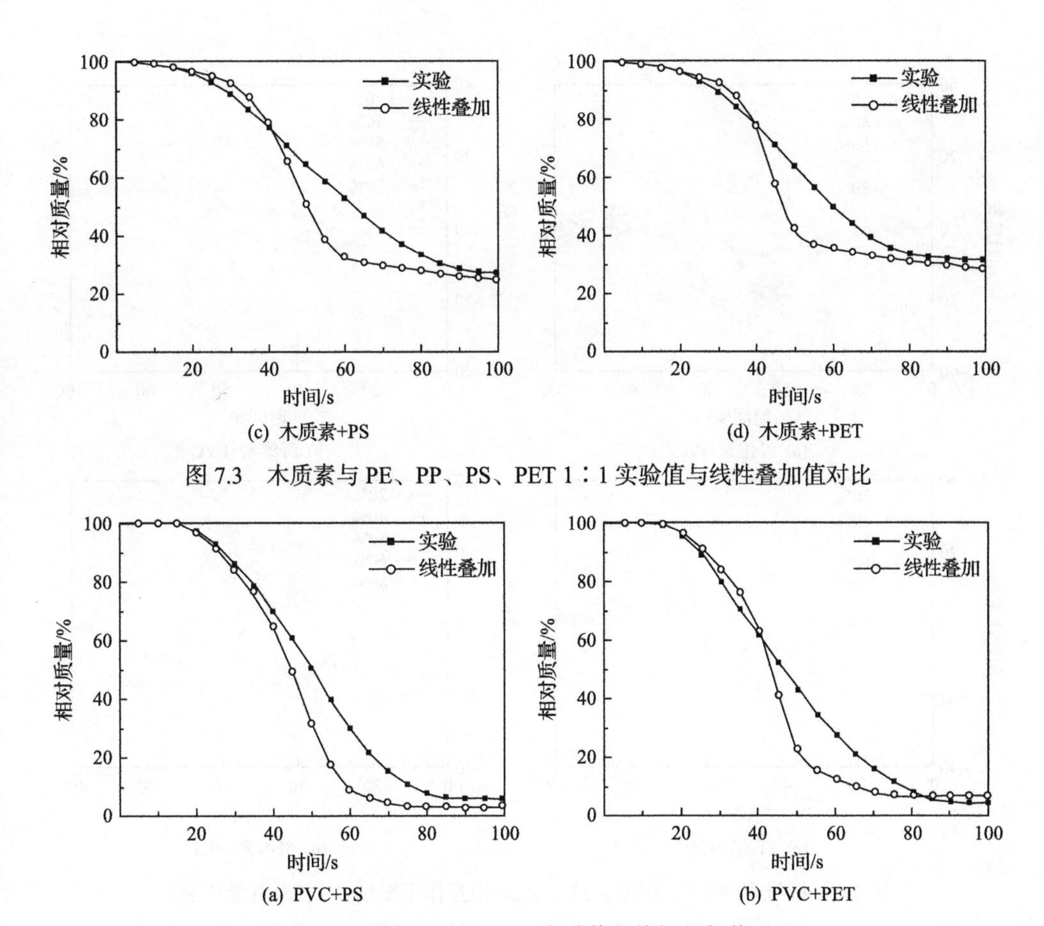


图 7.3　木质素与 PE、PP、PS、PET 1∶1 实验值与线性叠加值对比

图 7.4　塑料类基元间 1∶1 实验值与线性叠加值对比

### 7.1.2　双组分变比例混合

14 个基元对分别按照质量比例 80%∶20%、60%∶40%、40%∶60%、20%∶80%进行混合实验，反应条件同上，加上等比例混合反应数据，每个基元对可得到 5 条实验曲线。

定义相互作用偏差函数

$$\Delta X = X_0 - X_1 \tag{7-2}$$

式中，$X_0$ 为混合实验得到的失重曲线(对应的失重向量)；$X_1$ 为相应的线性加权值。将相互作用偏差函数绘制成图谱，如图 7.5～图 7.8 所示。需要强调的是此处的偏差函数是一个差值概念，因此有正有负，意味着混合时失重既可能提前也可能滞后，其中负值表示提前，正值表示滞后。

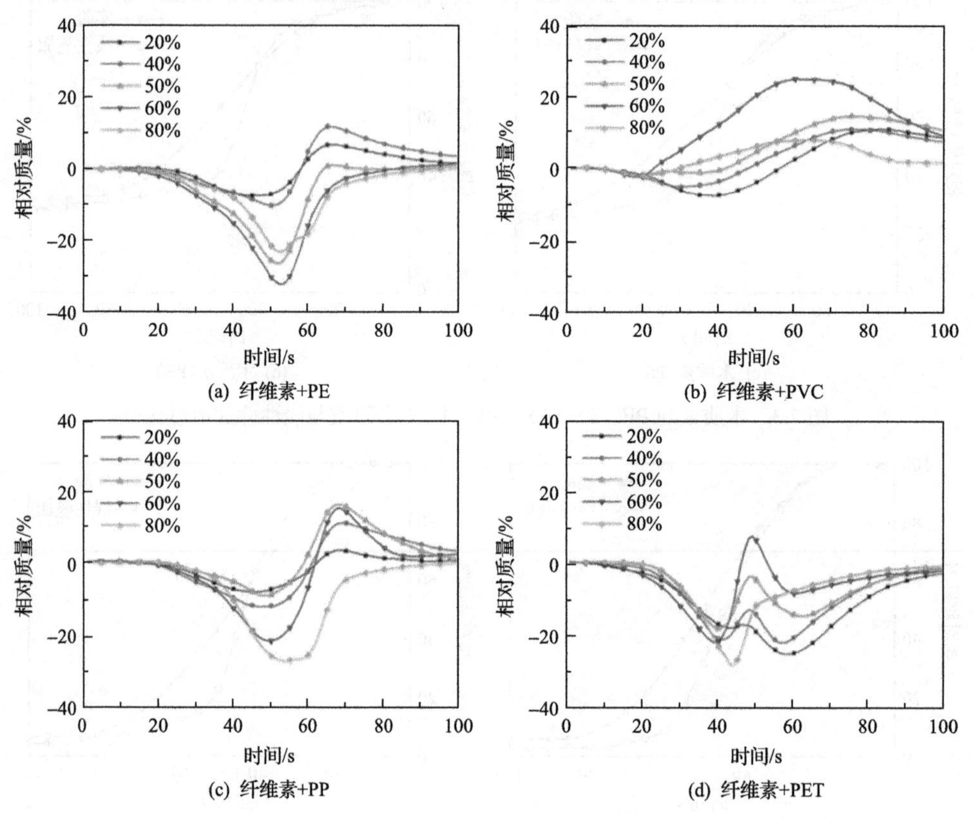


(a) 纤维素+PE　　(b) 纤维素+PVC

(c) 纤维素+PP　　(d) 纤维素+PET

图 7.5　纤维素与 PE、PVC、PP、PET 相互作用图谱(图示为后者比例)

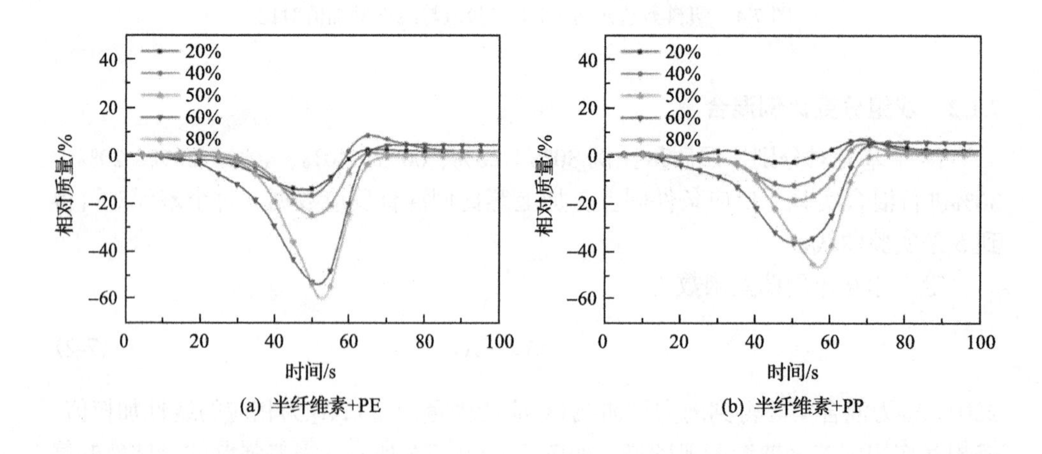


(a) 半纤维素+PE　　(b) 半纤维素+PP

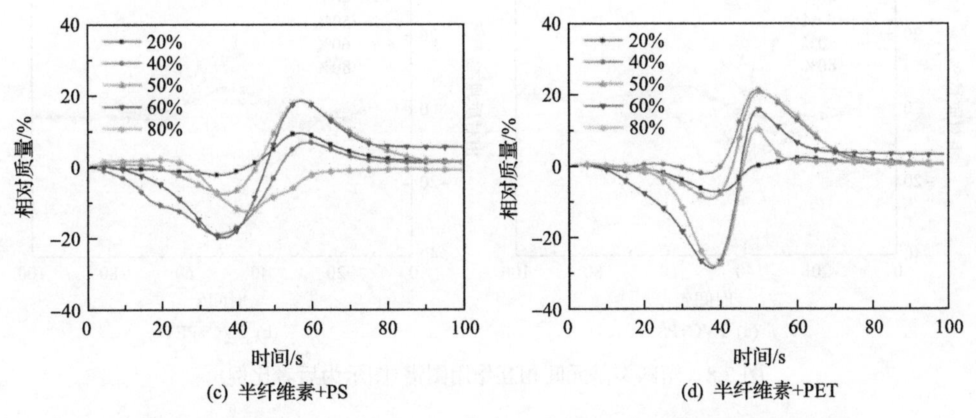

(c) 半纤维素+PS　　(d) 半纤维素+PET

图 7.6　半纤维素与 PE、PP、PS、PET 相互作用图谱(图示为后者比例)

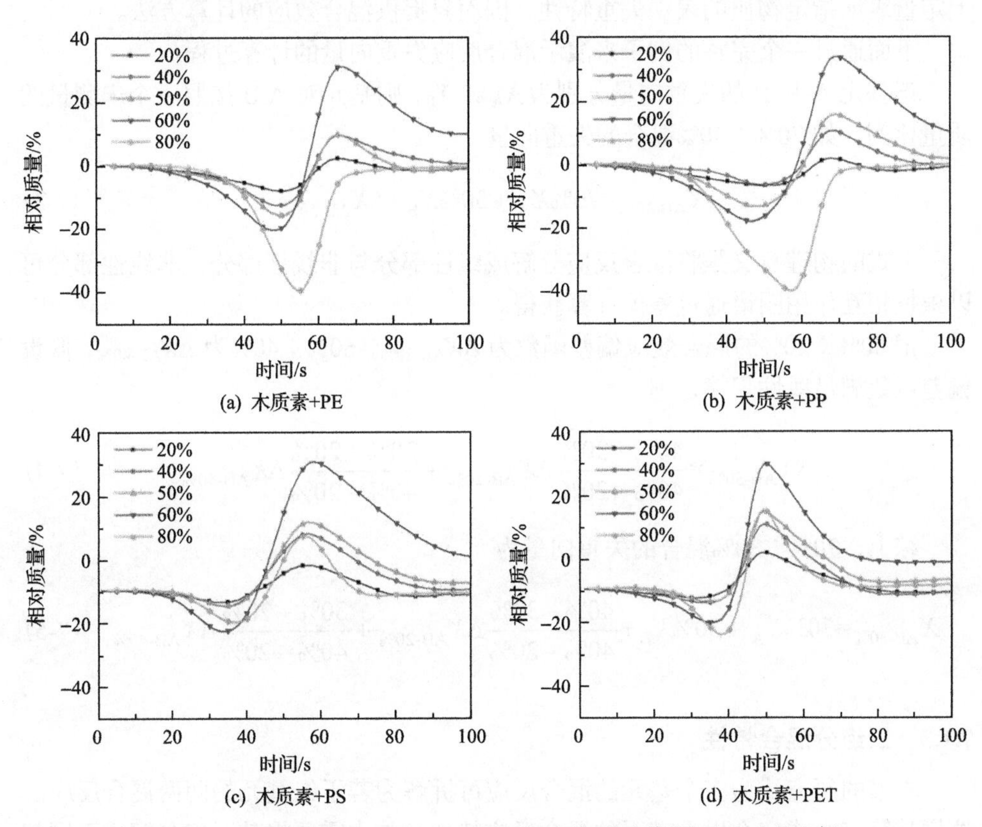

(a) 木质素+PE　　(b) 木质素+PP

(c) 木质素+PS　　(d) 木质素+PET

图 7.7　木质素与 PE、PP、PS、PET 相互作用图谱(图示为后者比例)

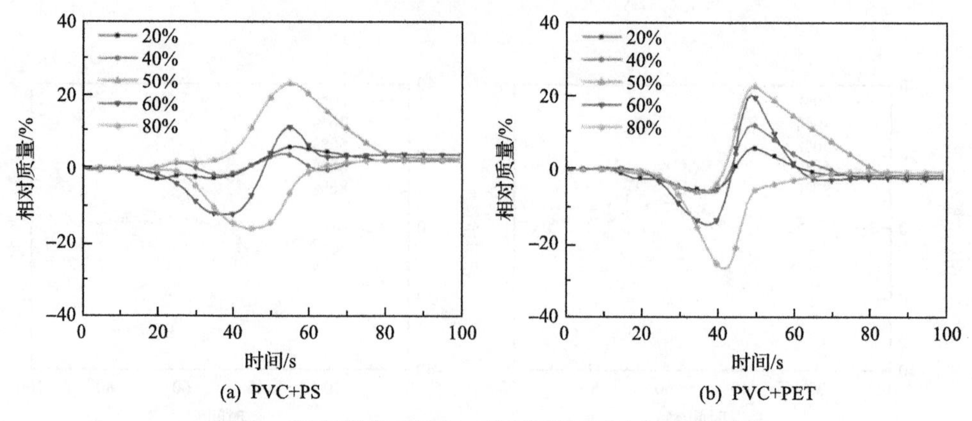

(a) PVC+PS　　(b) PVC+PET

图 7.8　塑料类基元间相互作用图谱(图示为后者比例)

由于基元之间的相互作用机理非常复杂，本文的研究主要是为了在一定精度上定量表征指定物质的表观失重特性，因而只提供混合效应的计算方法。

下面通过一个完整的例子来演示混合反应失重向量的计算过程。

记基元 A 和 B 的失重向量分别为 $X_A$ 和 $X_B$，则基元对 A/B 按照一个未测量的质量比例，如 70%∶30%混合的失重向量。

$$X_{AB\text{-}30\%}=70\%X_A+30\%X_B+\Delta X_{AB\text{-}30\%} \tag{7-3}$$

上式的物理意义是将混合反应分解成线性部分与非线性部分，非线性部分可以根据相互作用图谱通过差值计算获得。

记 80%∶20%的混合效应偏差函数为 $\Delta X_{AB\text{-}20\%}$，60%∶40%为 $\Delta X_{AB\text{-}40\%}$，假设偏差函数满足线性规律，则

$$\Delta X_{AB\text{-}30\%}=\frac{40\%-30\%}{40\%-20\%}\Delta X_{AB\text{-}20\%}+\frac{30\%-20\%}{40\%-20\%}\Delta X_{AB\text{-}40\%} \tag{7-4}$$

综上，70%∶30%混合的失重向量为

$$X_{AB\text{-}30\%}=70\%X_A+30\%X_B+\frac{40\%-30\%}{40\%-20\%}\Delta X_{AB\text{-}20\%}+\frac{30\%-20\%}{40\%-20\%}\Delta X_{AB\text{-}40\%} \tag{7-5}$$

### 7.1.3　三组分混合特性

本书的研究认为多个基元的混合反应可拆解为若干组基元的两两混合反应。这样计算三个或三个以上基元的混合反应特性，首先需要将基元组分配成不同权重的基元对，计算每个基元对的混合反应特性，然后加权。

对于固相反应来说，反应物迁移特性很差，且本书所有实验均在充分混合的

条件下进行，因此本书采取按照质量比例分配反应物的方法。严格地讲，按照体积或者表面积进行分配更加合理，但在本研究中所有样品均为较细的粉末状，堆积密度相近，为保持模型的简洁性，采用了按照质量比例分配的方法，后文的验证实验表明，本模型仍能得到较高的预测精度。严格而言，固相反应物之间的混合特性，不仅来自反应物直接接触产生混合的效果，也可能来自各自的气固反应的初步产物与另一种固相的反应，乃至多次反应的气相产物与固相的反应，本书只研究表观的反应特性，对于反应中间过程及动力学问题不予深入讨论，在此略过。

下面举例说明分配方法。

若基元 A、B、C 进行混合反应，记三者质量分别为 $m_A$、$m_B$、$m_C$(由于本书所有 Macro-TGA 上的恒温实验均在相同条件下进行，因此此处质量为归一化质量，即三者之和等于 1，数值上与质量分数相等)，A 分配给 B 的质量为 $m_{AB}$，分配给 C 的质量为 $m_{AC}$，依次类推。则有

$$
\begin{aligned}
m_{AB} &= \frac{m_B}{1-m_A} m_A \\
m_{AC} &= \frac{m_C}{1-m_A} m_A \\
m_{BA} &= \frac{m_A}{1-m_B} m_B \\
m_{BC} &= \frac{m_C}{1-m_B} m_B \\
m_{CA} &= \frac{m_A}{1-m_A} m_C \\
m_{CB} &= \frac{m_B}{1-m_C} m_C
\end{aligned} \tag{7-6}
$$

记基元对 A/B 发生混合反应的总质量为 $m_{A/B}$，B 在其中所占质量比例为 $c_B$，则有

$$
\begin{aligned}
m_{A/B} &= m_{AB} + m_{BA} = \frac{m_B}{1-m_A} m_A + \frac{m_A}{1-m_B} m_B \\
c_B &= \frac{m_{BA}}{m_{A/B}} = \frac{\frac{m_A}{1-m_B} m_B}{\frac{m_B}{1-m_A} m_A + \frac{m_A}{1-m_B} m_B} = \frac{1-m_A}{2-m_A-m_B}
\end{aligned} \tag{7-7}
$$

于是基元对 A/B 混合反应失重向量为

$$X_{AB\text{-}c_B}=m_{AB}X_A+m_{BA}X_B+\Delta X_{AB\text{-}c_B}m_{A/B} \tag{7-8a}$$

类似地有

$$X_{BC\text{-}c_C}=m_{BC}X_B+m_{CB}X_C+\Delta X_{BC\text{-}c_C}m_{B/C} \tag{7-8b}$$

$$X_{CA\text{-}c_A}=m_{CA}X_C+m_{AC}X_A+\Delta X_{CA\text{-}c_A}m_{C/A} \tag{7-8c}$$

综上所述，三种基元 A、B、C 混合反应失重向量为

$$\begin{aligned}X_{ABC}&=X_{AB\text{-}c_B}+X_{BC\text{-}c_C}+X_{CA\text{-}c_A}\\&=m_AX_A+m_BX_B+m_CX_C+\Delta X_{AB\text{-}c_B}m_{A/B}+\Delta X_{BC\text{-}c_C}m_{B/C}+\Delta X_{CA\text{-}c_A}m_{C/A}\end{aligned} \tag{7-9}$$

$\Delta$ 项参照 7.1.2 节给出的方法进行计算，若两个基元之间的相互作用可以忽略，则该项为 0。$n(n>3)$组分混合反应失重向量在此基础上进行推广即可。

为了验证以上计算方法，首先进行了三组分的等比例(33.3%：33.3%：33.3%)混合实验，得到实验值，然后先采用线性模型进行计算，即认为

$$X_{ABC}=m_AX_A+m_BX_B+m_CX_C \tag{7-10}$$

再采用考虑混合效应的修正模型式(7-9)进行计算，比较两个计算值与实验值的关联度大小，结果如表 7.2 和图 7.9～图 7.14 所示。相较于不考虑基元相互作用的线性叠加法，修正模型显著提高了对混合反应失重向量的表征精度，其中线性叠加模型的灰色关联度平均值为 0.949，修正模型可以达到 0.961。

**表 7.2　基元三组分混合实验值与计算值灰色关联度(1 表示线性模型，2 表示修正模型)**

| 编号 | 样品 | 灰色关联度 1 | 灰色关联度 2 |
|---|---|---|---|
| 1 | 纤维素+木质素+PE | 0.973 | 0.985 |
| 2 | 纤维素+木质素+PET | 0.973 | 0.980 |
| 3 | 纤维素+PE+PVC | 0.955 | 0.984 |
| 4 | 纤维素+PE+PP | 0.938 | 0.951 |
| 5 | 纤维素+PE+PET | 0.915 | 0.954 |
| 6 | 纤维素+PVC+PP | 0.936 | 0.967 |
| 7 | 纤维素+PVC+PS | 0.928 | 0.952 |
| 8 | 纤维素+PVC+PET | 0.941 | 0.938 |

续表

| 编号 | 样品 | 灰色关联度 1 | 灰色关联度 2 |
|---|---|---|---|
| 9 | 纤维素+PP+PET | 0.916 | 0.934 |
| 10 | 半纤维素+PE+PP | 0.963 | 0.985 |
| 11 | 半纤维素+PE+PS | 0.959 | 0.963 |
| 12 | 半纤维素+PE+PET | 0.975 | 0.988 |
| 13 | 半纤维素+PP+PS | 0.946 | 0.947 |
| 14 | 半纤维素+PP+PET | 0.974 | 0.979 |
| 15 | 半纤维素+PS+PET | 0.964 | 0.967 |
| 16 | 木质素+PE+PVC | 0.970 | 0.984 |
| 17 | 木质素+PVC+PS | 0.952 | 0.978 |
| 18 | 木质素+PVC+PET | 0.968 | 0.970 |
| 19 | 木质素+PP+PS | 0.949 | 0.970 |
| 20 | 木质素+PP+PET | 0.919 | 0.938 |
| 21 | 木质素+PS+PET | 0.899 | 0.936 |
| 22 | PE+PVC+PET | 0.965 | 0.954 |
| 23 | PVC+PP+PET | 0.935 | 0.948 |
| 24 | PVC+PS+PET | 0.957 | 0.924 |
| 最大值 | | 0.975 | 0.988 |
| 最小值 | | 0.899 | 0.924 |
| 平均值 | | 0.949 | 0.961 |

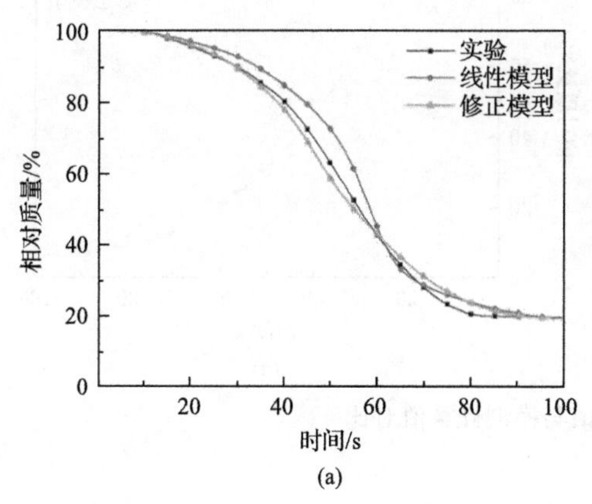

(a)

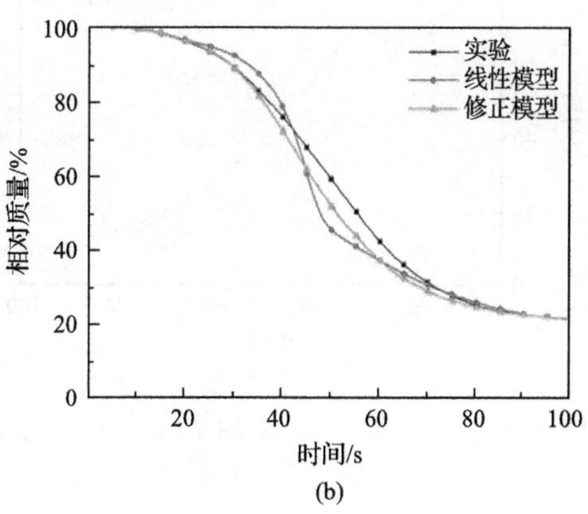

(b)

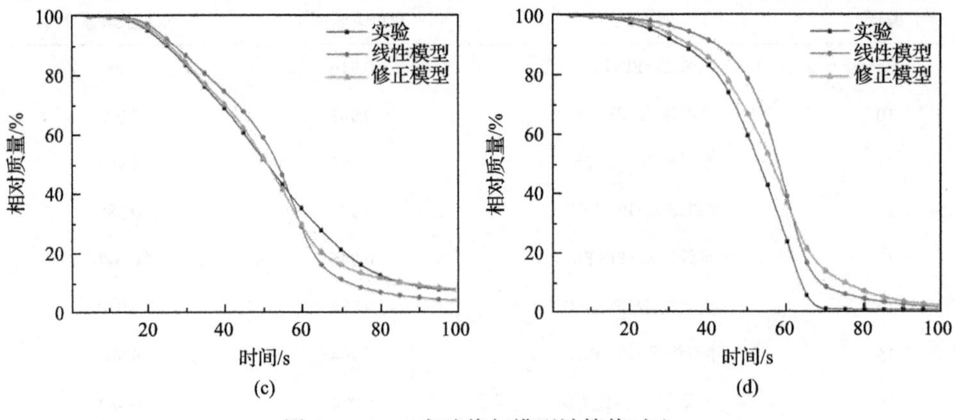


图 7.9 1～4 实验值与模型计算值对比

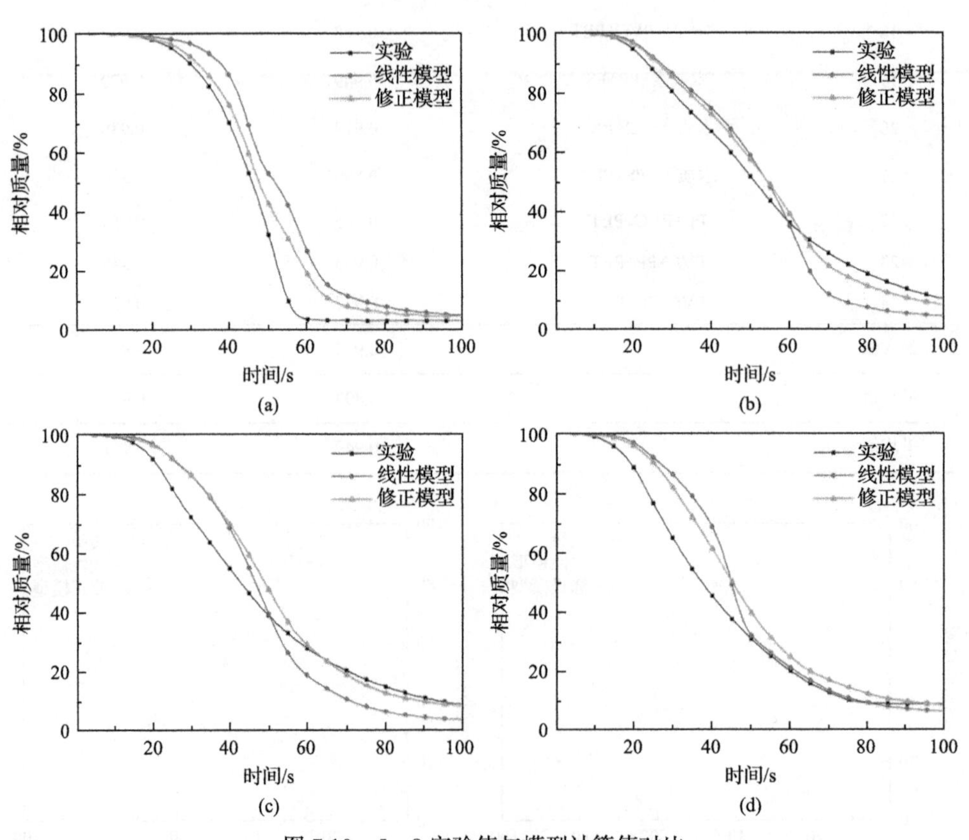


图 7.10 5～8 实验值与模型计算值对比

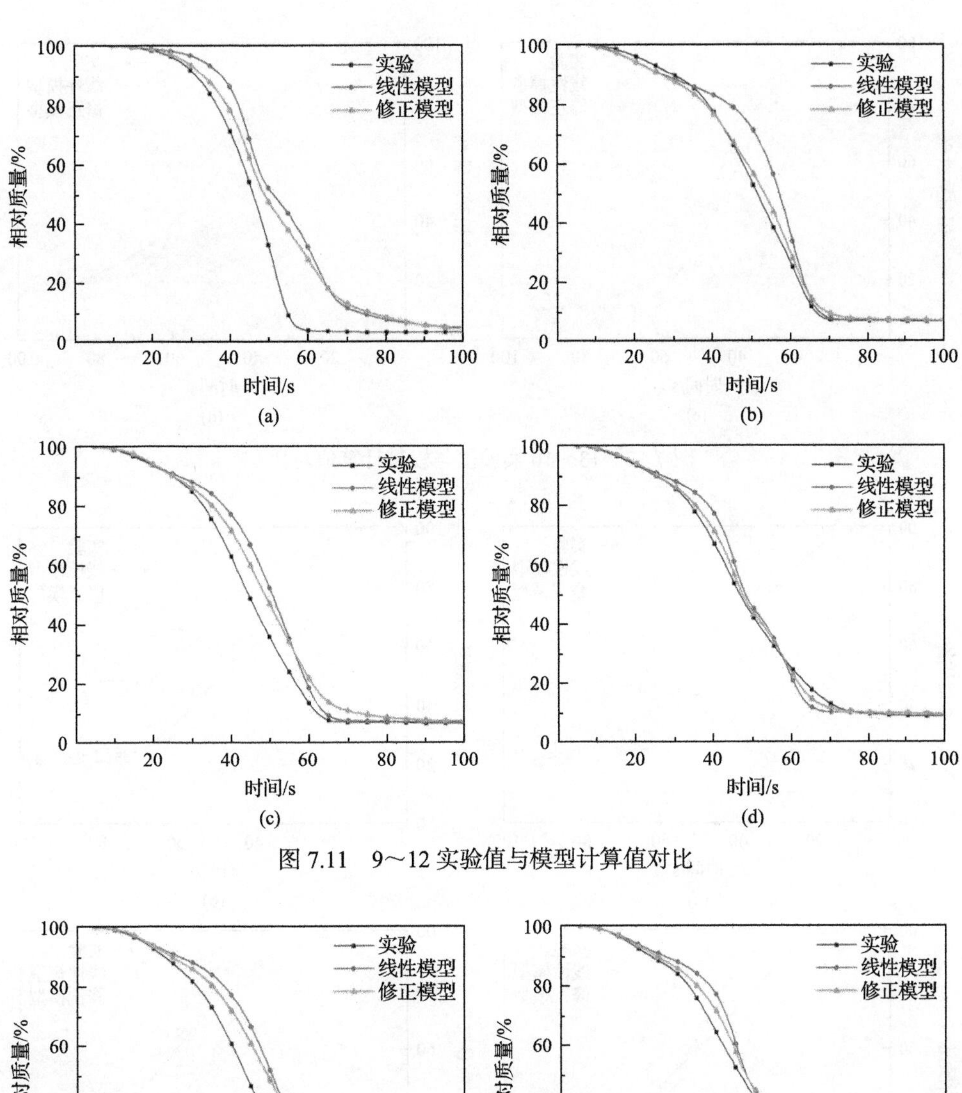


图 7.11　9～12 实验值与模型计算值对比

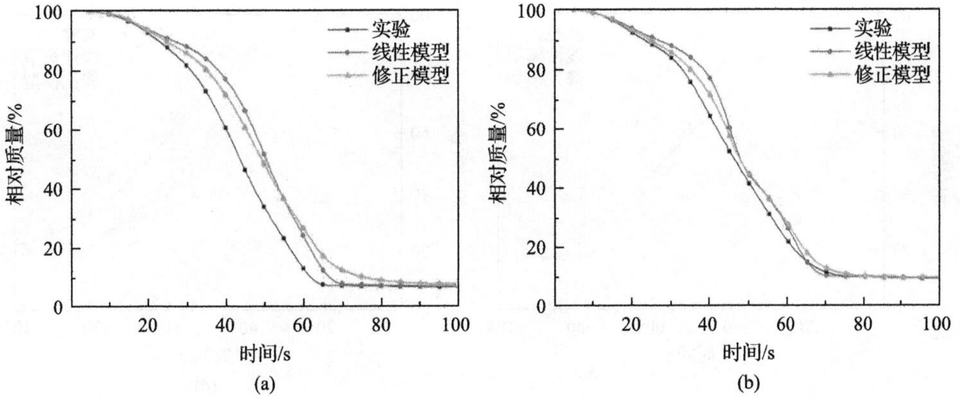

实验
线性模型
修正模型
相对质量/%
时间/s
(a)
(b)

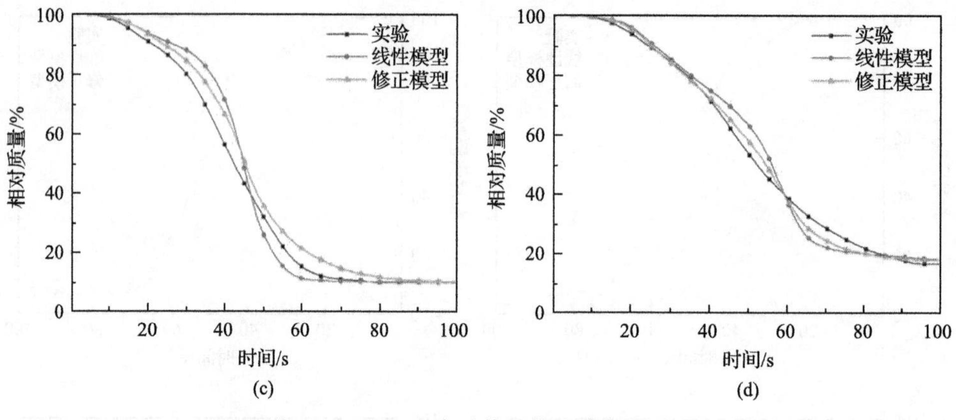


图 7.12　13～16 实验值与模型计算值对比

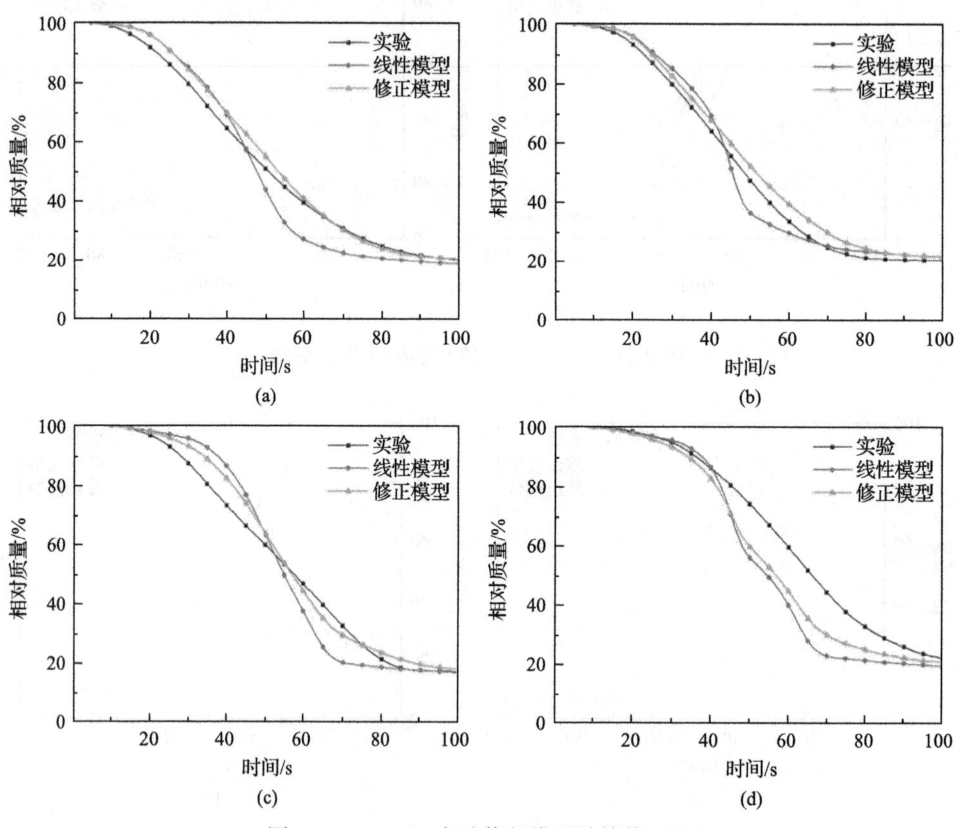


图 7.13　17～20 实验值与模型计算值对比

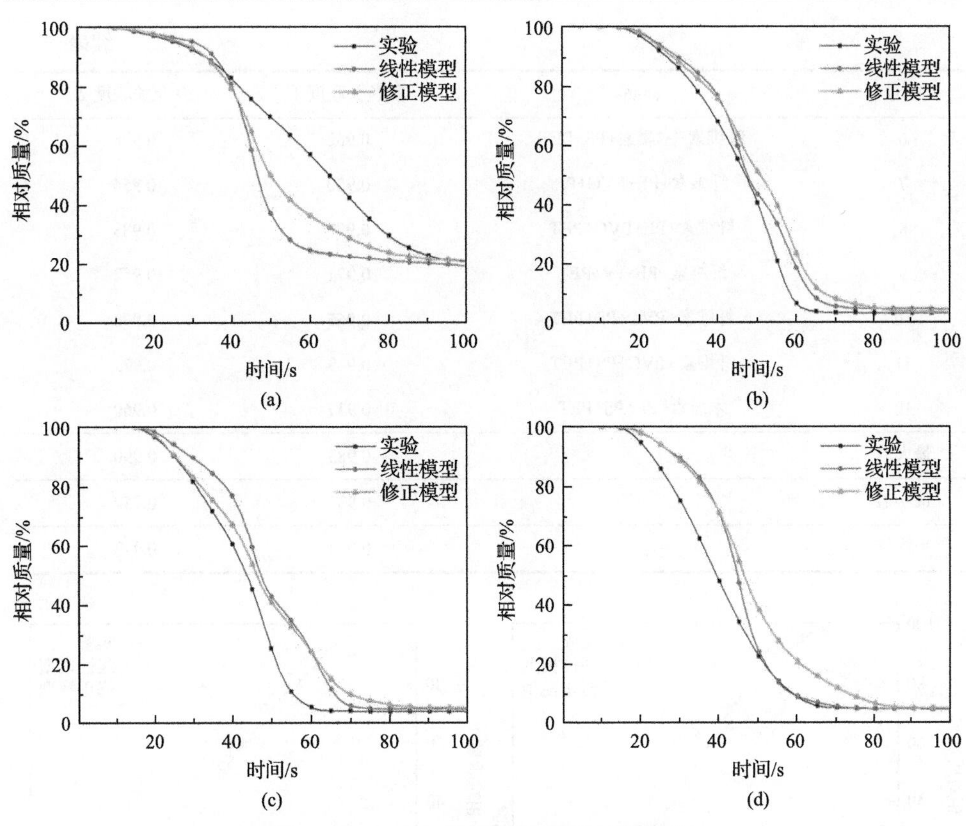

图 7.14　21～24 实验值与模型计算值对比

### 7.1.4　多组分混合特性

本书进一步进行了四种基元的混合实验，按照上述相同的方法进行处理，结果如表 7.3 和图 7.15～图 7.17 所示。使用修正模型得到的计算值与实验值的灰色关联度平均值超过 0.97，且显著高于线性模型计算值与实验值的灰色关联度，说明该方法在实验范围内是非常有效的。

**表 7.3　基元四组分混合实验值与计算值灰色关联度(1 线性模型，2 修正模型)**

| 编号 | 样品 | 灰色关联度 1 | 灰色关联度 2 |
| --- | --- | --- | --- |
| 1 | 纤维素+木质素+PE+PET | 0.983 | 0.990 |
| 2 | 纤维素+木质素+PVC+PS | 0.963 | 0.981 |
| 3 | 纤维素+木质素+PVC+PET | 0.973 | 0.982 |
| 4 | 纤维素+木质素+PP+PS | 0.958 | 0.969 |
| 5 | 纤维素+木质素+PP+PET | 0.969 | 0.981 |

续表

| 编号 | 样品 | 灰色关联度 1 | 灰色关联度 2 |
|---|---|---|---|
| 6 | 纤维素+木质素+PS+PET | 0.962 | 0.978 |
| 7 | 纤维素+PE+PVC+PP | 0.950 | 0.954 |
| 8 | 纤维素+PE+PVC+PET | 0.970 | 0.983 |
| 9 | 纤维素+PE+PP+PET | 0.971 | 0.952 |
| 10 | 纤维素+PVC+PP+PET | 0.965 | 0.976 |
| 11 | 纤维素+PVC+PS+PET | 0.949 | 0.973 |
| 12 | 木质素+PP+PS+PET | 0.937 | 0.960 |
| 最大值 | | 0.983 | 0.990 |
| 最小值 | | 0.937 | 0.952 |
| 平均值 | | 0.963 | 0.973 |

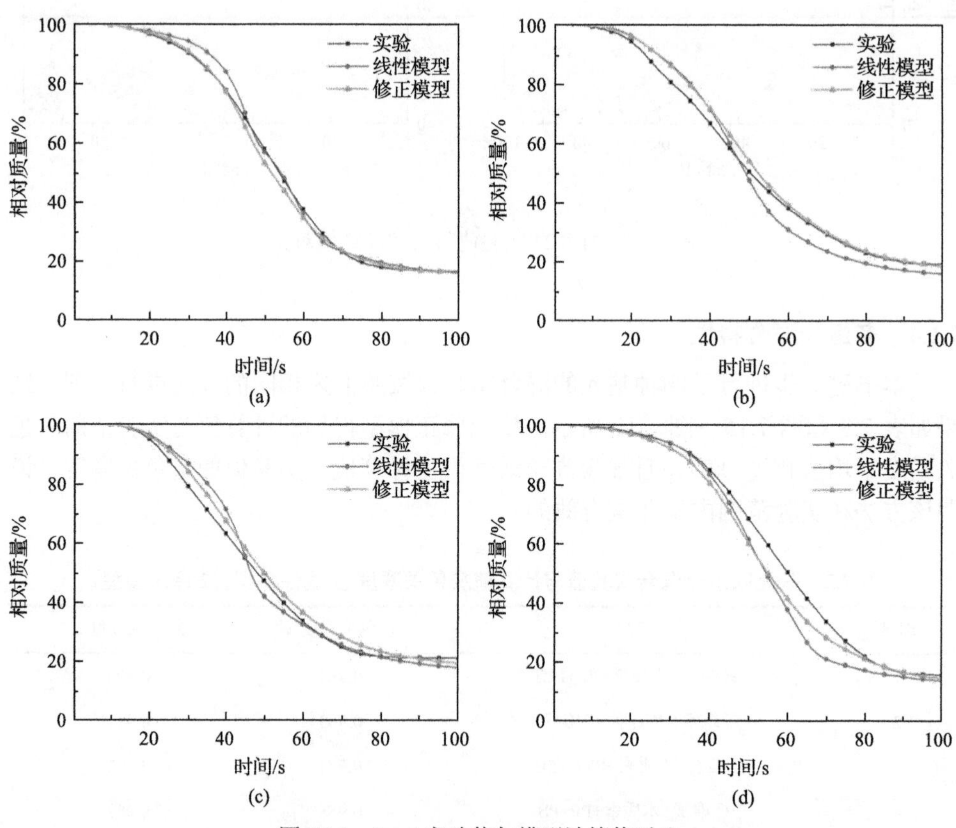


图 7.15　1～4 实验值与模型计算值对比

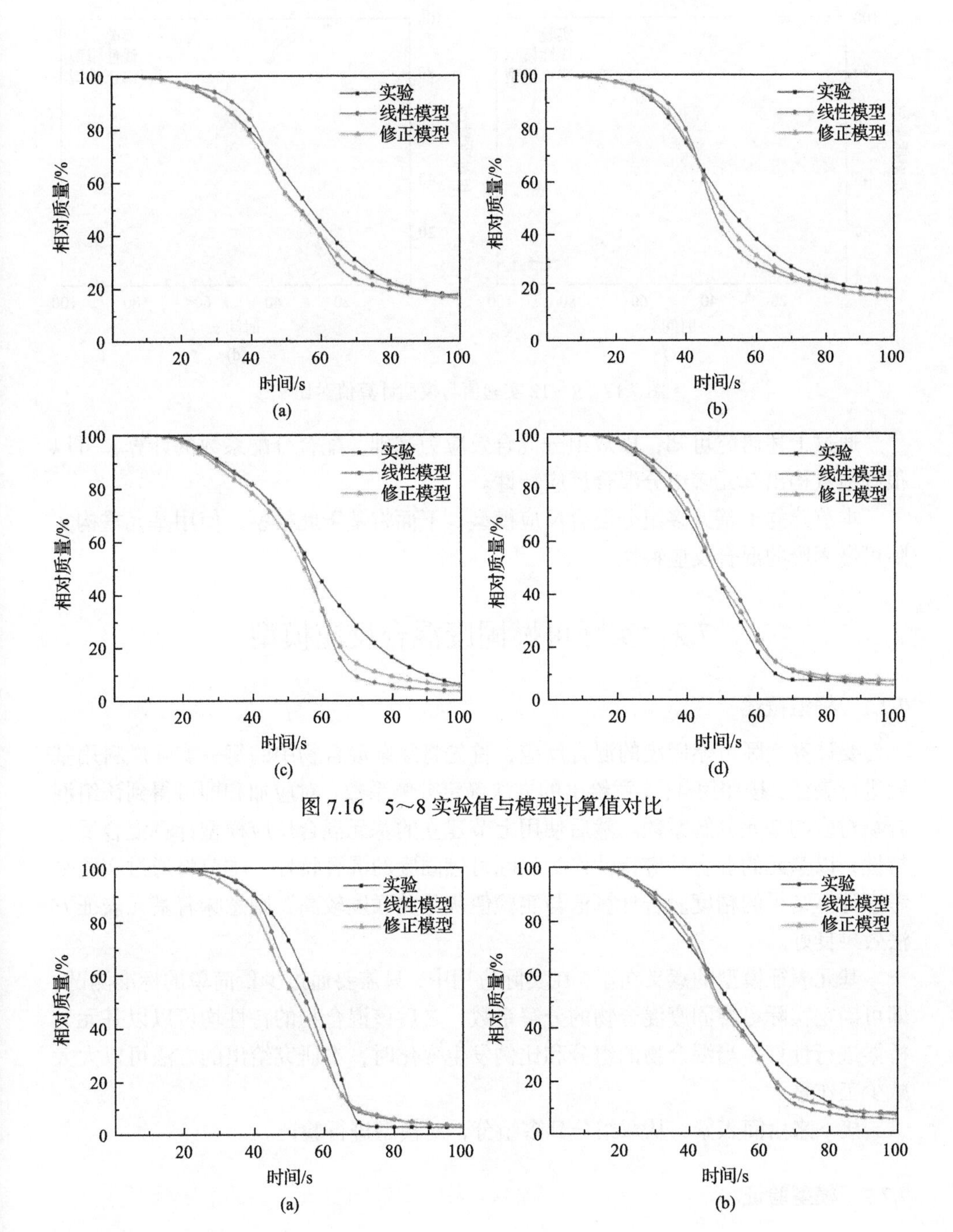


图 7.16　5～8 实验值与模型计算值对比

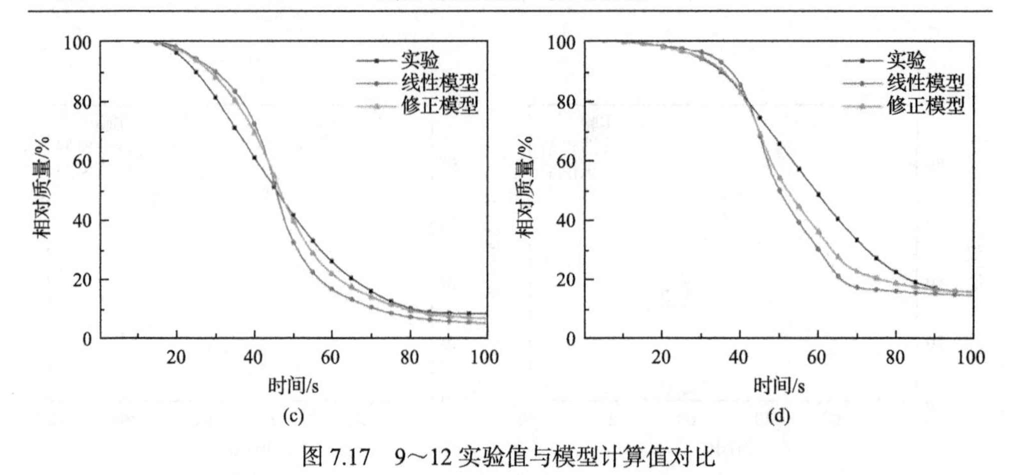


图 7.17　9～12 实验值与模型计算值对比

通过上述研究可知，以双组分混合效应为基础，配合分配系数的计算，可以很好地重构出基元多组分混合反应特性。

本节建立了基元多组分混合反应模型，下面将基于此模型，使用基元重构实际可燃固废的混合反应特性。

## 7.2　实际可燃固废混合反应模型

### 7.2.1　模型概述

要计算实际可燃固废的混合反应，首先将复杂混合物中的每一实际燃料用基元进行表征，按照第 4、5 章给出的方法确定分解系数，对应加和即可得到该组混合物对应的基元分解系数。然后使用上节建立的基元混合反应模型计算混合反应特性，以基元的混合反应特性作为实际可燃固废的混合特性，本节将通过实验来考察计算结果的精度。若计算值与实验值灰色关联度较高，则意味着基元表征方法效果良好。

基元表征模型的意义在于，在实际应用中，只需要通过少量简单的标准测试，即可确定实际可燃固废混合物的分解系数，之后该混合物的特性均可以以基元为桥梁进行计算。当混合物的组分和比例发生变化时，本研究给出的方法可以大大减少工作量。

接下来由简入繁，从双组分到多组分，对模型进行验证。

### 7.2.2　模型验证

1. 双组分

由于实际可燃固废可分为生物质类和塑料类两大类，且上节研究表明生物质类与塑料类之间存在显著的混合效应，因此首先对生物质与塑料双组分混合反应进行验证。

混合物中两种样品的质量比例均为 50%∶50%。计算值与实验值的灰色关联度如表 7.4 所示。其中灰色关联度 1 为实验值与线性模型计算值的灰色关联度，线性模型不考虑混合效应，直接线性加权得到的失重特性，如式(7-10)所示；灰色关联度 2 为实验值与修正模型计算值的灰色关联度，修正模型即为两两混合效应的模型，如式(7-9)所示。

**表 7.4　混合实验值与计算值灰色关联度(1 表示线性模型，2 表示修正模型)**

| 编号 | 样品 | 灰色关联度 1 | 灰色关联度 2 |
|---|---|---|---|
| 1 | 大白菜+PE | 0.964 | 0.964 |
| 2 | 橘皮+PE | 0.961 | 0.961 |
| 3 | 杨树枝+PE | 0.966 | 0.970 |
| 4 | 大白菜+PVC | 0.968 | 0.968 |
| 5 | 橘皮+PVC | 0.974 | 0.974 |
| 6 | 杨树枝+PVC | 0.974 | 0.979 |
| 7 | 大白菜+PP | 0.971 | 0.977 |
| 8 | 橘皮+PP | 0.966 | 0.968 |
| 9 | 杨树枝+PP | 0.941 | 0.955 |
| 10 | 大白菜+PS | 0.961 | 0.985 |
| 11 | 橘皮+PS | 0.958 | 0.985 |
| 12 | 杨树枝+PS | 0.946 | 0.965 |
| 13 | 大白菜+PET | 0.951 | 0.975 |
| 14 | 橘皮+PET | 0.964 | 0.959 |
| 15 | 杨树枝+PET | 0.964 | 0.979 |
| 最大值 | | 0.974 | 0.985 |
| 最小值 | | 0.941 | 0.955 |
| 平均值 | | 0.962 | 0.971 |
| 标准差 | | 0.010 | 0.009 |

由计算结果可知，对于双组分混合，线性模型计算结果与实验值灰色关联度平均值达到 0.962，修正模型计算结果的灰色关联度更高，平均值达到 0.971，说明修正模型能够显著提高模型精度，且最终表征结果的精度也是令人满意的，如图 7.18～图 7.20 所示。

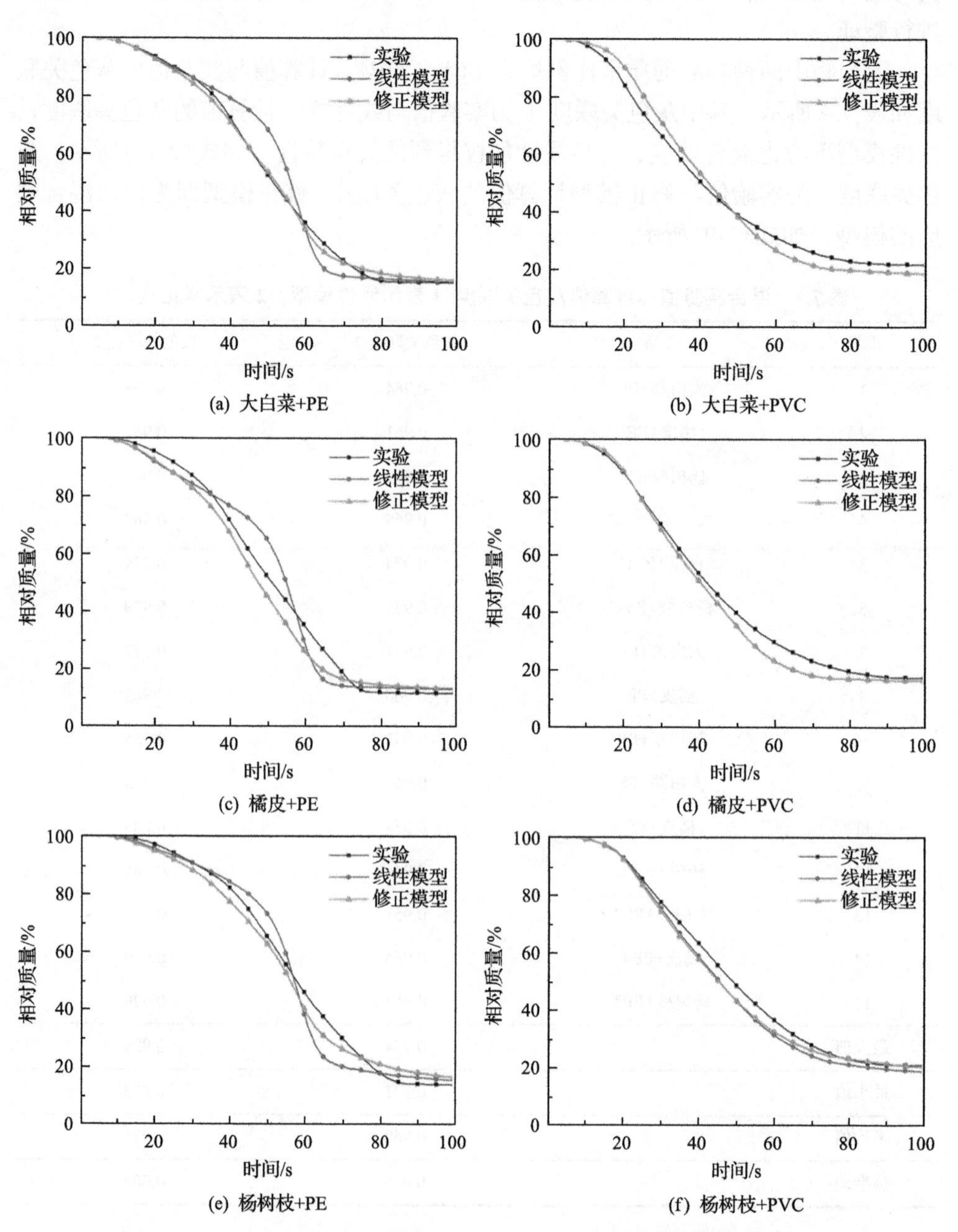


图 7.18　大白菜、橘皮、杨树枝与 PE、PVC 双组分混合实验与模型对比

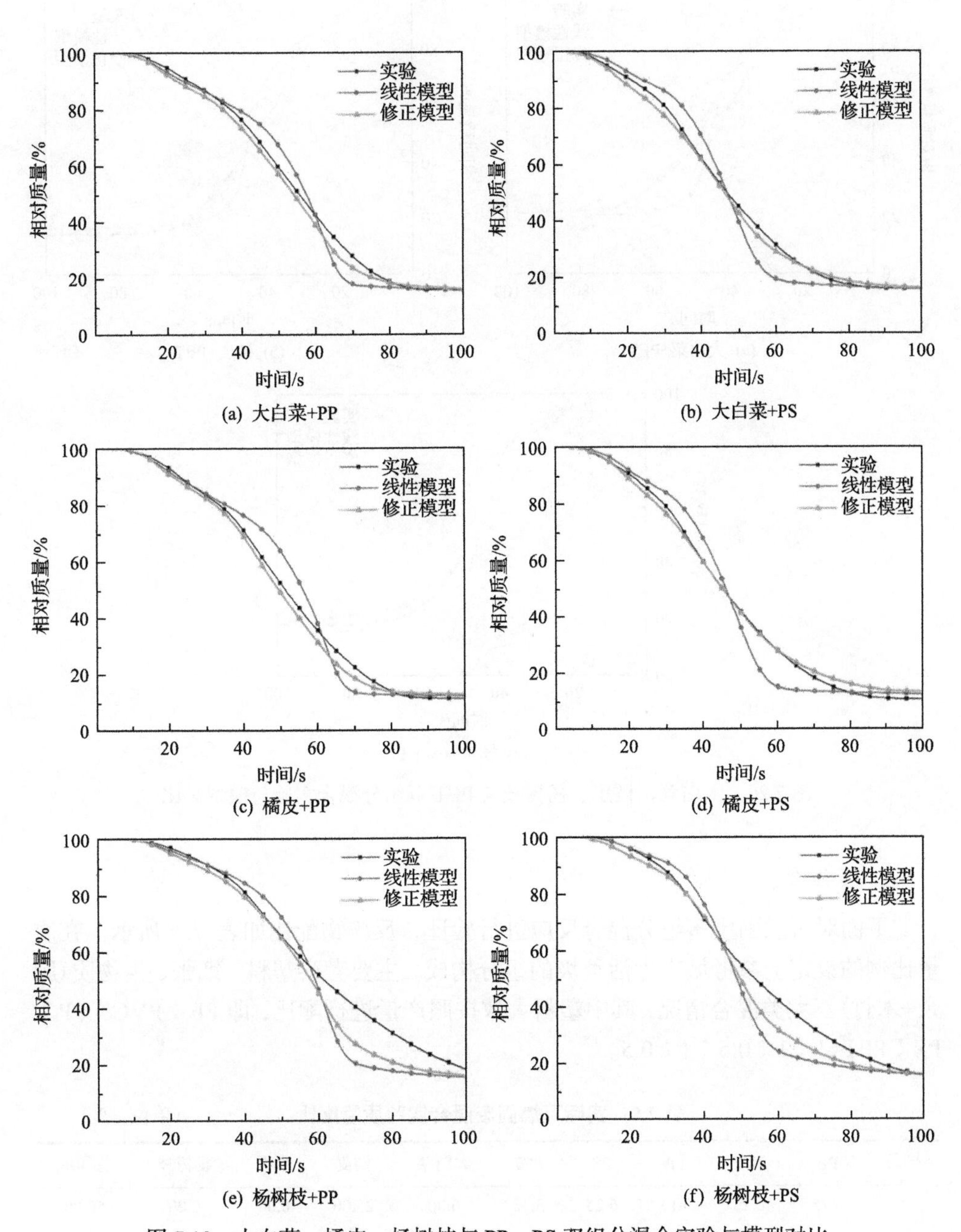


(a) 大白菜+PP　(b) 大白菜+PS

(c) 橘皮+PP　(d) 橘皮+PS

(e) 杨树枝+PP　(f) 杨树枝+PS

图 7.19　大白菜、橘皮、杨树枝与 PP、PS 双组分混合实验与模型对比

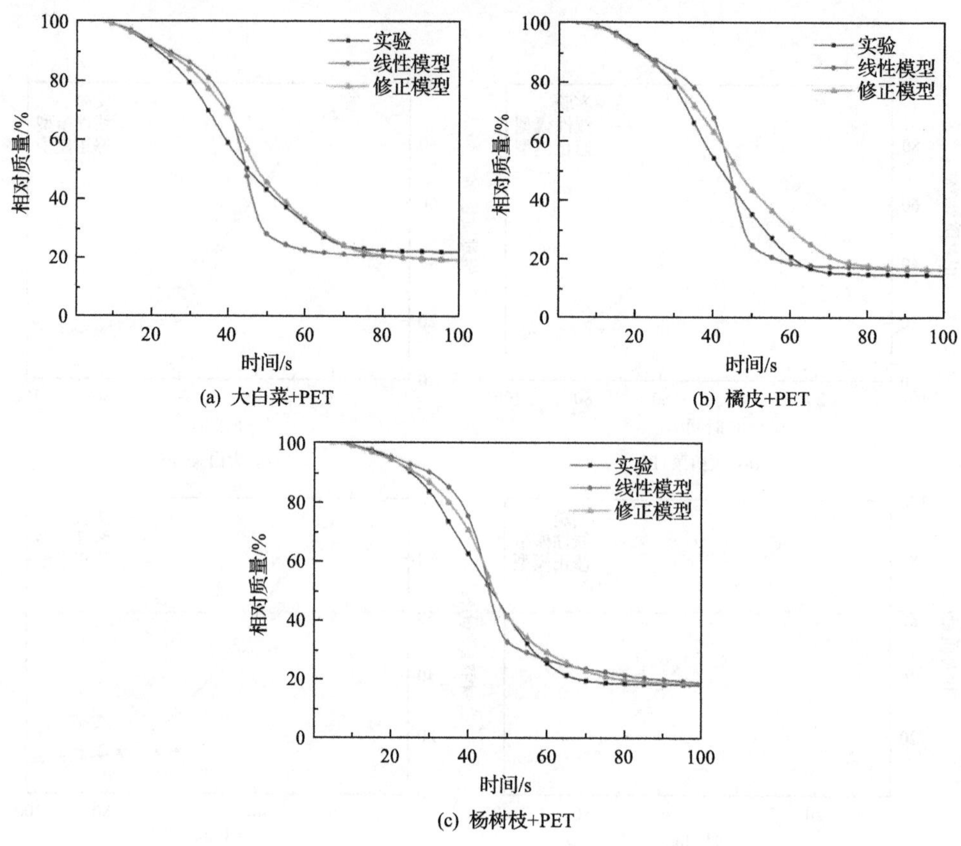


图 7.20　大白菜、橘皮、杨树枝与 PET 双组分混合实验与模型对比

## 2. 多组分

下面对可燃固废多组分混合反应进行验证，反应物配比如表 7.5 所示。在质量比例的设定上参考城市生活垃圾的组分构成，主要考察塑料、纸张、生物质(厨余+木竹)三大类混合情况，其中塑料大致按照产量进行配比，即 PE∶PVC∶PP∶PS∶PET=1∶1∶0.5∶1∶0.5。

**表 7.5　实际可燃固废混合实验质量配比**　　(单位：%)

| 样品 | PE | PVC | PP | PS | PET | 大白菜 | 橘皮 | 米饭 | 杨树枝 | 打印纸 |
|---|---|---|---|---|---|---|---|---|---|---|
| 1 | 6.25 | 6.25 | 3.13 | 6.25 | 3.13 | 0.00 | 25.00 | 0.00 | 0.00 | 50.00 |
| 2 | 6.25 | 6.25 | 3.13 | 6.25 | 3.13 | 0.00 | 50.00 | 0.00 | 0.00 | 25.00 |
| 3 | 12.50 | 12.50 | 6.25 | 12.50 | 6.25 | 0.00 | 25.00 | 0.00 | 0.00 | 25.00 |
| 4 | 6.25 | 6.25 | 3.13 | 6.25 | 3.13 | 25.00 | 0.00 | 0.00 | 0.00 | 50.00 |
| 5 | 6.25 | 6.25 | 3.13 | 6.25 | 3.13 | 50.00 | 0.00 | 0.00 | 0.00 | 25.00 |

续表

| 样品 | PE | PVC | PP | PS | PET | 大白菜 | 橘皮 | 米饭 | 杨树枝 | 打印纸 |
|---|---|---|---|---|---|---|---|---|---|---|
| 6 | 12.50 | 12.50 | 6.25 | 12.50 | 6.25 | 25.00 | 0.00 | 0.00 | 0.00 | 25.00 |
| 7 | 6.25 | 6.25 | 3.13 | 6.25 | 3.13 | 0.00 | 0.00 | 0.00 | 25.00 | 50.00 |
| 8 | 6.25 | 6.25 | 3.13 | 6.25 | 3.13 | 0.00 | 0.00 | 0.00 | 50.00 | 25.00 |
| 9 | 12.50 | 12.50 | 6.25 | 12.50 | 6.25 | 0.00 | 0.00 | 0.00 | 25.00 | 25.00 |
| 10 | 6.25 | 6.25 | 3.13 | 6.25 | 3.13 | 6.25 | 6.25 | 6.25 | 6.25 | 50.00 |
| 11 | 6.25 | 6.25 | 3.13 | 6.25 | 3.13 | 12.50 | 12.50 | 12.50 | 12.50 | 25.00 |
| 12 | 12.50 | 12.50 | 6.25 | 12.50 | 6.25 | 6.25 | 6.25 | 6.25 | 6.25 | 25.00 |

大白菜、橘皮、米饭、杨树枝、打印纸的基元表征系数如表 5.3 所示，进而可得到 12 组实验样品对应的基元组成，如表 7.6 所示。

**表 7.6　实际可燃固废混合物对应的基元组成**　　(单位：%)

| 样品 | 纤维素 | 半纤维素 | 木质素 | 淀粉 | PE | PVC | PP | PS | PET |
|---|---|---|---|---|---|---|---|---|---|
| 1 | 26.00 | 22.75 | 26.25 | 0.00 | 6.25 | 6.25 | 3.13 | 6.25 | 3.13 |
| 2 | 13.00 | 44.00 | 18.00 | 0.00 | 6.25 | 6.25 | 3.13 | 6.25 | 3.13 |
| 3 | 13.00 | 22.25 | 14.75 | 0.00 | 12.50 | 12.50 | 6.25 | 12.50 | 6.25 |
| 4 | 26.00 | 17.75 | 31.25 | 0.00 | 6.25 | 6.25 | 3.13 | 6.25 | 3.13 |
| 5 | 13.00 | 34.00 | 28.00 | 0.00 | 6.25 | 6.25 | 3.13 | 6.25 | 3.13 |
| 6 | 13.00 | 17.25 | 19.75 | 0.00 | 12.50 | 12.50 | 6.25 | 12.50 | 6.25 |
| 7 | 32.25 | 8.75 | 34.00 | 0.00 | 6.25 | 6.25 | 3.13 | 6.25 | 3.13 |
| 8 | 25.50 | 16.00 | 33.50 | 0.00 | 6.25 | 6.25 | 3.13 | 6.25 | 3.13 |
| 9 | 19.25 | 8.25 | 22.50 | 0.00 | 12.50 | 12.50 | 6.25 | 12.50 | 6.25 |
| 10 | 27.56 | 13.88 | 29.50 | 4.13 | 6.25 | 6.25 | 3.13 | 6.25 | 3.13 |
| 11 | 16.13 | 26.25 | 24.50 | 8.25 | 6.25 | 6.25 | 3.13 | 6.25 | 3.13 |
| 12 | 14.56 | 13.38 | 18.00 | 4.13 | 12.50 | 12.50 | 6.25 | 12.50 | 6.25 |

与上述过程类似，使用基元混合反应模型进行计算，考察计算值与实验值的灰色关联度，结果如表 7.7 及图 7.21、图 7.22 所示。线性模型计算结果与实验值的灰色关联度平均值已经高达 0.965，而经过修正，灰色关联度平均值可以达到 0.970，说明模型效果非常好。同时与双组分相比，在实验范围内，随着混合物组分增多，线性模型预测精度越高，表明混合效应随着对象增多而减弱。由于大部分基元对之间的相互作用微弱，可以认为弱相干或不相干，而当混合物组分增多时，不相干的基元比例增加，因而从整体上讲，混合效应变得微弱，使得最终结果更加接近线性模型计算结果。

以上对基元表征方法进行了实验验证，将实际可燃固废表征成基元，然后以基元为桥梁计算其热转化特性，这种方法具备较高精度，计算结果与实验结果灰色关联度平均值在 0.96 以上，甚至可以达到 0.97。结果表明，基元表征方法是可行的，结果是可信的。

**表 7.7　实际可燃固废混合实验结果与计算值灰色关联度(1 表示线性模型，2 表示修正模型)**

| 样品 | 灰色关联度 1 | 灰色关联度 2 |
|---|---|---|
| 1 | 0.985 | 0.985 |
| 2 | 0.982 | 0.982 |
| 3 | 0.983 | 0.986 |
| 4 | 0.933 | 0.943 |
| 5 | 0.969 | 0.973 |
| 6 | 0.944 | 0.954 |
| 7 | 0.952 | 0.961 |
| 8 | 0.960 | 0.965 |
| 9 | 0.964 | 0.974 |
| 10 | 0.959 | 0.969 |
| 11 | 0.978 | 0.977 |
| 12 | 0.967 | 0.975 |
| 最大值 | 0.985 | 0.986 |
| 最小值 | 0.933 | 0.943 |
| 平均值 | 0.965 | 0.970 |
| 标准差 | 0.016 | 0.013 |

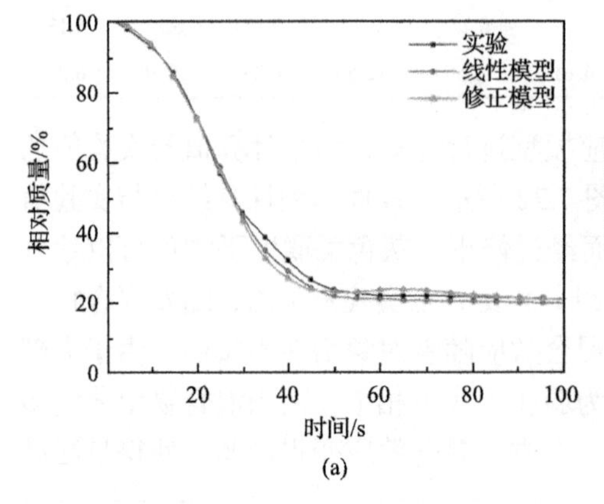

(a)

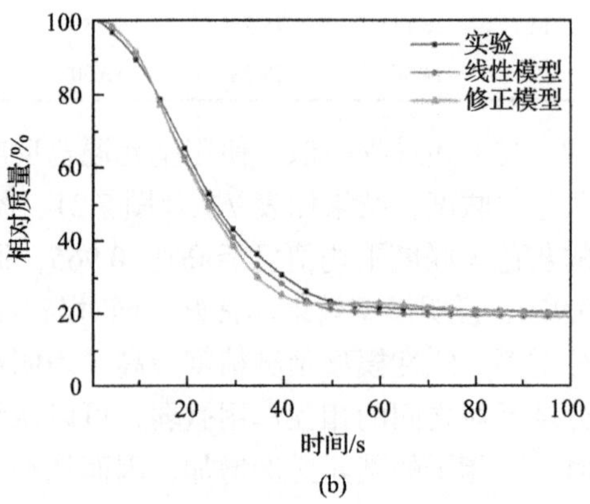

(b)

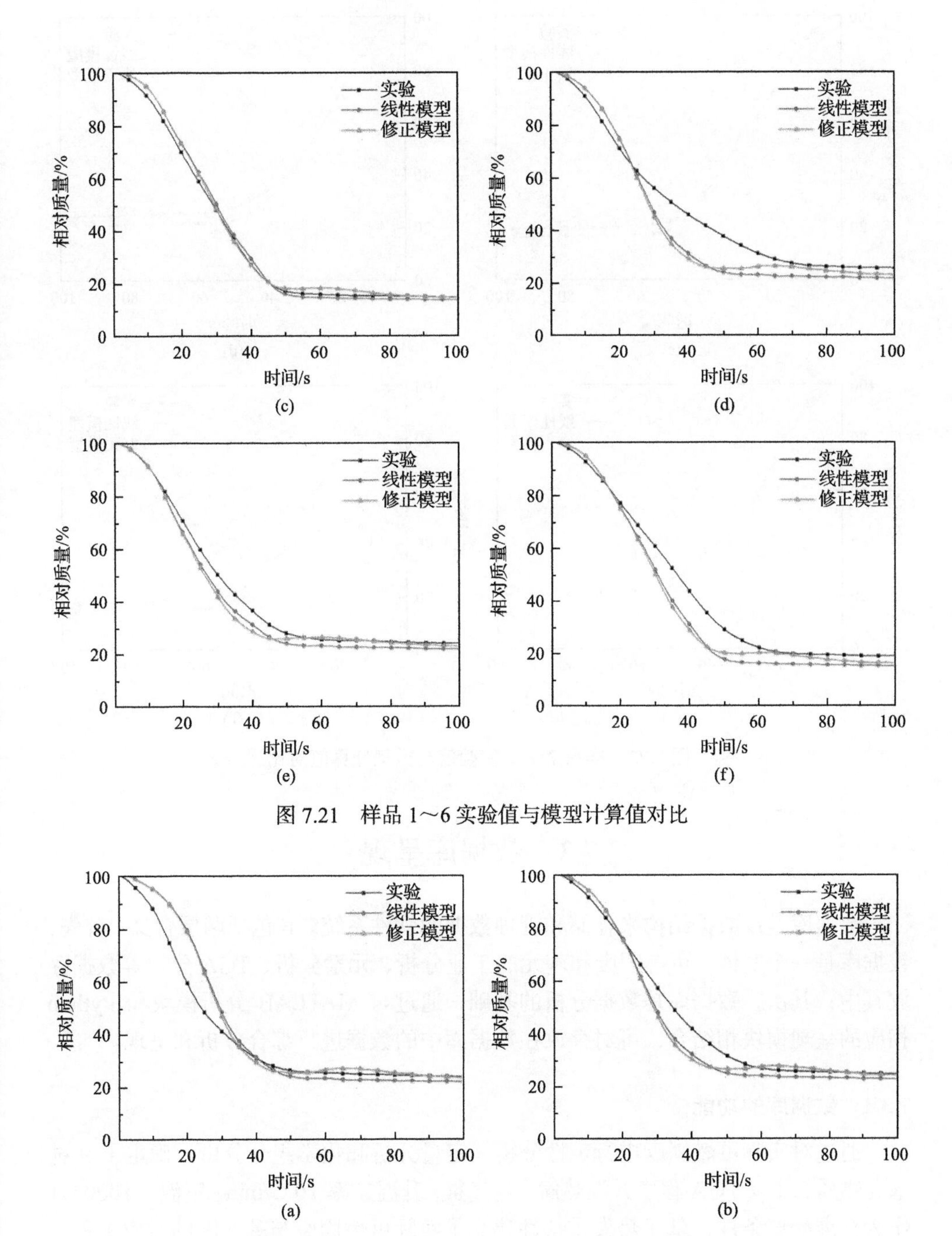


图 7.21　样品 1～6 实验值与模型计算值对比

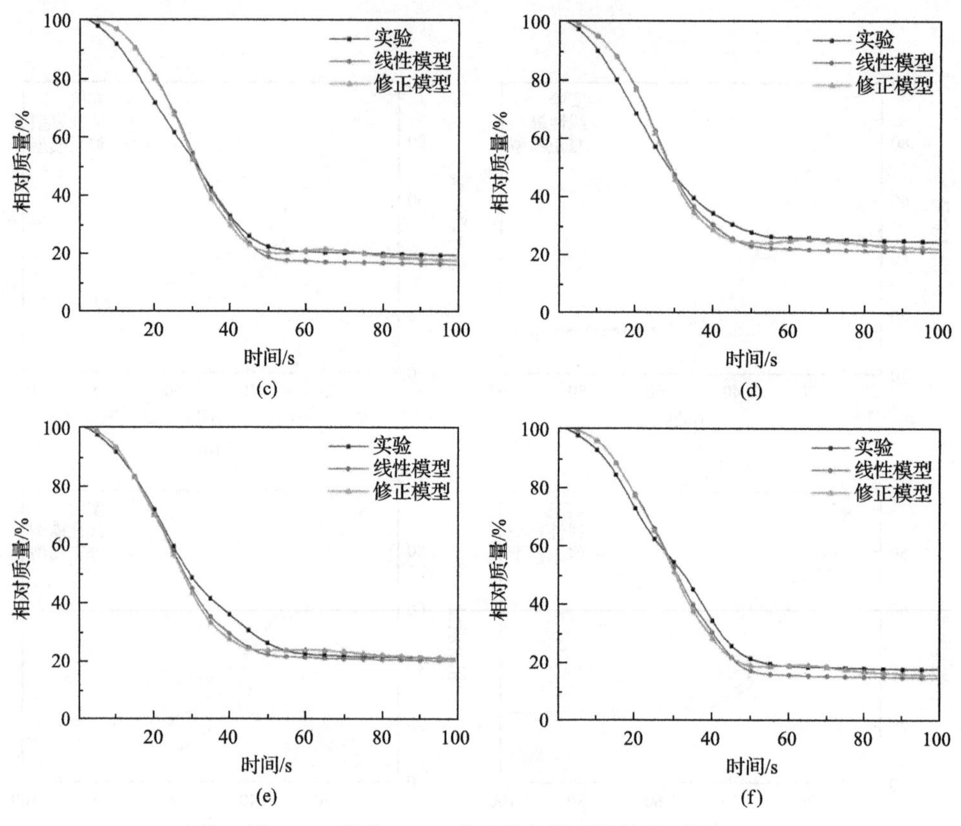


图 7.22　样品 7～12 实验值与模型计算值对比

## 7.3　数据库呈现

数据库是按数据结构来存储和管理数据的软件系统。其包括两层含义：首先，数据库是一个实体，可燃固废和基元的工业分析、元素分析、TGA 分析等数据存放其中；其次，数据库是数据分析的基础，通过与 MATLAB 分析模块和 Python 相应的呈现模块相结合，可对存放在数据库中的数据进行综合分析和呈现。

### 7.3.1　数据库的功能

通过对实际可燃固废进行定性分析、定量分析和化学组分分析，确定了 9 种基元物质，并以 TGA 程序升温热解（$N_2$气氛，升温速率 10℃/min，室温～1000℃）作为标准测试条件，基于热失重特性建立了实际可燃固废与基元间的对应关系，得到了实际可燃固废的基元表征系数。在此基础上，利用基元热转化特性数据，对实际可燃固废在不同条件下的失重特性进行了预测，并进一步提出了基元混合反应模型以及基于此模型的实际可燃固废混合反应表征方法。

在对样品进行基本物性和热化学反应动力学分析的基础上，建立了热化学表征数据库，旨在建立一套可燃固废热化学转化的标准方法，以应用于其他方面的研究和工程设计。

为尽可能多地获取到基础数据，增加数据库的广泛性和代表性，本数据库数据来源于自行实验和文献调研，前者实验条件和处理方法一致，可作为构建基元理论的基础，后者相对独立，可用来检验基元理论。

### 7.3.2　数据库的结构

数据库的基本结构为数据来源、样品名称、样品来源、工业分析、元素分析、发热量、动力学参数等，并基于 Python2.7 和 SQLyog 开发了一款基础应用程序，其核心是算法和数据库。算法思路如 6.2 节所示调用 Matlab 程序实现。数据库则收录了样品(包括实际可燃固废和基元)的失重数据(TGA 以及 Macro-TGA)、获取途径、工业分析、元素分析和热值等基础必备数据。

### 7.3.3　数据库的应用

在数据库应用过程中，如果计算对象已包含在数据库中，则其表征系数可直接查询；若数据库中没有该种物质，则需要先对其进行一次标准测试，然后通过线性回归计算表征系数。同时可把该物质相关信息录入数据库，即数据库在应用过程中可以不断扩展。

用户界面基于 Python2.7 的 Django Web 框架设计，主要包括数据库操作、表征、预测三部分，如图 7.23 所示。

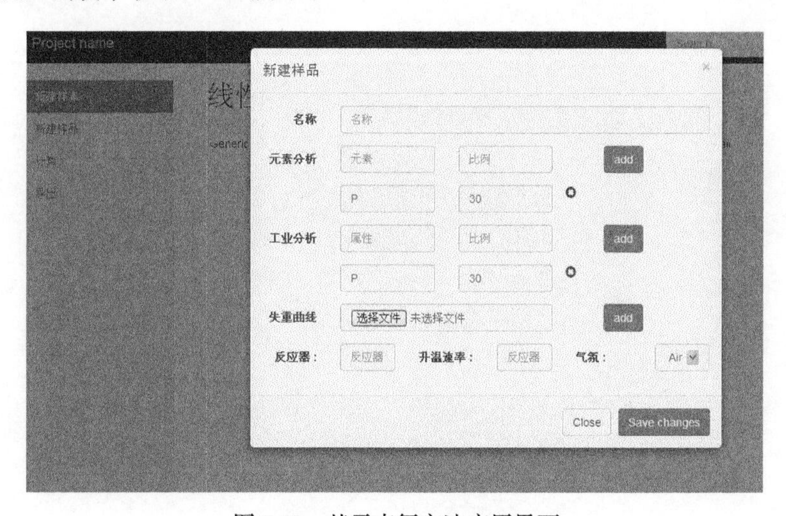


图 7.23　基元表征方法应用界面

数据库操作主要包括查询、新建、删除三种动作。表征部分是采用基于表征方法计算指定对象的表征系数，包括指定对象、选取基元、计算系数三步。预测部分则是计算给定可燃固废混合物的失重特性，只需要输入混合物各组分质量比例，即可依据基元方法进行计算，给出混合反应特性的预测值。

# 第 8 章　基元物质的热解机理

为了掌握前面提出的基元物质的热解特性，在 TGA-FTIR 实验台、Macro-TGA 实验台及水平固定床实验台上进行了热解实验。慢速热解和快速热解在实际工业装备中都有应用。对于慢速热解，意味着预先将样品置于反应器内，而后电炉以 10℃/min 升温。对于快速热解，将电炉温度稳定在 800℃，再将样品放入反应器内快速反应。反应气氛皆为 $N_2$，流量为 100mL/min。在 TGA 实验台上，研究了慢速热解（线性升温）的动力学特性及气体排放特性；在 Macro-TGA 实验台上，研究了慢速热解和快速热解（恒温）的动力学特性；在水平固定床实验台上，研究了基元物质热解的产物质量分布特性、气体排放特性和多环芳烃生成特性。基于以上的结果，分析了基元物质的热解机理。

## 8.1　动力学特性

基础的动力学研究能帮助我们预测可燃固废热化学转化过程的行为，设计更好的工程反应器[1,2]。

### 8.1.1　动力学分析方法

在研究动力学的过程中，出现了许多的动力学模型，如单一反应模型、分段反应模型、平行反应模型、分布活化能模型等。

单一反应模型是最原始、最简单的模型，适用于描述单步反应。纤维素热解可以用单一的一级反应进行描述，活化能为 33.4kcal/mol，频率因子为 $6.79\times10^{9}s^{-1}$。然而，在描述复杂反应的过程中，单一反应模型往往会遇到困难[3]。

分段反应模型近年来应用比较广泛，它通常用于描述 TGA 线性升温实验，将一个复杂的反应按照温度区间分为几段[4]。郭小汾等[5]通过 TGA 研究了可燃固废典型组分的动力学特性，得到可燃固废中各可燃物的热解都服从热解动力学基本方程，可以用一个或多个一级反应来描述。Chang 等[6]使用 TGA 进行了打印纸和书写纸的热解反应，反应温度为 400～850K，升温速率为 1K/min、2K/min、5K/min。两种纸张的热解由两段主要反应组成，可以用双反应模型进行描述。Lopez-Velazquez 等[7]使用 TGA 研究了橙橘垃圾在 $N_2$ 气氛下的热解。热解过程可以看成是多段反应的结果，即①低于 120℃的脱水；②120～450℃的热解，此阶段木质纤维组分热解达到最大值，产生气体和能量；③高于 450℃时最后阶段木质素的热解。然而，分段模型的动力学参数对温度起始点的选择非常敏感，而温度起始点的选择通常具有主观性。此外，在某一温度段下仅有一个反应发生的假设有时并不科学，如复杂生物质的热解过程。

分步活化能模型(distributed activation energy model，DAEM)是较为先进的动力学模型[8]，该模型假定一系列不可逆的一级反应平行发生，形成活化能的分布[2]。Zhang 等[2]发现 Gaussian-DAEM 反应模型可以准确地再现纤维素热解的 DTG 曲线，而在预测半纤维素和木质素的动力学特性时则存在较大的误差。为此，作者开发了 Double-Gaussian-DAEM 反应模型，用两个 Gaussian 分布的活化能序列来描述半纤维素和木质素的热解。由于活化能被描述为一个系列的数值，甚至一个分布图，因此该模型难以进行应用和比较[9]。

平行反应模型是近几年新兴的反应模型，它将复杂的反应假定为若干个平行反应同时反生。Sørum 等[10]进行了可燃固废中 11 种典型组分的 TGA 热解实验，认为生物质热解可以用半纤维素、纤维素、木质素三个平行热解反应描述，PVC 的热解也可以用三个平行反应描述。在实际操作过程中，如何进行平行反应的分解，是一个比较棘手的问题。

许多研究选择 DTG 曲线来研究动力学过程，主要由于 DTG 曲线在计算动力学参数的过程中更为简便。同时，DTG 曲线比 TG 曲线更加敏感，TG 曲线中的微小变化在相应的 DTG 曲线中将被放大[11]。

### 1. 慢速热解的动力学分析方法

许多样品的热解过程较为复杂，不能用单一的动力学反应表示。在平行反应动力学模型中，热解可以看成一系列独立反应的叠加[12]：

$$\frac{\mathrm{d}m}{\mathrm{d}\tau}=\sum_{i=1}^{n}\frac{\mathrm{d}m_i}{\mathrm{d}\tau} \tag{8-1}$$

式中，$m$ 为样品在时间 $\tau$ 的转化率，%。

为了得到归一化的结果，使用 $\alpha_i$ 表示反应 $i$ 归一化的转化率，即

$$\alpha_i = m_i / m_{i\infty} \tag{8-2}$$

式中，$m_{i\infty}$为反应 $i$ 的最终转化率。因此，对于反应 $i$，$\alpha_{i\infty}=100\%$。

由于在慢速热解过程中 DTG 曲线有多个峰，假设 DTG 曲线中每个峰(包括肩峰)代表一个反应，可以使用峰分析的方法将总反应分解为若干个单峰反应。其中每个单峰反应可以用 Gaussian 峰表示，Gaussian 峰是峰分析中最常用的峰形[13]。

每个反应的动力学可以表示为[14]

$$\frac{\mathrm{d}\alpha_i}{\mathrm{d}\tau}=k_i(1-\alpha_i)^{n_i} \tag{8-3}$$

$$k_i=A_i\exp\left(-\frac{E_i}{RT}\right) \tag{8-4}$$

式中，$k_i$ 为反应 $i$ 的反应速率；$E_i$ 为表观活化能(kJ/mol)；$A_i$ 为指前因子($\mathrm{min}^{-1}$)；$n_i$ 为反应级数；$R$ 为摩尔气体常量[kJ/(mol·K)]；$T$ 为热力学温度(K)。

在慢速热解实验中，升温速率 $\beta$ 是常数，

$$\beta=\frac{\mathrm{d}T}{\mathrm{d}\tau} \tag{8-5}$$

因此

$$\frac{\mathrm{d}\alpha_i}{\mathrm{d}T}=\frac{A_i}{\beta}\exp\left(-\frac{E_i}{RT}\right)(1-\alpha_i)^{n_i} \tag{8-6}$$

为了计算 $E_i$、$A_i$ 和 $n_i$，使用最小二乘法(least square method，LSM)。

$$S=\sum_{j=1}^{N}\left[\left(\frac{\mathrm{d}\alpha}{\mathrm{d}T}\right)_j^{\exp}-\left(\frac{\mathrm{d}\alpha}{\mathrm{d}T}\right)_j^{\mathrm{cal}}\right]^2 \tag{8-7}$$

式中，$N$ 为数据点数；$(\mathrm{d}\alpha/\mathrm{d}T)^{\exp}$ 为实验值；$(\mathrm{d}\alpha/\mathrm{d}T)^{\mathrm{cal}}$ 为计算值。使用平均偏差指数(average deviation index，ADI)评价计算结果的准确性。

$$\mathrm{ADI}=\frac{\sqrt{S/N}}{(\mathrm{d}\alpha_i/\mathrm{d}T)_{\max}^{\exp}}\times 100\% \tag{8-8}$$

式中，$(\mathrm{d}\alpha_i/\mathrm{d}T)_{\max}^{\exp}$ 为实验值中的最大值。

2. 快速热解的动力学分析方法

由于快速热解通常在较短的时间内结束，在慢速热解中的许多峰将合并在一起，仍然可以用峰分析的方法。在快速热解实验中，Avrami-Erofeev 方程被广泛使用[15]。对于每一个峰，可以表示为

$$1-\alpha_i=\exp(-k_i\tau^{n_i}) \tag{8-9}$$

式中，$k_i$ 和 $n_i$ 由实验结果决定；$\tau$ 为时间。

对上式取自然对数，得到

$$\ln(1-\alpha_i)=-k_i\tau^{n_i} \tag{8-10}$$

因此，仍可使用 LSM 决定最优的 $k_i$ 和 $n_i$。

峰分析-最小二乘法(peak analysis-least square method, PA-LSM)的优点在于可以通过 DTG 曲线的峰值进行平行反应的分解，这在使用时更加直观，而且物理意义明确。最小二乘法可以更加准确地找到动力学参数的最优值，避免了积分法、微分法等计算方法中由于假设所带来的偏差。

### 8.1.2　TGA 实验台上的动力学特性

在 TGA 实验台上，基元物质的 TG 和 DTG 曲线如图 8.1 所示。

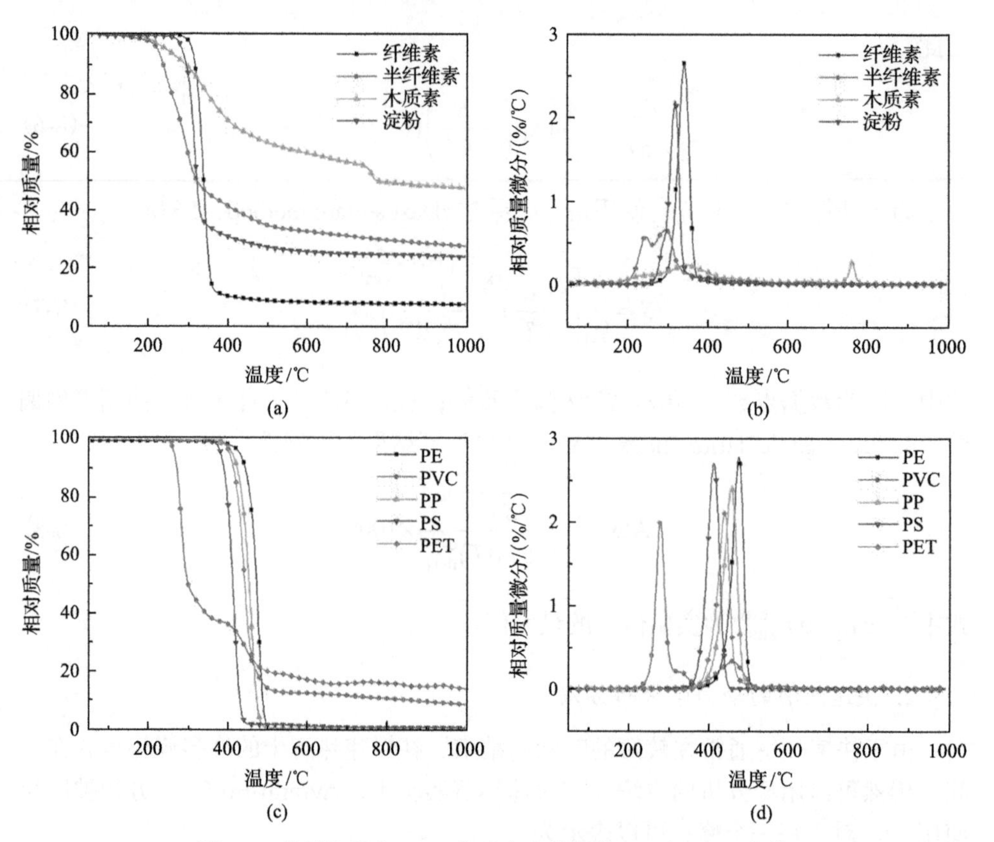


图 8.1　基元物质在 TGA 实验台上热解的 TG 和 DTG 曲线

采用 PA-LSM 方法计算其动力学参数。生物质的动力学计算结果如图 8.2 所示。半纤维素的 DTG 曲线可以用三个峰拟合，相关系数为 0.9977。除了上面提到的两个峰以外，还有一个较平坦的峰，位于 366.1℃。纤维素可以用单峰进行拟合，相关系数为 0.9925，这也说明 Gaussian 峰适合用来描述热解峰。由于木质素的热解是一个缓慢复杂的过程，需要用 5 个 Gaussian 峰来表示其 DTG 曲线($R^2$=0.9883)，除了在 337.9℃和 767.9℃的两个明显峰以外，在 227.7℃、478.4℃和 649.3℃还有三个峰。淀粉的热解可以用单峰进行拟合，位于 312.8℃。

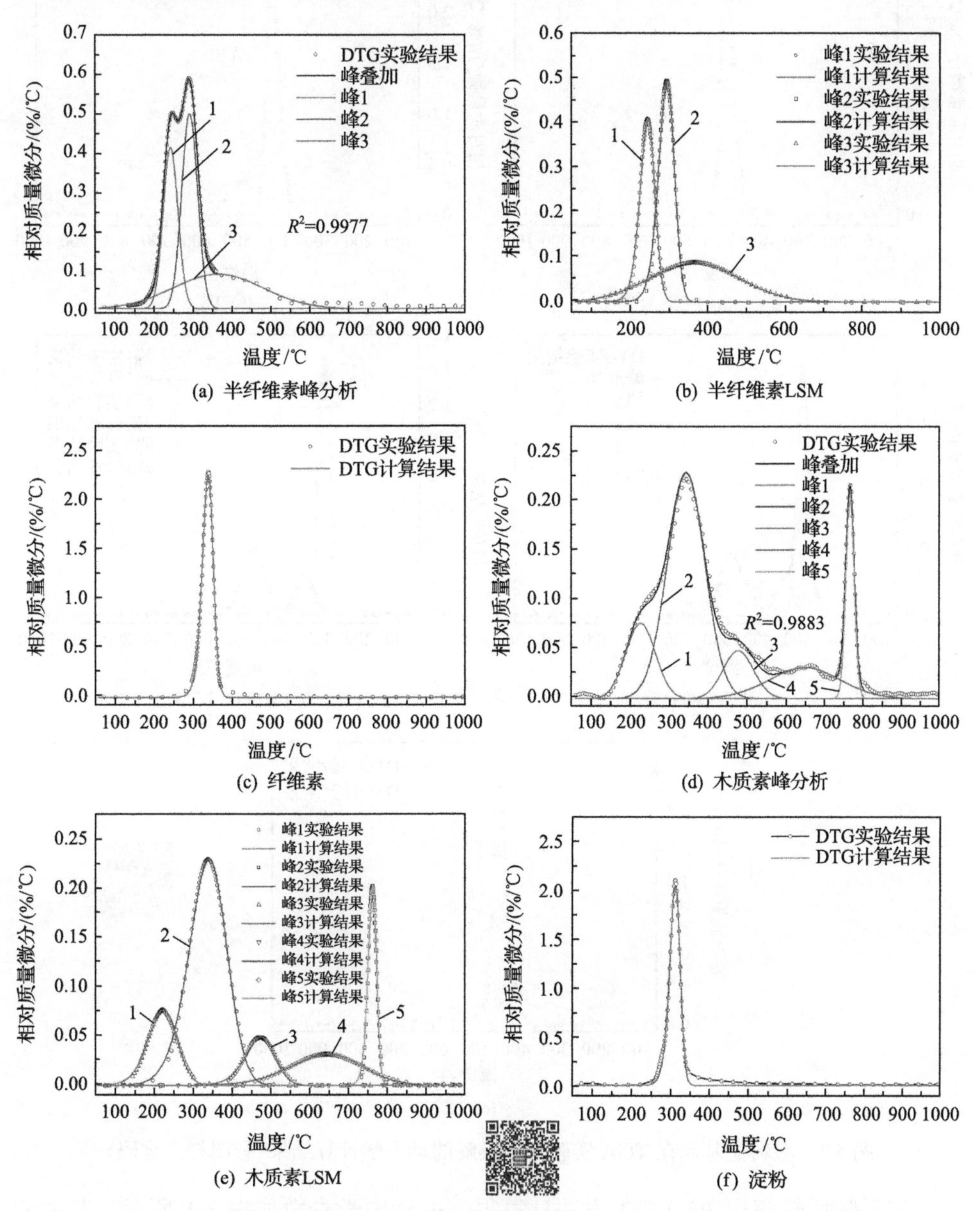


图 8.2　生物质类基元在 TGA 实验台上热解的动力学计算结果(彩图扫二维码)

塑料类基元的热解动力学计算结果如图 8.3 所示。PE、PS、PET 由于热解过程单一，都可以用单一的峰进行拟合，而 PVC 需要用三个峰进行拟合，相关系数为 0.9974。

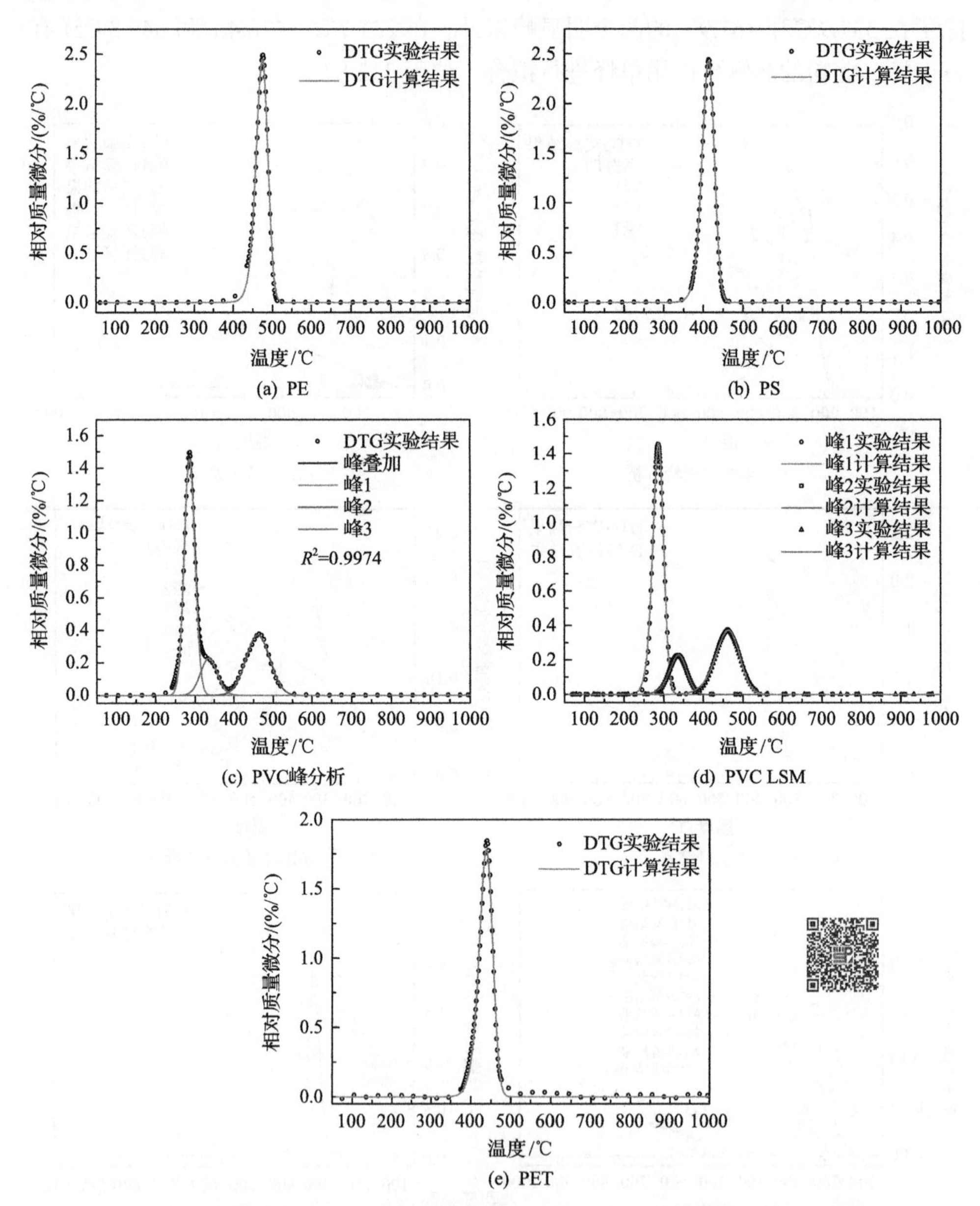


图 8.3　塑料类基元在 TGA 实验台上热解的动力学计算结果(彩图扫二维码)

基元物质热解用 PA-LSM 方法计算得到的动力学参数如表 8.1 所示，其中的百分比为每个峰的峰面积相对百分比，即每部分相对失重分数。众所周知，活化能对于化学反应是非常重要的参数。如表 8.1 所示，不同反应的活化能从 26kJ/mol 到 1090kJ/mol 不等。

**表 8.1　基元物质在 TGA 实验台上的动力学参数**

| 样品 | 反应 | 比例/% | 峰值温度/℃ | $E$/(kJ/mol) | $A$/min$^{-1}$ | $n$ | ADI |
|---|---|---|---|---|---|---|---|
| 半纤维素 | 1 | 27.9 | 244.8 | 146 | $3.37\times10^{14}$ | 1.49 | 1.58 |
| | 2 | 36.1 | 293.5 | 164 | $6.58\times10^{14}$ | 1.49 | 1.58 |
| | 3 | 40.0 | 366.1 | 26 | 9.19 | 1.08 | 0.23 |
| 纤维素 | 1 | 100.0 | 340.8 | 279 | $4.41\times10^{23}$ | 1.54 | 1.64 |
| 木质素 | 1 | 13.6 | 227.7 | 62 | $8.61\times10^{5}$ | 1.35 | 1.32 |
| | 2 | 52.8 | 344.3 | 73 | $3.05\times10^{5}$ | 1.34 | 1.29 |
| | 3 | 9.0 | 478.4 | 144 | $3.04\times10^{9}$ | 1.43 | 1.48 |
| | 4 | 13.9 | 649.3 | 81 | $3.91\times10^{3}$ | 1.27 | 1.13 |
| | 5 | 10.7 | 767.1 | 1090 | $5.85\times10^{54}$ | 1.60 | 1.87 |
| 淀粉 | 1 | 100.0 | 312.8 | 267 | $5.46\times10^{23}$ | 1.55 | 1.77 |
| PE | 1 | 100.0 | 474.0 | 397 | $4.68\times10^{27}$ | 1.56 | 1.81 |
| PS | 1 | 100.0 | 412.5 | 321 | $1.99\times10^{24}$ | 1.55 | 1.79 |
| PVC | 1 | 55.3 | 286.5 | 244 | $4.99\times10^{22}$ | 1.54 | 1.76 |
| | 2 | 13.5 | 335.9 | 179 | $1.13\times10^{15}$ | 1.50 | 1.72 |
| | 3 | 31.4 | 461.3 | 181 | $2.93\times10^{12}$ | 1.47 | 1.68 |
| PET | 1 | 100.0 | 437.7 | 317 | $1.4\times10^{23}$ | 1.54 | 1.78 |

指数 $n$ 是反应级数，与反应机理有关[16]，对于不同的反应，$n$ 从 1.08 到 1.60 不等。由于 ADI 的值都小于 2，说明 DTG 曲线的再现性较好。如图 8.2 和图 8.3 所示的结果也证明，动力学参数的计算结果与实验值差别很小。

Encinar 和 González[17]进行了塑料在 TGA 中 10℃/min 热解的实验，得到 PS 热解的活化能为 231.9kJ/mol，PE 热解的活化能为 259.7kJ/mol，PET 热解的活化能为 235.7kJ/mol。总体来看，Encinar 和 González 得到的活化能值比本书的结果要低，可能的原因是 Encinar 和 González 假设了反应级数为 1，而在本书中，最小二乘法得到的反应级数在 1.5 左右。类似地，Varhegyi 等[18]进行了纤维素在 TGA 中 10℃/min 的热解，假设反应级数为 1.2，得到的活化能值为 234kJ/mol，也比本书的结果略低。

### 8.1.3　Macro-TGA 实验台上慢速热解的动力学特性

基元物质在 Macro-TGA 实验台上的慢速热解曲线如图 8.4 所示，与 TGA 中类似，升温速率为 10℃/min，温度区间为室温～1000℃。如图 8.4(a)所示，半纤维素的热解可以分为两个阶段，第一阶段的热解速率较高，第二阶段的热解较为缓慢。在 Macro-TGA 中，纤维素的热解只在 385.1℃有一个峰，如图 8.4(b)所示。木质素的热解有两个明显的峰。淀粉的热解规律与纤维素类似，这可能是由于它们都是由葡萄糖单体构成的。

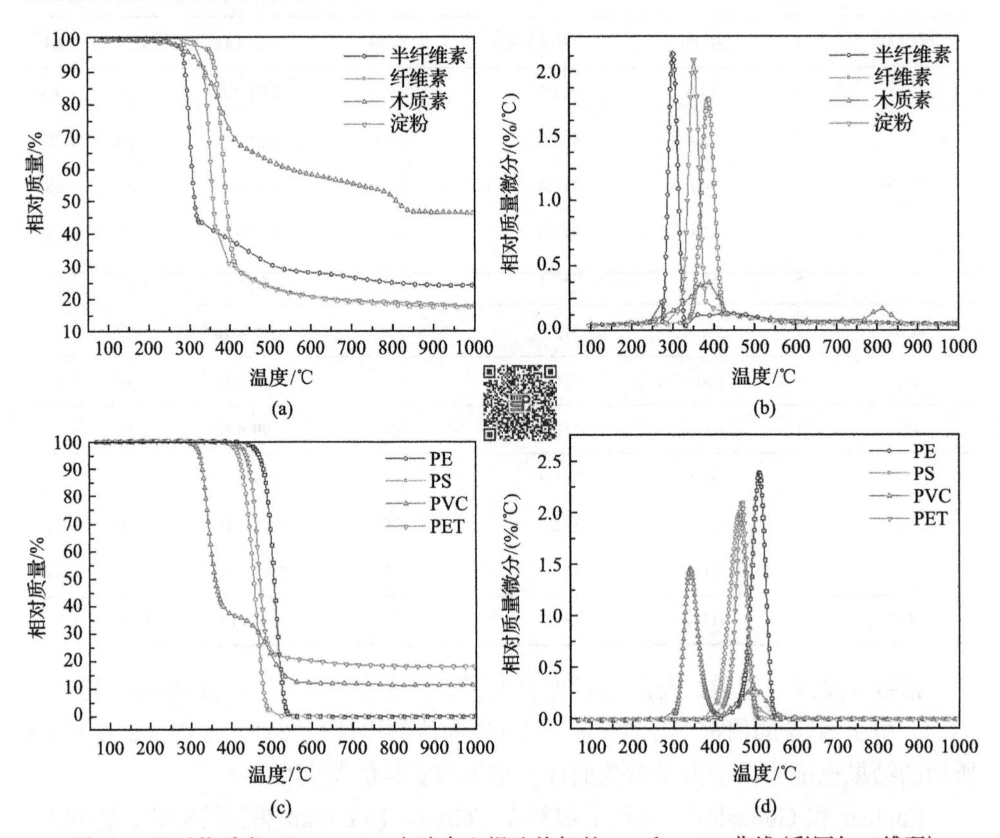


图 8.4　基元物质在 Macro-TGA 实验台上慢速热解的 TG 和 DTG 曲线(彩图扫二维码)

除 PVC 外，其他几种塑料的热解过程较为单一，主要热解区间位于 400～550℃，其热稳定性顺序为 PE＞PET＞PS，三者的热解 DTG 曲线峰值温度分别位于 509.1℃、467.4℃、463.1℃。PVC 的热解较为复杂，可以分为三段，开始于 300℃，结束于 550℃，有两个明显的峰，分别位于 341.5℃和 495.6℃。

生物质类基元在Macro-TGA实验台上慢速热解的动力学参数用PA-LSM进行计算。半纤维素的热解可以用两个峰进行模拟，如图 8.5(a)所示。纤维素的热解可以用单一峰进行拟合，而木质素的热解需要用三个峰进行拟合，相关系数为 0.9670。果胶和淀粉都可以用单一峰进行拟合。

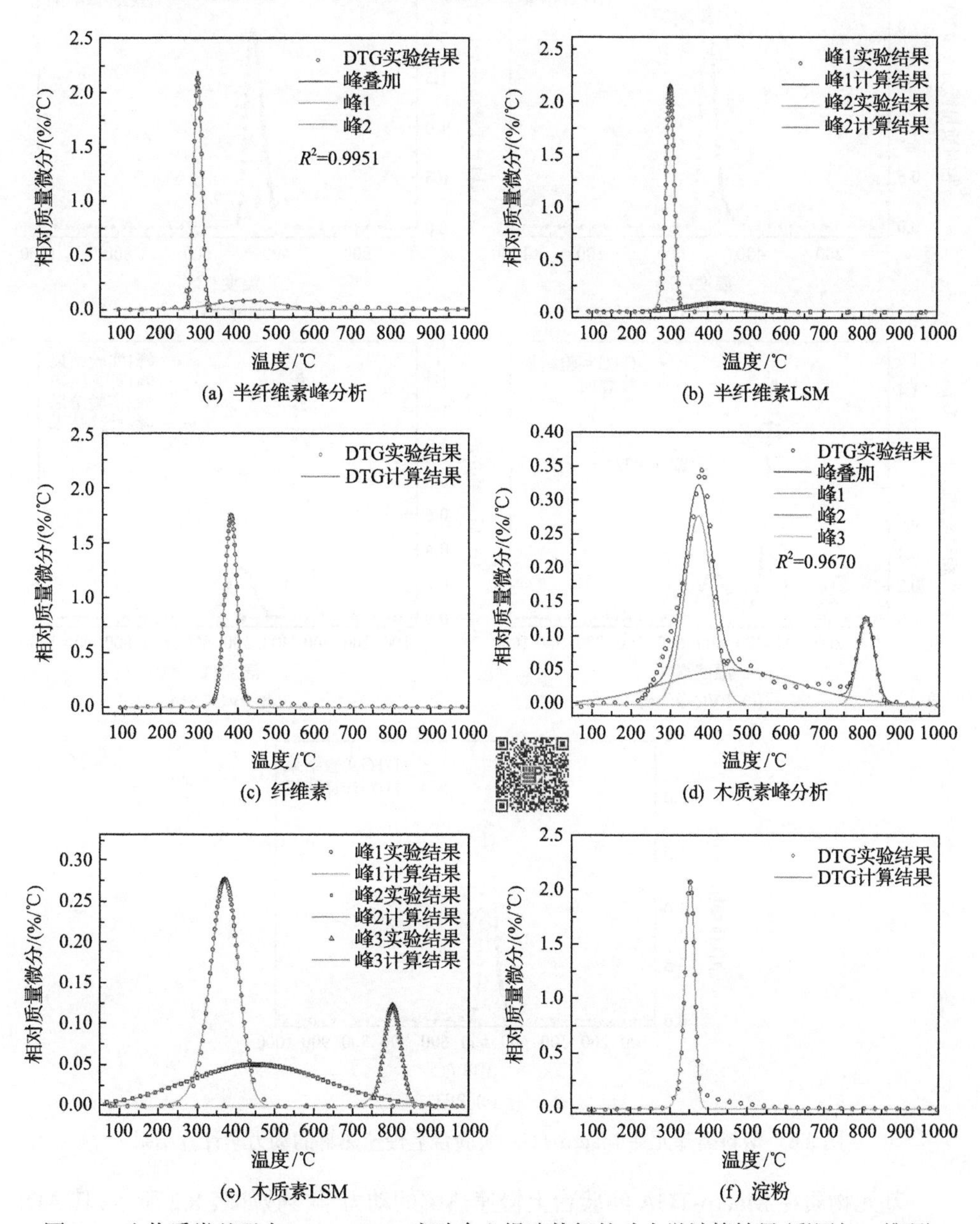


图 8.5　生物质类基元在 Macro-TGA 实验台上慢速热解的动力学计算结果(彩图扫二维码)

塑料类基元的动力学计算结果如图 8.6 所示，PE、PS、PET 均可用单一的峰进行拟合，并且相关系数较高，而 PVC 需要用两个峰进行拟合，如图 8.6(c)所示。

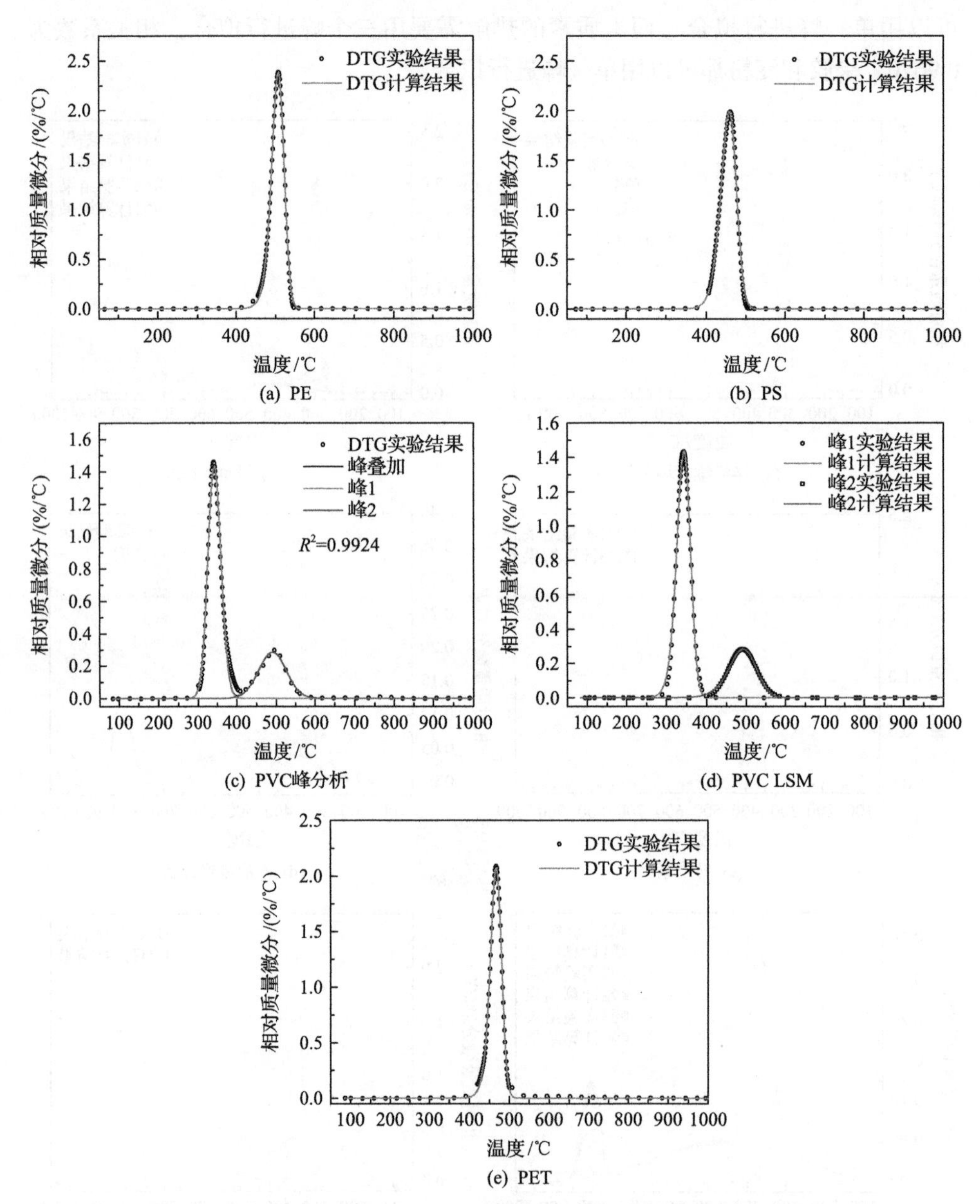


图 8.6　塑料类基元在 Macro-TGA 实验台上慢速热解的动力学计算结果

基元物质在 Macro-TGA 实验台上慢速热解的动力学参数如表 8.2 所示，其 ADI 值都小于 2，说明计算值与实验值符合较好。其活化能值从 18kJ/mol 到 588kJ/mol 不等。木质素热解的第二个反应活化能最小，为 18kJ/mol。反应的级数 $n$ 从 0.94 至 1.57 变化。

表 8.2　基元物质在 Macro-TGA 实验台上慢速热解的动力学参数

| 样品 | 反应 | 比例/% | 峰值温度/℃ | $E$/(kJ/mol) | $A/\text{min}^{-1}$ | $n$ | ADI |
|---|---|---|---|---|---|---|---|
| 半纤维素 | 1 | 76.1 | 301.5 | 350 | $8.34\times10^{31}$ | 1.57 | 1.65 |
| | 2 | 23.9 | 427.3 | 50 | $5.89\times10^{2}$ | 1.22 | 0.93 |
| 纤维素 | 1 | 100.0 | 385.1 | 291 | $8.57\times10^{22}$ | 1.53 | 1.64 |
| 木质素 | 1 | 46.3 | 373.0 | 113 | $4.16\times10^{8}$ | 1.41 | 1.46 |
| | 2 | 41.5 | 456.6 | 18 | $8.76\times10^{-1}$ | 0.94 | 0.78 |
| | 3 | 12.2 | 807.3 | 588 | $1.42\times10^{28}$ | 1.55 | 1.78 |
| 淀粉 | 1 | 100.0 | 351.8 | 330 | $3.29\times10^{27}$ | 1.56 | 1.79 |
| PE | 1 | 100.0 | 506.3 | 404 | $8.19\times10^{26}$ | 1.56 | 1.81 |
| PS | 1 | 100.0 | 456.6 | 283 | $988\times10^{19}$ | 1.53 | 1.76 |
| PVC | 1 | 71.1 | 343.1 | 236 | $7.16\times10^{19}$ | 1.53 | 1.76 |
| | 2 | 28.9 | 490.6 | 169 | $1.21\times10^{11}$ | 1.45 | 1.67 |
| PET | 1 | 100.0 | 466.2 | 413 | $1.26\times10^{29}$ | 1.56 | 1.82 |

### 8.1.4　Macro-TGA 实验台上快速热解的动力学特性

基元物质在 Macro-TGA 实验台上快速热解的动力学特性如图 8.7 所示。半纤维素的热解结束非常快(约 50s)，纤维素的热解结束于 75s，而木质素的热解是较为缓慢的过程(>300s)，淀粉的热解结束也较早。如图 8.7(b)所示，半纤维素和纤维素的 DTG 峰值较高，而淀粉的峰值最高，约为 6%/s。

为了定量地评价不同基元物质的快速热解过程，引入一些特征参数[19]，如表 8.3 所示。$\tau_{\text{end}}$ 代表热解的结束时间($\alpha$ =95%)；$(\mathrm{d}\alpha/\mathrm{d}\tau)_{\max}$ 代表最大失重速率；$\tau_{\max}$ 代表最大失重时间；$F$ 代表热解特性指数，定义如下：

$$F=\frac{(\mathrm{d}\alpha/\mathrm{d}\tau)_{\max}}{\tau_{\text{end}}\times\tau_{\max}} \tag{8-11}$$

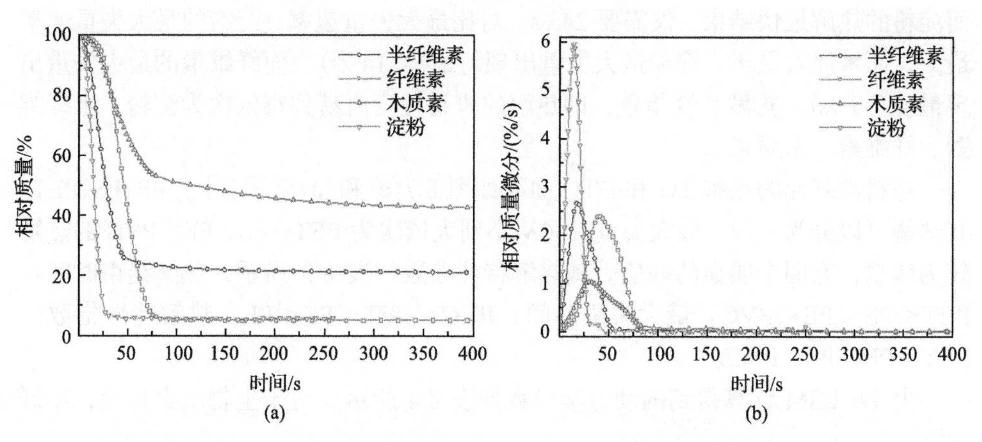

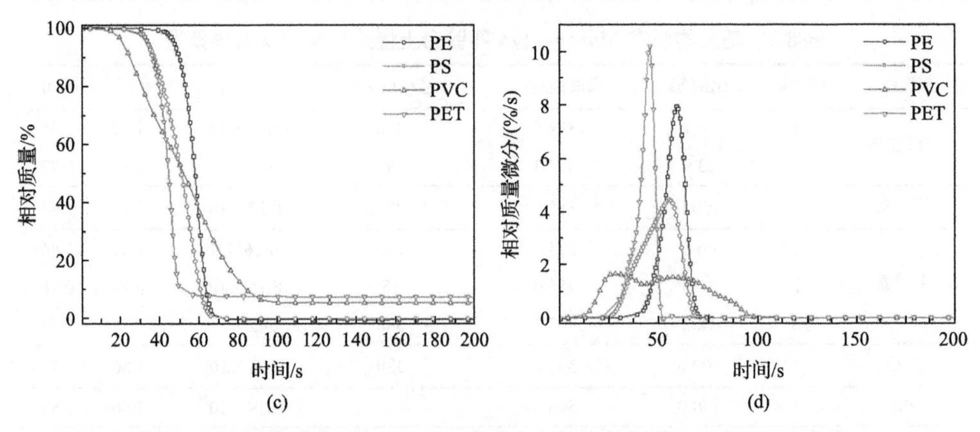


图 8.7　基元物质在 Macro-TGA 实验台上快速热解的 TG 和 DTG 曲线

**表 8.3　基元物质在 Macro-TGA 实验台上快速热解的热解特性参数**

| 样品 | $\tau_{end}$/s | $(d\alpha/d\tau)_{max}$/(%/s) | $\tau_{max}$/s | $F$/(%/s³) |
|---|---|---|---|---|
| 半纤维素 | 48.3 | 2.7 | 17.9 | $3.1\times10^{-3}$ |
| 纤维素 | 69.5 | 2.4 | 39.9 | $8.6\times10^{-4}$ |
| 木质素 | 208.4 | 1.0 | 30.7 | $1.6\times10^{-4}$ |
| 淀粉 | 24.6 | 5.9 | 14.2 | $1.7\times10^{-2}$ |
| PE | 65.3 | 8.0 | 59.2 | $2.1\times10^{-3}$ |
| PS | 62.8 | 4.4 | 55.7 | $1.3\times10^{-3}$ |
| PVC | 84.4 | 1.7 | 27.3 | $7.2\times10^{-4}$ |
| PET | 49.3 | 10.2 | 45.7 | $4.5\times10^{-3}$ |

热解特性指数 $F$ 由最大失重速率、最大失重时间和结束时间决定，代表了热解的难易程度。$F$ 越大，热解反应越容易发生[19]。

半纤维素的热解结束较早(48.3s)，木质素的热解持续了较长时间(208.4s)，而淀粉的热解最快结束，仅需要 24.6s。对比最大失重速率，淀粉的最大失重速率最大，而木质素最小。淀粉最大失重出现得最早(14.2s)，而纤维素的最大失重出现最晚(39.9s)。热解特性指数，即热解的难易程度由易到难依次为淀粉、半纤维素、纤维素、木质素。

塑料类基元的热解 TG 和 DTG 曲线如图 8.7(c)和(d)所示。对于 PE、PS、PET，其热解可以分为一段，最大失重时间从小到大依次为 PET、PS、PE。PVC 的热解较为缓慢，有两个明显的峰值。其热解特性参数如表 8.3 所示，热解结束时间：PET＜PS＜PE＜PVC，最大失重时间：PVC＜PET＜PS＜PE，热解特性指数：PET＞PE＞PS＞PVC。

由 PA-LSM 计算得到的动力学参数如表 8.4 所示。对于生物质类基元，半纤维素、纤维素、淀粉的热解均可看成是单一的峰，如图 8.8(a)、(b)、(e)所示。木质素的快速热解可以看成是两个峰，如图 8.8(c)和(d)所示。表 8.4 中较高的 $R^2$ 值说明了由动力学参数的计算值与实际值符合得较好。

**表 8.4　基元物质在 Macro-TGA 实验台上快速热解的动力学参数**

| 样品 | 反应 | 比例/% | $k$ | $n$ | $R^2$ |
| --- | --- | --- | --- | --- | --- |
| 半纤维素 | 1 | 100.0 | $1.19\times10^{-3}$ | 2.03 | 0.9995 |
| 纤维素 | 1 | 100.0 | $2.21\times10^{-6}$ | 3.32 | 0.9994 |
| 木质素 | 1 | 59.9 | $1.25\times10^{-4}$ | 2.57 | 0.9996 |
| | 2 | 40.1 | $2.84\times10^{-6}$ | 3.12 | 0.9970 |
| 淀粉 | 1 | 100.0 | $5.74\times10^{-4}$ | 2.67 | 0.9997 |
| PE | 1 | 100.0 | $7.06\times10^{-23}$ | 12.47 | 0.9999 |
| PS | 1 | 100.0 | $1.22\times10^{-12}$ | 6.88 | 0.9967 |
| PVC | 1 | 27.8 | $2.55\times10^{-6}$ | 3.73 | 0.9996 |
| | 2 | 72.2 | $2.43\times10^{-7}$ | 3.64 | 0.9997 |
| PET | 1 | 100.0 | $1.57\times10^{-22}$ | 13.17 | 0.9967 |

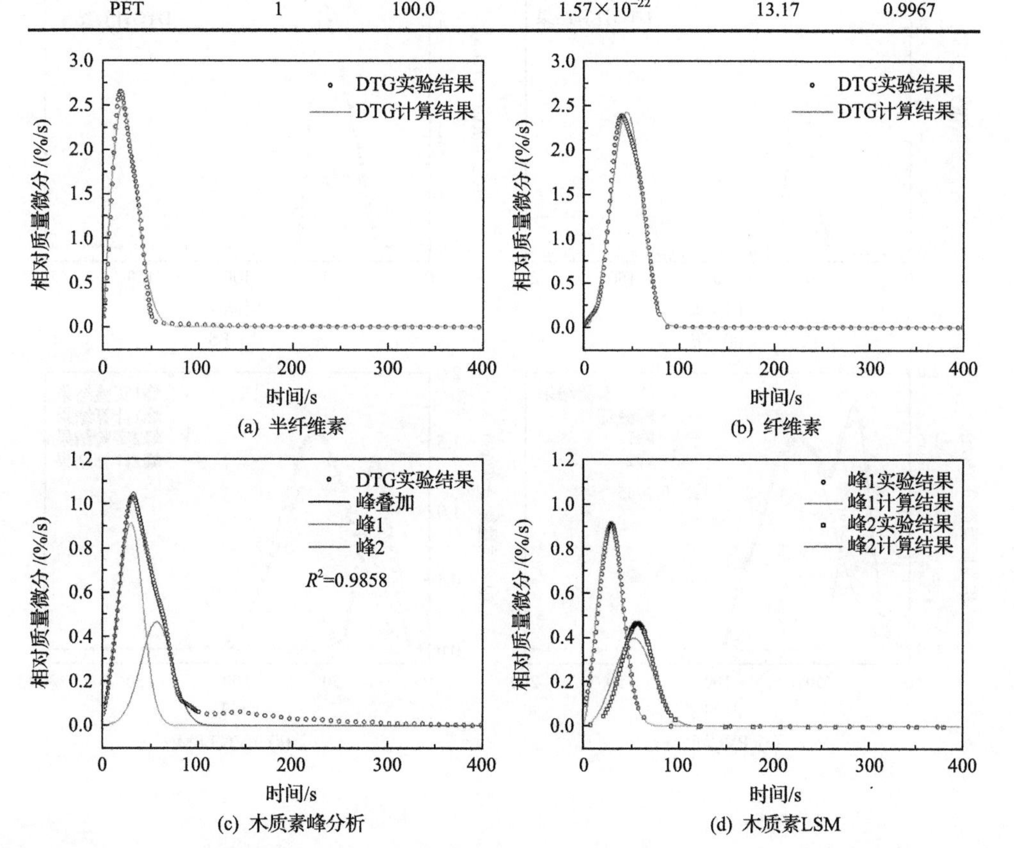


(a) 半纤维素　(b) 纤维素　(c) 木质素峰分析　(d) 木质素LSM

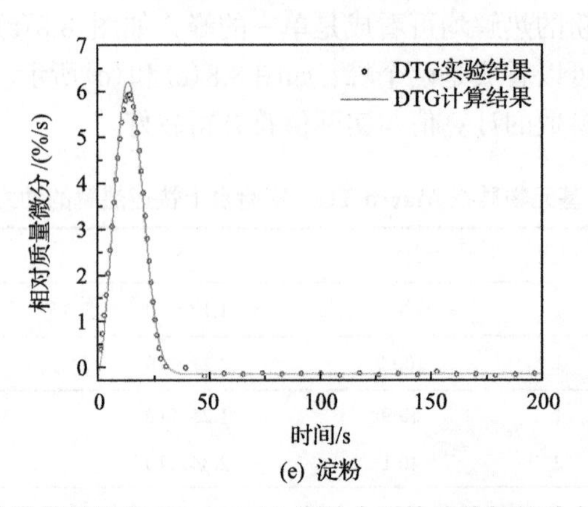


(e) 淀粉

图 8.8　生物质类基元在 Macro-TGA 实验台上快速热解的动力学计算结果

对于塑料类基元，PE、PS、PET 的热解可以视为单一峰，计算结果如表 8.4 和图 8.9 所示。PVC 的热解可以看成两个平行反应的叠加，如图 8.9(c)和(d)所示。

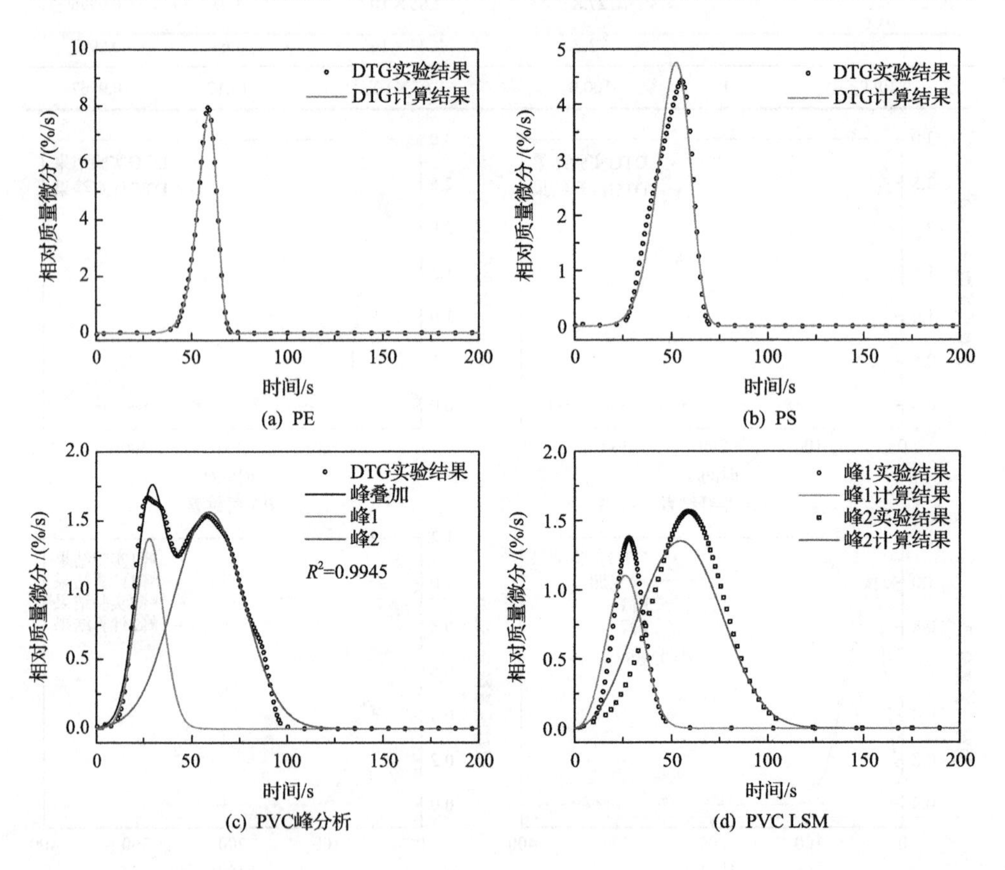

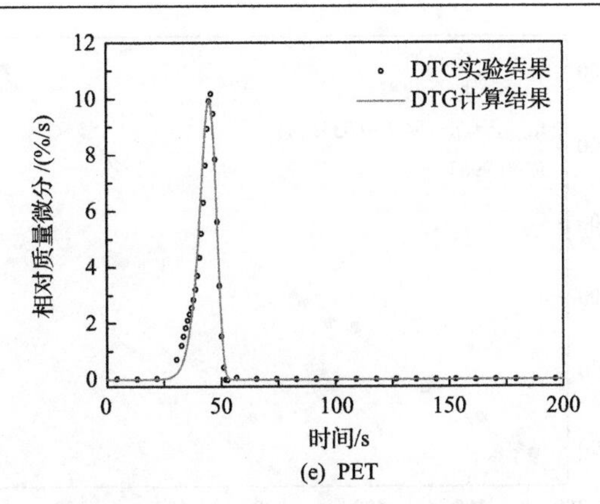

(e) PET

图 8.9　塑料类基元在 Macro-TGA 实验台上快速热解的动力学计算结果

### 8.1.5　不同条件下动力学特性的对比

1. TGA 和 Macro-TGA 慢速热解的对比

对于在 TGA 和 Macro-TGA 中的慢速热解，升温速率和气氛相同，反应器尺度不同，因此，热解动力学特性不同。如图 8.1 和图 8.4 所示，在 Macro-TGA 中的热解起始温度高于在 TGA 中，可能的原因是 TGA 被视为传热和传质过程皆可忽略的仪器，而在 Macro-TGA 中传热过程是不能忽略的。在 Macro-TGA 中，物质热解残余质量比 TGA 中更高，尤其是纤维素，在 TGA 中残余质量为 8.6%，而在 Macro-TGA 中残余质量为 17.4%。可能的原因是，在 Macro-TGA 中，样品量比 TGA 中高几个数量级，因此，传热传质过程的影响明显。在热解过程中，未反应的样品可能出现被惰性的焦炭包裹的情况，无法参与反应。

如图 8.2(a) 和图 8.5(a) 所示，TGA 中半纤维素热解过程的两个峰在 Macro-TGA 中合并为一个峰。果胶在 TGA 和 Macro-TGA 中热解曲线也有明显的不同。对于其他物质，TGA 和 Macro-TGA 曲线形状是相似的。值得注意的是，Macro-TGA 中 DTG 曲线的峰值比相应物质在 TGA 中 DTG 曲线的峰值要高，同样是由于在 Macro-TGA 中传热过程的影响明显。为了研究这种传热过程的影响，我们将各峰值进行了比较，结果如图 8.10 所示。

这种关系可以用 $t_{M\text{-}TGA}=t_{TGA}+(54.7-0.033t_{TGA})$ 表示，式中，$t_{M\text{-}TGA}$ 为 Macro-TGA 实验的峰温度；$t_{TGA}$ 为 TGA 实验的峰温度。温度的差异是由于在 Macro-TGA 中的传热情况不是一成不变的，而是温度的一次函数。当温度越高时，辐射传热越强，温度差异越小。

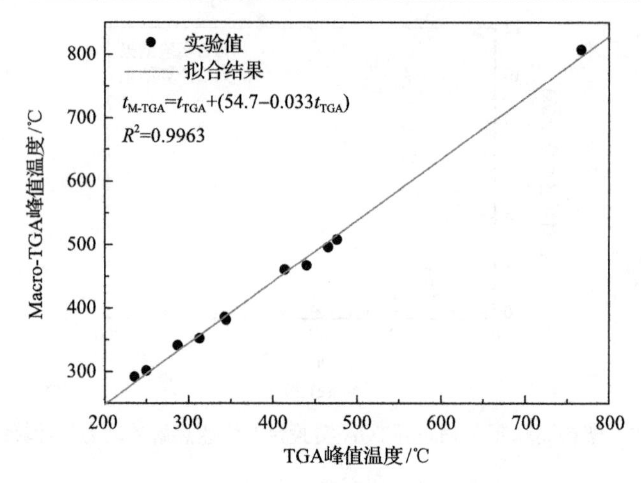


图 8.10　TGA 和 Macro-TGA 中慢速热解 DTG 曲线峰值温度的对比

2. Macro-TGA 上慢速热解和快速热解的对比

快速热解的残余质量比慢速热解要小，尤其对于纤维素。Wu 等[20]的研究也表明，当升温速率从 5℃/min 增加至 40℃/min 时，残余质量从 25.45%下降至 21.21%。可能有两个原因：一方面，慢速热解过程中，样品内部升温缓慢，这意味着在样品外部进行反应时，内部可能保持未反应状态，而后外部反应生成的焦炭将阻止向内部传热；另一方面，在快速热解过程中，快速的升温速率和激烈的反应对样品的扰动比较强烈，生成了大量的碳烟，因此，快速热解的残余质量低于慢速热解。

慢速热解的多个峰在快速热解时将变得难以区分，Shen 等[21]在 TGA 中的研究也表明，在较高的升温速率下，半纤维素热解的两个峰发生合并。快速热解过程中的反应级数 *n* 普遍大于 2，而对于慢速热解，反应级数一般小于 2。

本小节通过 9 种基元物质在 TGA、Macro-TGA 中慢速热解和快速热解的实验，得到了基元物质在不同反应条件下的动力学特性，采用 PA-LSM 方法及平行反应模型，得到了相应的动力学参数。动力学特性是热化学反应的基本特性之一，也为后面的章节打下了基础。

## 8.2　质量分布特性

本节在水平固定床上研究了基元物质热解过程中的质量分布特性(气体、焦油和固体的产率)，同时研究了气体的组成及焦油中多环芳烃的生成特性，所用样品为干燥基。

基元物质热解的产物(气体、焦油、固体)分布特性如表 8.5 所示。产物分布的计算方法为相应产物(气体、焦油、固体)的质量除以热解样品的质量(约 1g)。质量平衡的计算方法为反应后得到的产物质量与反应前放入的样品质量之比，如表 8.5 所示，各反应的质量平衡为 88.9wt%～102.5wt%，可以保证实验的准确性。

**表 8.5　基元物质热解过程产物分布特性**

| 样品 | 半纤维素 | 纤维素 | 木质素 | 淀粉 | PE | PS | PVC | PET |
|---|---|---|---|---|---|---|---|---|
| 气体/wt% | 45.0 | 69.5 | 35.3 | 62.2 | 46.3 | 5.7 | 53.1 | 47.2 |
| 焦油/wt% | 43.2 | 26.3 | 22.8 | 30.8 | 42.6 | 84.3 | 32.2 | 38.2 |
| 固体/wt% | 8.6 | 0.0 | 41.3 | 7.7 | 0.0 | 2.3 | 17.2 | 4.5 |
| 质量平衡/wt% | 96.9 | 95.7 | 99.5 | 100.7 | 88.9 | 92.3 | 102.5 | 89.9 |

如表 8.5 所示，对于生物质类基元，纤维素和淀粉产生的气体量最大，而残余固体的质量较低，这与它们的工业分析的结果一致，也与其他研究的结果一致[22]。Shen 和 Gu[23]报道了纤维素在 730℃的热解，焦炭量为 1.03wt%。木质素产生的气体量最小(35.3wt%)，半纤维素产生的焦油量最大(43.2wt%)，木质素产生的焦油量最小(22.8wt%)。此外，木质素产生的固体残余最多(41.3wt%)，这与木质素中较高的固定碳和灰分有关。纤维素热解的高挥发分和木质素热解的低挥发分与前面的 TGA 结果一致(图 8.1)。值得注意的是，纤维素和淀粉热解的质量分布特性类似，这可能是由于它们都是由葡萄糖单体构成的[24,25]。

对于塑料类基元，PVC、PET、PE 产生的气体量较大，PS 产生的气体量最少。相应地，PS 产生的焦油量最大(84.3wt%)，该结果与 Scott 等[26]的研究一致。PVC 的热解产生了 46.0wt%的 HCl，这比 PVC 中的氯含量(56.96wt%)要低，因此，有一部分氯进入了焦油或者固体中，Masuda 等[27]报道了相似的结果。Iida 等[28]使用 Py-GC 进行了 PVC 在 700℃的热解实验，检测到了焦油中的多种氯苯。

本小节通过 9 种基元物质在水平固定床的热解实验，通过质量平衡的计算，验证了实验的准确性，比较了各基元物质热解过程中产物质量分布特性的不同，后面的 8.3 节和 8.4 节是对本小节的展开，具体分析了气体和焦油的成分。

## 8.3　气体生成特性

### 8.3.1　TGA-FTIR 实验台上的气体生成特性

根据朗伯-比尔(Lambert-Beer)法则，气体在特定波数下的红外光谱吸收率与气体浓度呈线性关系。因此，在 TGA-FTIR 实验中，FTIR 检测到的在全过程中吸收率的波动可以反映气体产量的趋势[29]。在生物质类基元物质热解的 FTIR 谱图中，2384cm$^{-1}$、2180cm$^{-1}$、2969cm$^{-1}$、3018cm$^{-1}$、1747cm$^{-1}$、1182cm$^{-1}$ 分别可以看成

$CO_2$、CO、烷基、烯基、羰基、羧基的特征峰值，如表 8.6 所示。而水蒸气的波谱比较宽泛且复杂，且受其他气体影响严重，难以找到其特征峰。

**表 8.6　FTIR 中各气体的特征峰值**

| 气体 | $CO_2$ | CO | 小分子烷烃 | 小分子烯烃 | 醛酮 | 羧酸 | $C_9$～$C_{14}$脂肪烃 | 苯乙烯 | HCl | 苯 |
|---|---|---|---|---|---|---|---|---|---|---|
| 特征峰值/$cm^{-1}$ | 2384 | 2180 | 2969 | 3018 | 1747 | 1182 | 2933 | 695 | 2727 | 3085 |

半纤维素热解 DTG 曲线的两个峰值温度下气体的产生如图 8.11(a)和(b)所示，在 244.9℃和 296.1℃产生的气体的谱图大致相同，说明这两点的热解机理是相似的。考虑到实验中所有的半纤维素是木聚糖，说明该样品中含有两种相似的大分子，热稳定性不同。半纤维素热解生成的主要气体包括 $CO_2$、$H_2O$、烷烃类、醛酮类和羧酸类，各气体随温度的产生情况如图 8.11(c)所示，几种气体产生的峰与 DTG 曲线的峰值是符合的。

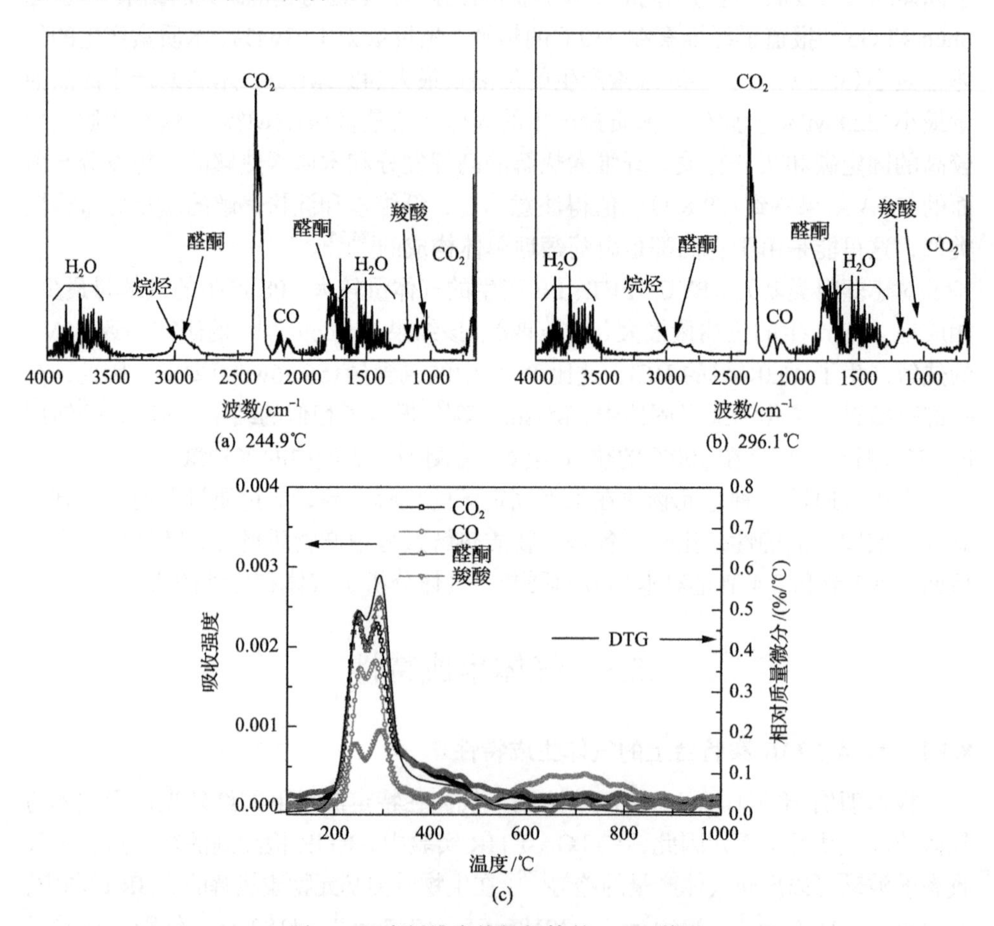


图 8.11　半纤维素热解气体的 FTIR 谱图

如图 8.12(a)所示，纤维素在 344.2℃产生的气体主要有 $CO_2$、CO、$H_2O$、烷烃类、醛酮类和羧酸类。如图 8.12 所示，纤维素的结构中包含了大量的羟基和醚键，是谱图中羧酸、$CO_2$ 和 CO 的来源[25]。所有气体在 344.2℃附近达到最大值，这也与 DTG 曲线是一致的，如图 8.12(b)所示。

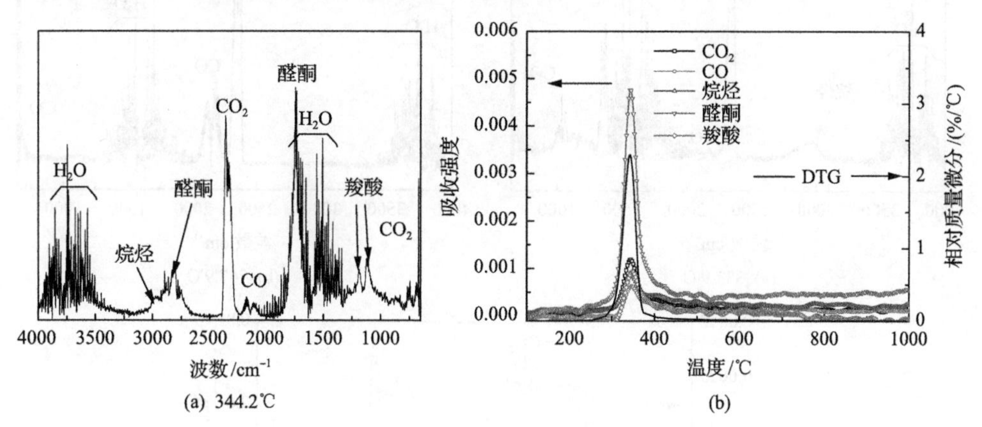


图 8.12　纤维素热解气体的 FTIR 谱图

木质素的热解主要有两个过程，第一个过程为 100～600℃，第二个过程为 700～800℃。如图 8.13(a)所示，在 337.9℃产生的主要气体是 $CO_2$、$H_2O$、CO 和烷烃类，$CO_2$ 和 CO 主要来源于木质素结构中的—OH 和—O—[30]，产生烷烃类的主要原因是木质素单体含有大量的甲基。第二个阶段与第一个阶段明显不同，在 767.9℃，仍然产生 $CO_2$ 和 $H_2O$，同时产生较大量的 CO，烷烃类气体则没有出现，说明在该温度段前甲基已经完成脱落。各气体的产生过程如图 8.13(c)所示。在半纤维素和纤维素热解过程中出现的醛酮和羧酸在木质素的热解过程中没有出现。

淀粉的热解在 DTG 峰值温度(312.8℃)产生的主要气体有 $CO_2$、CO、$H_2O$、醛酮类和羧酸类。如图 8.14(b)所示，$CO_2$ 和醛酮在该温度达到最大值。淀粉的单体是吡喃葡萄糖[24]，其官能团包括—OH、—$CH_2$—、—C—OH、—$CH_2OH$、—CHOH 以及—O—，如图 8.14(a)所示。在低温下，CO 形成于醚键的断裂[31]。烷烃类主要是甲烷，来源于亚甲基的裂解[29]。羧酸的生成与其他研究者的结果相似[32]，羧基和 $CO_2$ 可能主要来源于—OH 的裂解。实际上，乙酸在 440℃以上可以分解为 $CO_2$：$CH_3COOH \longrightarrow CO_2+CH_4$[33]。

PE 的热解较为单纯，其 DTG 曲线仅有一个峰，位于 474.0℃，该点产生的气体主要为 $C_9$～$C_{14}$ 烷烃和烯烃，由于这些物质 FTIR 的特征峰较为接近，因此难以进行细分。如图 8.15 所示，这些脂肪烃的生成过程与 DTG 曲线大体一致。

PS 的热解与 PE 相似，在 412.5℃达到峰值，该点的气体成分主要为苯乙烯，如图 8.16(b)所示，苯乙烯的产生量变化趋势与 DTG 曲线一致。

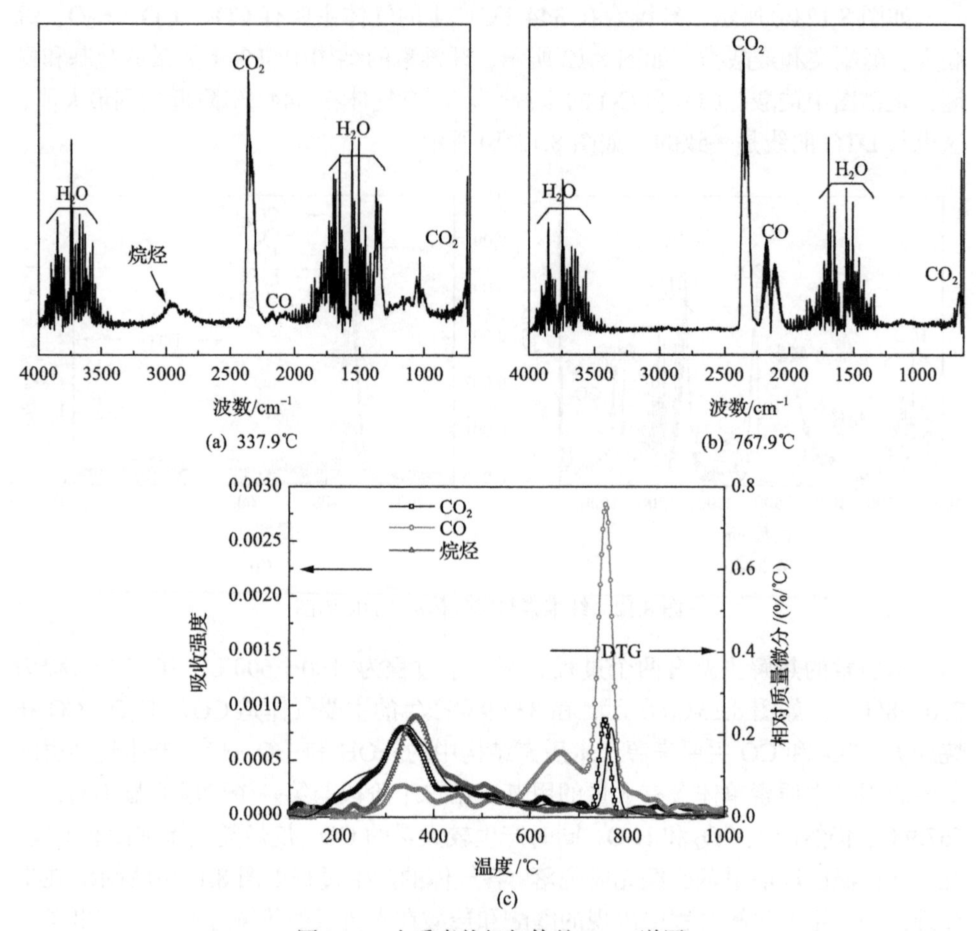


图 8.13　木质素热解气体的 FTIR 谱图

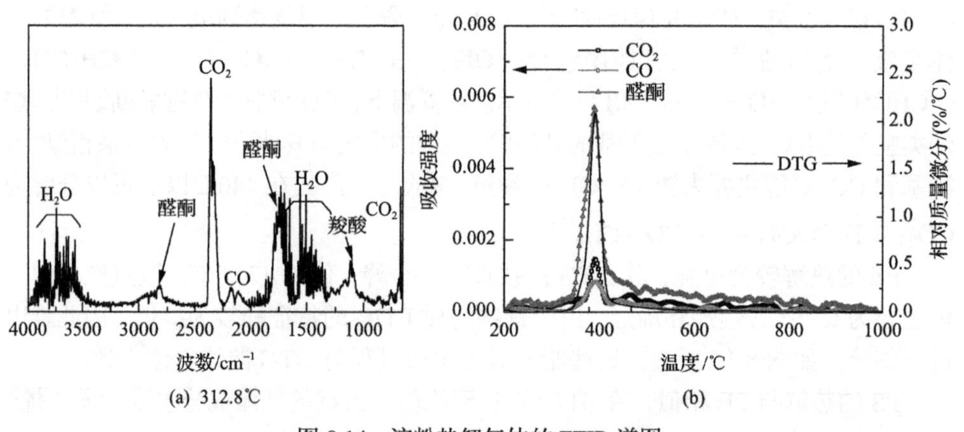


图 8.14　淀粉热解气体的 FTIR 谱图

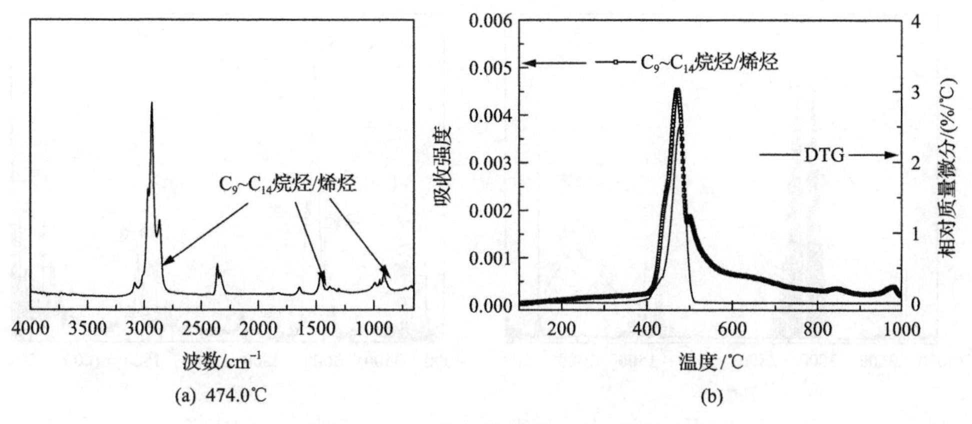


(a) 474.0℃　(b)

图 8.15　PE 热解气体的 FTIR 谱图

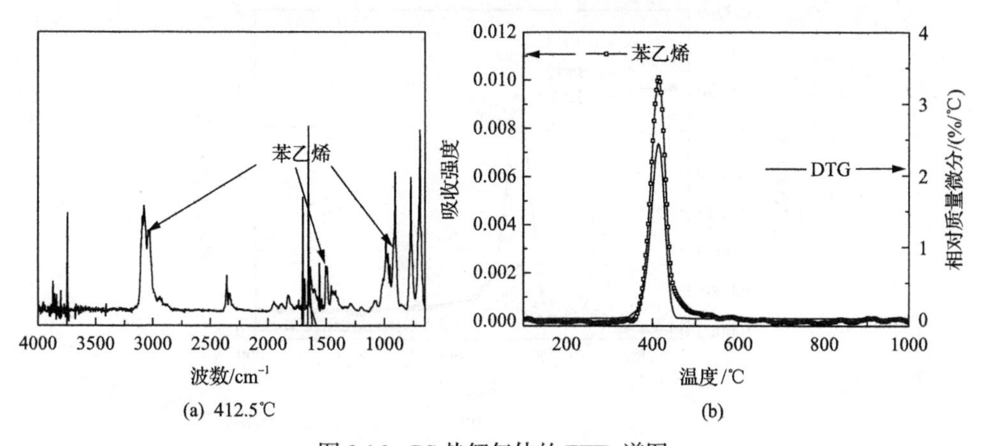


(a) 412.5℃　(b)

图 8.16　PS 热解气体的 FTIR 谱图

PVC 热解可以分为两个过程,第一阶段的失重量约为 56%,峰出现于 286.5℃。如图 8.17(a)所示，该点主要的气体为 HCl 和苯，这与其他研究的结果一致[28]，说明该过程为 PVC 的脱氯过程。而第二个峰值位于 461.3℃，主要气体为烷烃和烯烃，来源于脱氯后的再分解，各气体的产生过程如图 8.17(c)所示。研究表明，高温有助于脂肪烃的生成[28]。PVC 热解的第一步主要是高聚物的脱氯反应，生成 HCl 和双键。第二步，脱氯后的物质再分解，生成小分子的碳氢化合物，包括脂肪烃和芳香烃[34]。

PET 的热解生成的气体种类较多，如图 8.18(a)所示，在 437.7℃，主要生成 $CO_2$、CO、$H_2O$、烷烃、醛酮、羧酸。其中，$CO_2$、CO、醛酮的产生情况如图 8.18(b)所示。值得注意的是，$CO_2$ 除了在 437.7℃有峰值以外，在 600℃左右还有一个峰值。

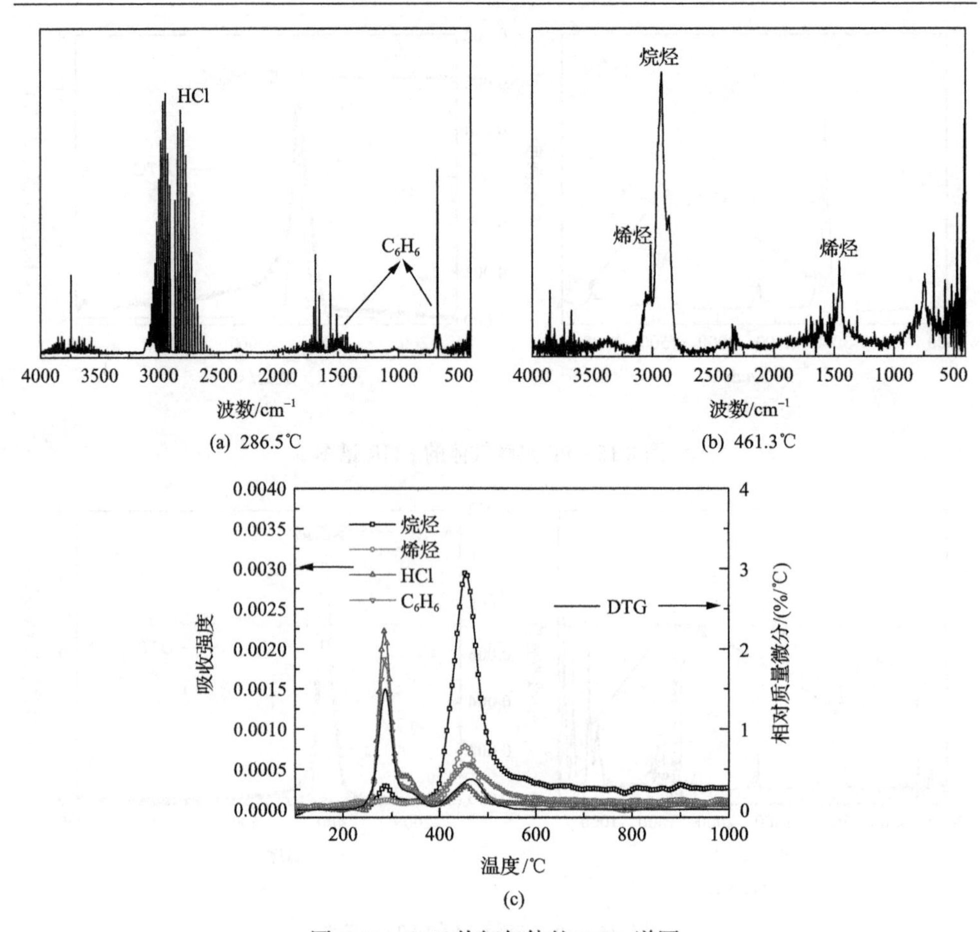


图 8.17　PVC 热解气体的 FTIR 谱图

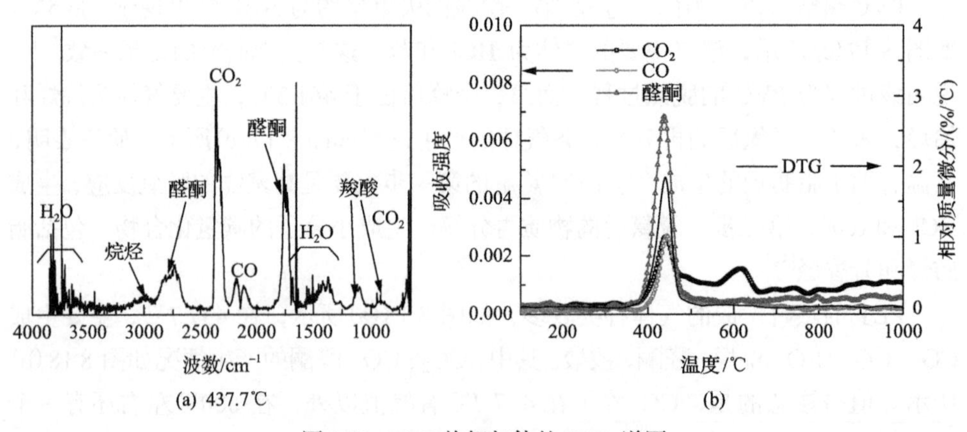


图 8.18　PET 热解气体的 FTIR 谱图

### 8.3.2　固定床快速热解的气体生成特性

水平固定床热解过程产生的气体通过气相色谱进行了测量。如图 8.19 所示，生物质类基元每克样品产生的 $H_2$ 大约为 100mL，比塑料类基元产生的 $H_2$ 多。纤维素和淀粉产生的 CO 最多(约 300mL/g)，纤维素热解较高的 CO 产量与其他的研究结果一致[35]。CO 生成于分子内的 C—O—C 键[31]，这恰恰是纤维素和淀粉结构中含量较高的化学键。PET 产生的 $CO_2$ 最多，这可能源于分子内的—COO—基团。对于除木质素与 PE 以外的物质，$CH_4$ 和 $C_2$～$C_4$ 的生成特性相似，但木质素生成较多的 $CH_4$，源于分子内的—$CH_3$ 结构；PE 生成的 $C_2$～$C_4$ 较多。

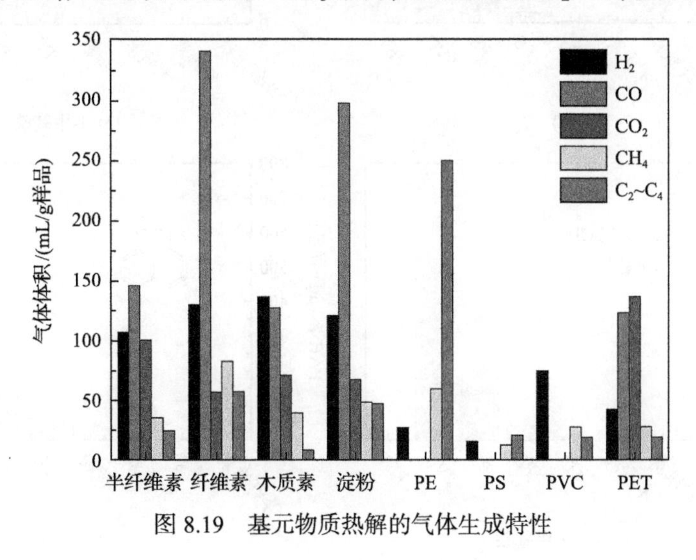


图 8.19　基元物质热解的气体生成特性

## 8.4　多环芳烃生成特性

焦油中的多环芳烃使用 GC/MS 进行了定量分析。如图 8.20 所示，塑料类基元，尤其是 PS 和 PVC，生成较多的多环芳烃。PS 生成最多的萘、芴、菲、蒽、芘，而 PVC 生成最多的 1-甲基萘、2-甲基萘、苊烯、苊、荧蒽、苯并[*a*]蒽和䓛。

PE 热解焦油中含有萘、甲基萘、苊烯、苊、芴以及菲，Williams 等[36]用流化床进行了 PE 的热解实验，反应温度为 700℃，也检测到了这些多环芳烃。

在生物质类基元中，木质素生成了除荧蒽以外的各种多环芳烃。纤维素生成少量的萘、苊烯、芴、菲和蒽，这和 Stefanidis 等[37]的研究结果一致。半纤维素热解生成萘、甲基萘、苊烯、苊、芴、菲、蒽、芘，然而没有检测到荧蒽、苯并[*a*]蒽和䓛。然而，Yu 等[38]在夹带流气化反应器中的半纤维素的实验证明，当空气化学当量比为 0.2 时，产物中存在荧蒽和苯并[*a*]蒽。

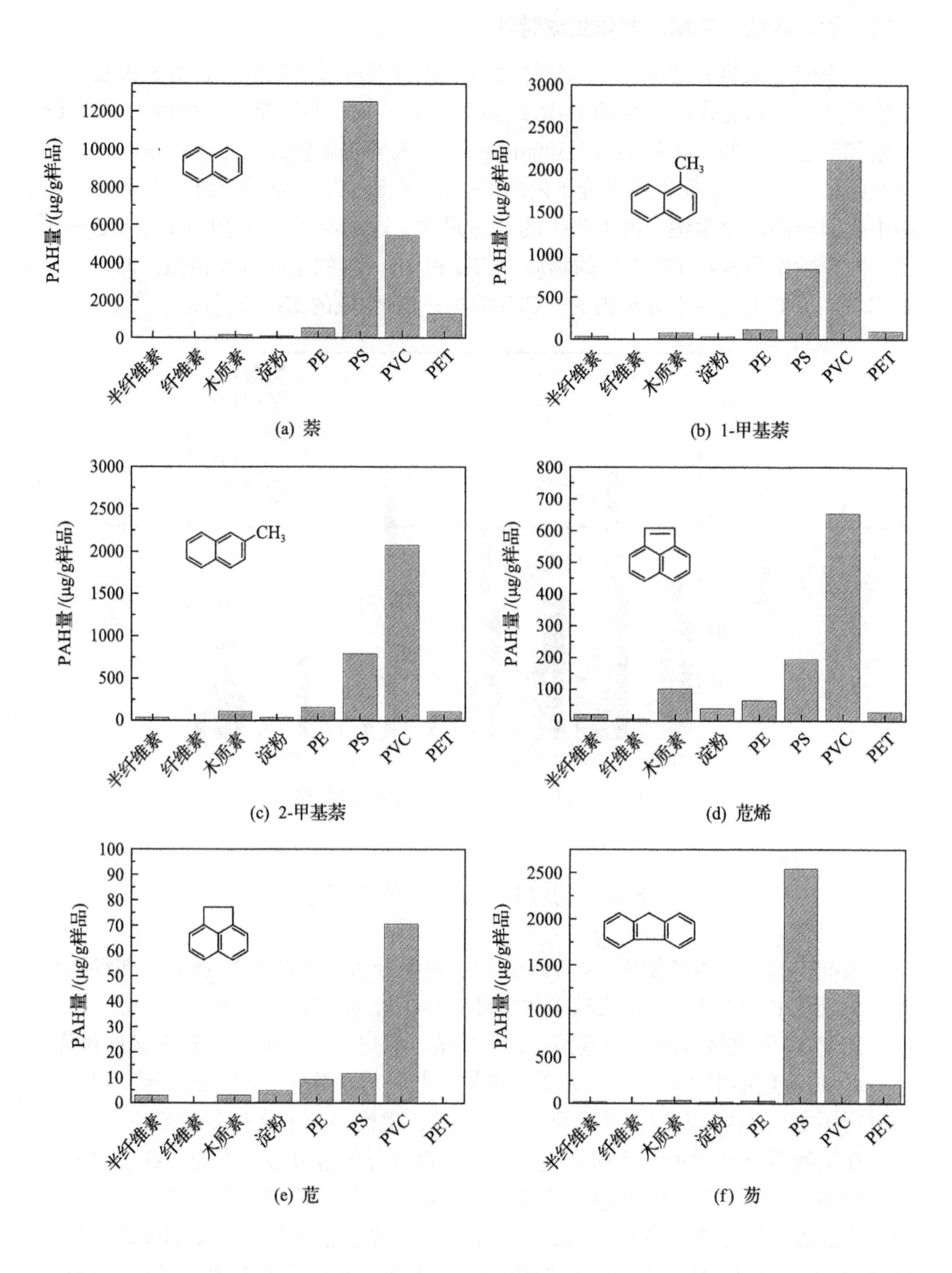
PAH量/(μg/g样品)
12000
10000
8000
6000
4000
2000
0
半纤维素
纤维素
木质素
淀粉
PE
PS
PVC
PET
(a) 萘
3000
2500
2000
1500
1000
500
CH3
(b) 1-甲基萘
(c) 2-甲基萘
800
700
600
500
400
300
200
100
(d) 苊烯
100
90
80
70
60
50
40
30
20
10
(e) 苊
(f) 芴

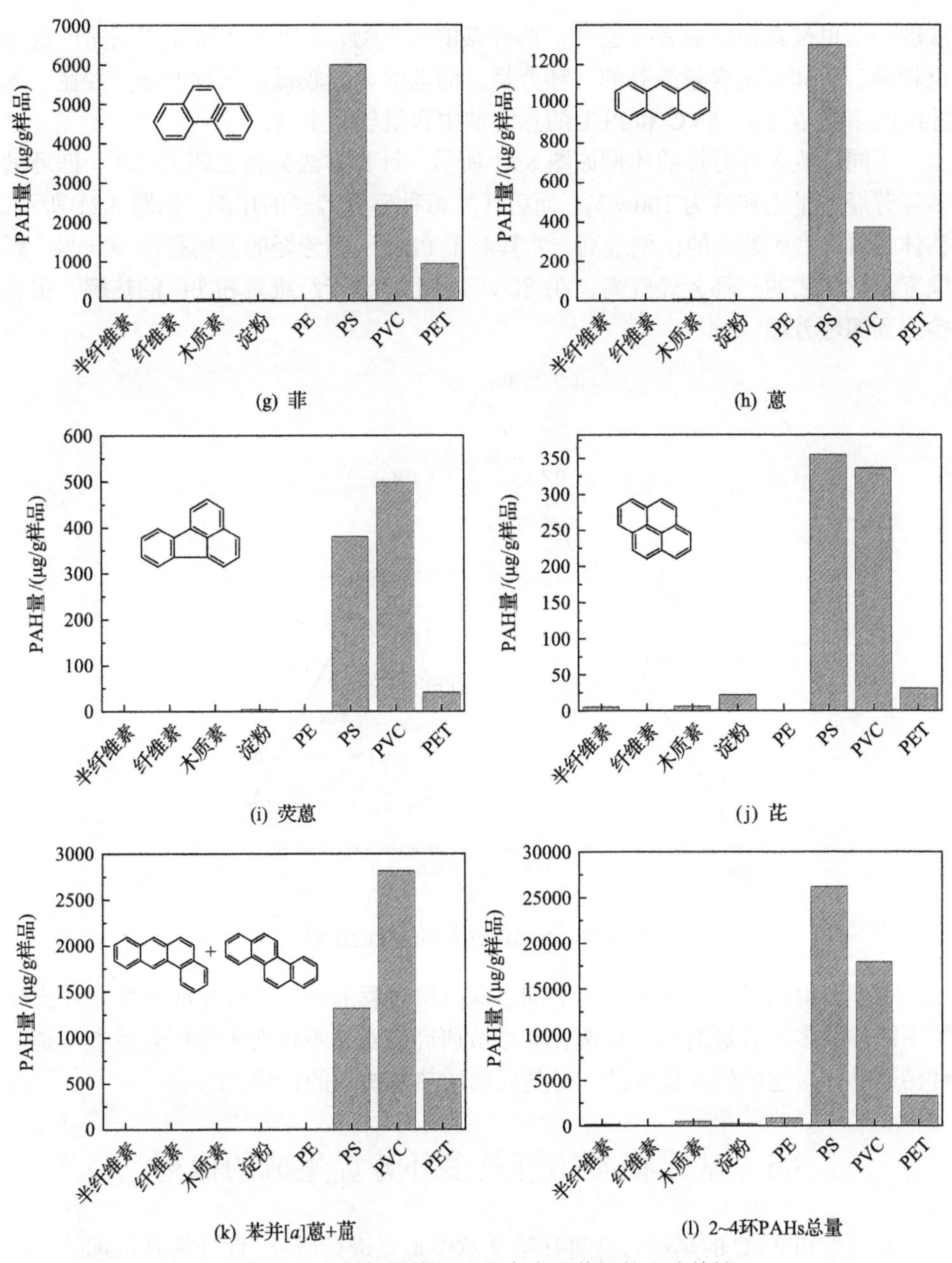


图 8.20　基元物质热解过程中多环芳烃的生成特性

多环芳烃的总生成量如图 8.20(l)所示，PS 生成的多环芳烃最多，其次分别为 PVC、PET、PE 和木质素。总体来讲，塑料类基元生成的多环芳烃远大于生物质类基元。

萘是最简单的多环芳烃，也是焦油中含量最丰富的多环芳烃，PVC 热解中高浓度的萘也被其他研究者报道[28]。两种萘的衍生物，1-甲基萘和 2-甲基萘的含量也较高。菲和芴是含量最高的三环芳烃，而苊的含量较低。三种四环芳烃芘、苯并[a]蒽和䓛在 PS、PVC 和 PET 的热解油中含量较为丰富。

不同环数多环芳烃的比例如图 8.21 所示，计算方法为将二环、三环、四环的多环芳烃质量之和视为 100wt%，而后计算每种环数芳烃的比例。如图 8.21 所示，整体来看，二环芳烃的比例最高，尤其对于 PE，二环芳烃的比例高达 90wt%。纤维素热解生成的三环芳烃较高，在 80wt%以上。对于纤维素和 PE 的热解，很难检测到四环芳烃。

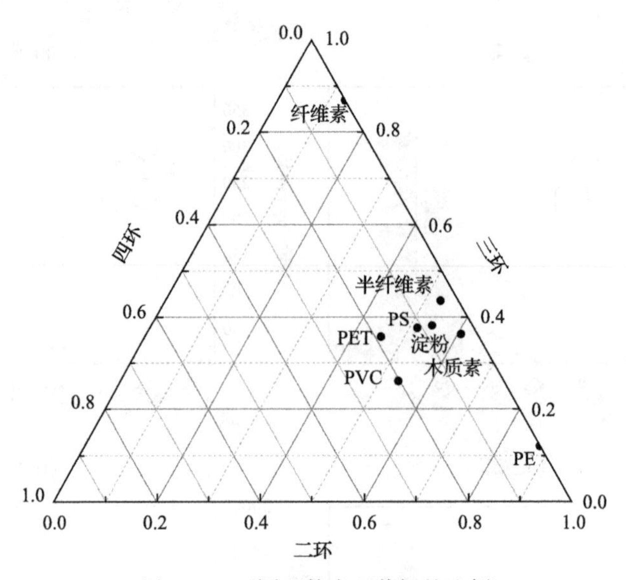


图 8.21　不同环数多环芳烃的比例

本小节得到了基元物质在水平固定床热解过程的多环芳烃生成特性，并比较了不同环数多环芳烃的相对比例。本小节研究的意义不仅在于多环芳烃本身是一种污染物，对它的研究也有助于对基元物质热解机理的认识。

# 8.5　基元物质热解及多环芳烃生成的机理

木质素和 PVC 的热解特性将在第 9 章中重点进行研究，此处将其机理的分析略过。

多环芳烃的生成可能有多种机理，其中，脱氢加乙炔(hydrogen abstraction acetylene addition，HACA)机理被广泛认可[39]。如式(8-12)所示，萘可以由苯通过中间产物苯乙炔生成，在本书研究中，苯的同系物在焦油中含量较高。

$$\xrightarrow[-H_2]{+C_2H_2} \qquad \xrightarrow[-H_2]{+C_2H_3} \tag{8-12}$$

因此，单环化合物(如苯、苯乙烯等)，可以视为多环芳烃的前驱物。对于含有芳香环的物质，如PS、PET、木质素，多环芳烃主要可能由芳香环通过HACA机理生成[39]。在这三种物质中，PS的芳香环质量比例最高，这也可能是PS生成最多多环芳烃的原因。除此之外，苯乙烯被认为是PS热解的主要产物，如图8.16的FTIR结果所示。根据Shukla和Koshi[39]的研究，苯乙烯可以脱氢转化为苯乙炔，而$C_2H_3$邻位取代苯乙炔可以生成萘，如式(8-13)所示，这可能是PS热解生成最多多环芳烃的原因。

$$\left[ CHCH_2 \right] \xrightarrow{\Delta} \qquad \xrightarrow{-H_2} \qquad \xrightarrow[-H]{+C_2H_3} \tag{8-13}$$

PE可能通过二次反应——Diels-Alder反应，由烯烃和二烯烃生成多环芳烃[40]。同时，苯乙烯和苯乙炔可能通过式(8-14)和式(8-15)由脂肪烃生成[39]。

$$C_4H_5 + C_4H_4 \longrightarrow C_8H_8 + H \tag{8-14}$$

$$C_4H_5 + C_4H_2 \longrightarrow C_8H_6 + H \tag{8-15}$$

研究表明，在高温和长停留时间下，多糖类物质(半纤维素、纤维素、果胶、淀粉)生成多环芳烃可能有两种机理，即Diels-Alder反应和含氧芳香化合物的脱氧[41]。由于气相中的烯烃和二烯烃浓度很低，Diels-Alder反应发生的可能性较小。多糖类物质生成多环芳烃可能以苯和环戊二烯(cyclopentadiene，CPD)作为中间物质[37]。在这些物质热解的焦油中，苯的烷基取代物较多。

大分子多环芳烃可以由小分子多环芳烃或者单环芳香物生成。萘有不同的生长路径，可以分别生成苯系多环芳烃(benzenoid polycyclic aromatic hydrocarbons，Bz-PAHs)和五环融合多环芳烃(cyclopentaring-fused polycyclic aromatic hydrocarbons，CP-PAHs)。

苊烯可以由萘的乙炔加成反应生成，乙烯基萘的发现证明了这种机理[42]。对于所有的样品，苊烯的量比苊高，这与乙烯高温热解的结果相同[39]。因此，苊很可能由苊烯的亲电加成反应生成，如图8.22所示。研究表明，从苊烯通过HACA机理进一步生成更大的PAHs是可能的[39]。Wang和Violi[43]报道了苊烯中的1,2-双键比3,4-双键及4,5-双键更活泼，这解释了荧蒽的生成，如图8.22所示。

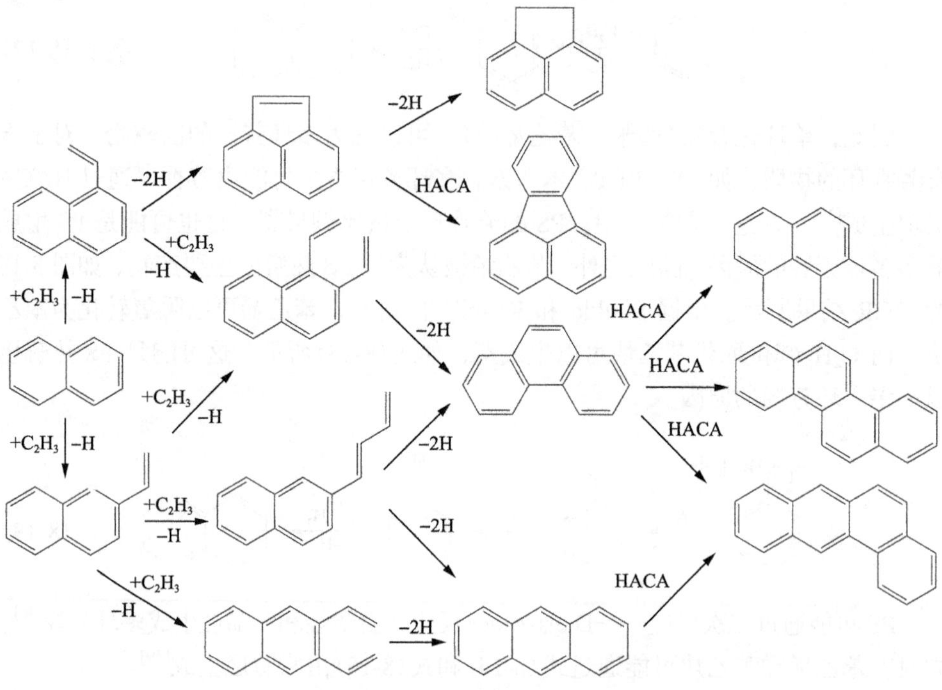

图 8.22 从萘开始的 HACA 机理

通过上述机理生成 Bz-PAHs 占了约 25%，而其余的 75%属于 CP-PAHs[44]，Richter 和 Howard[45]及 Marsh 和 Wornat[46]也认为从萘通过 HACA 机理生成菲的可能性较小。然而，如图 8.20(g)和(h)所示，菲和蒽的量较大，因此，可能有另一种机理生成 Bz-PAHs。Kim 等[42]认为，Bz-PAHs 可能生成于萘/CPD 或者 CPD/茚的相互作用，如图 8.23 和图 8.24 所示。由于 CPD 沸点较低，在本研究中不能被检测到，然而可以在除了 PE 以外所有样品的焦油中检测到大量的茚。

在所有样品的焦油中，菲的量远高于蒽的量，Kislov 等[44]的研究也表明菲的浓度比蒽的浓度高一个数量级。如图 8.23 所示，CPD 可能取代萘的 $\alpha$ 位或者 $\beta$ 位。这种选择性可以参考中间产物的共振特性，对于 $\alpha$ 位取代的中间产物，有 7 种共振结构，其中 4 种保留了芳香环；对于 $\beta$ 取代，有 6 种共振结构，只有两种有芳香性。$\alpha$ 取代生成更多的菲，而 $\beta$ 取代生成更多的蒽，如图 8.23 所示。因此，菲比蒽更容易生成。

如图 8.21 所示，PE 热解焦油的多环芳烃环数分布特性与其他物质存在着明显的不同。PE 生成了大量的萘和一定量的苊烯和苊，然而菲和蒽的量非常低，这表明 HACA 过程的发生，但是如图 8.23 和图 8.24 所示的机理并未发生。在 PE 热解的焦油中，没有检测到茚，证实了这一猜想。

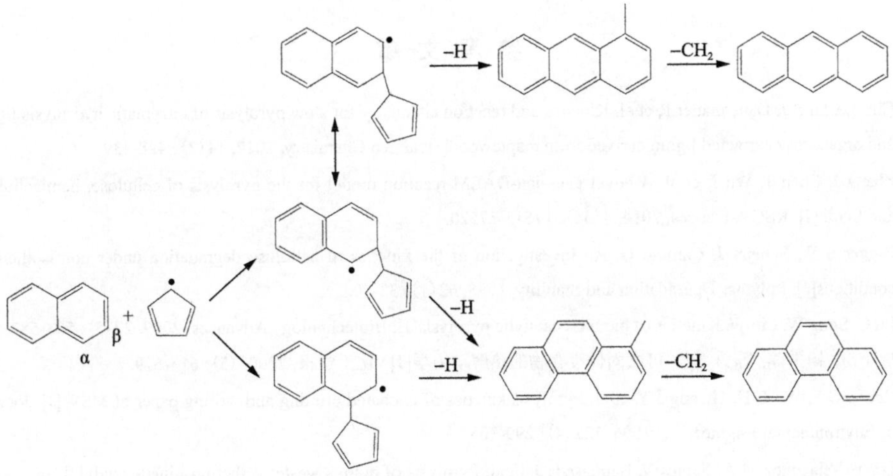

−H　$-CH_2$　+　β　α　−H　−H　$-CH_2$

图 8.23　由萘和 CPD 反应生成多环芳烃的机理

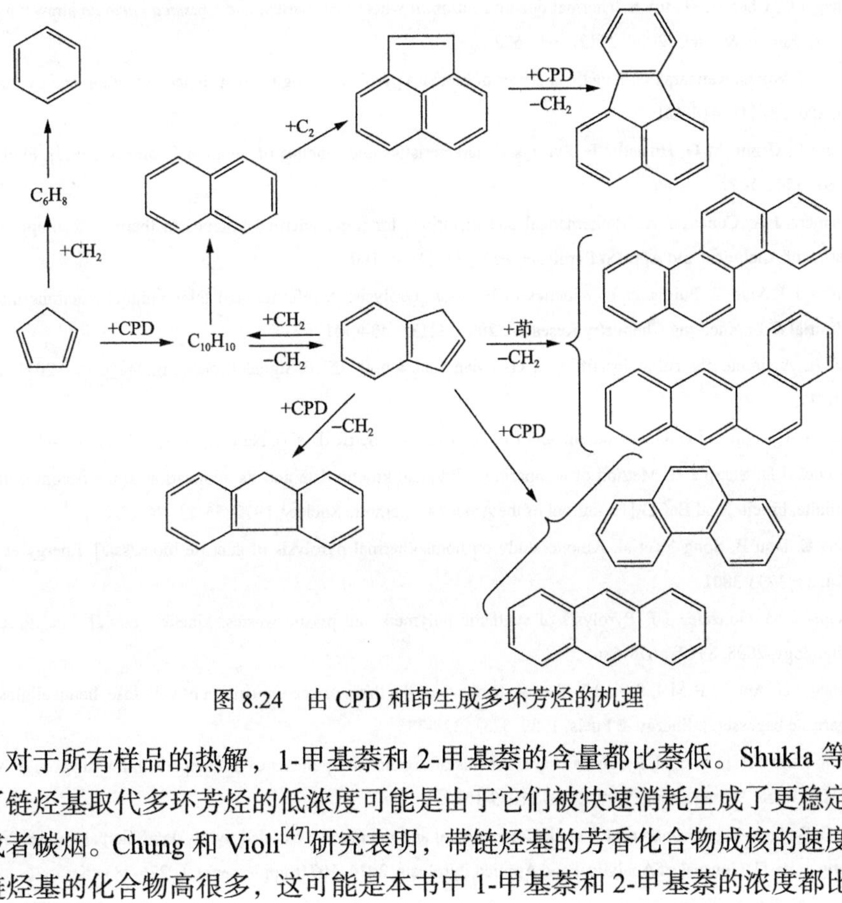

$C_6H_8$　$+CH_2$　+CPD　$C_{10}H_{10}$　$+CH_2$　$-CH_2$　$+C_2$　+CPD　$-CH_2$　+茚　$-CH_2$　+CPD　$-CH_2$　+CPD

图 8.24　由 CPD 和茚生成多环芳烃的机理

对于所有样品的热解，1-甲基萘和 2-甲基萘的含量都比萘低。Shukla 等[39]报道了链烃基取代多环芳烃的低浓度可能是由于它们被快速消耗生成了更稳定的产物或者碳烟。Chung 和 Violi[47]研究表明，带链烃基的芳香化合物成核的速度比不带链烃基的化合物高很多，这可能是本书中 1-甲基萘和 2-甲基萘的浓度都比萘的浓度低的原因。

## 参 考 文 献


[1] Cho J, Chu S J, Dauenhauer P, et al. Kinetics and reaction chemistry for slow pyrolysis of enzymatic hydrolysis lignin and organosolv extracted lignin derived from maplewood[J]. Green Chemistry, 2012, 14(2): 428-439.

[2] Zhang J, Chen T, Wu J, et al. A novel gaussian-DAEM-reaction model for the pyrolysis of cellulose, hemicellulose and lignin[J]. RSC Advances, 2014, 4(34): 17513-17520.

[3] Bigger S W, Scheirs J, Camino G. An investigation of the kinetics of cellulose degradation under non-isothermal conditions[J]. Polymer Degradation and Stability, 1998, 62(1): 33-40.

[4] Lu C, Song W, Lin W. Kinetics of biomass catalytic pyrolysis[J]. Biotechnology Advances, 2009, 27(5): 583-587.

[5] 郭小汾, 杨雪莲, 陈勇, 等. 可燃固体废弃物的热解动力学[J]. 化工学报, 2000, (5): 615-619.

[6] Chang C Y, Wu C H, Hwang J Y, et al. Pyrolysis kinetics of uncoated printing and writing paper of MSW[J]. Journal of Environmental Engineering, 1996, 122(4): 299-305.

[7] Lopez-Velazquez M A, Santes V, Balmaseda J, et al. Pyrolysis of orange waste: A thermo-kinetic study[J]. Journal of Analytical and Applied Pyrolysis, 2013, 99: 170-177.

[8] Várhegyi G, Chen H, Godoy S. Thermal decomposition of wheat, oat, barley, and *Brassica carinata* straws: a kinetic study[J]. Energy & Fuels, 2009, 23(2): 646-652.

[9] Sonobe T, Worasuwannarak N. Kinetic analyses of biomass pyrolysis using the distributed activation energy model[J]. Fuel, 2008, 87(3): 414-421.

[10] Sørum L, Grønli M G, Hustad J E. Pyrolysis characteristics and kinetics of municipal solid wastes[J]. Fuel, 2001, 80(9): 1217-1227.

[11] Caballero J A, Conesa J A. Mathematical considerations for nonisothermal kinetics in thermal decomposition[J]. Journal of Analytical and Applied Pyrolysis, 2005, 73(1): 85-100.

[12] Manya J J, Velo E, Puigjaner L. Kinetics of biomass pyrolysis: A reformulated three-parallel-reactions model[J]. Industrial & Engineering Chemistry Research, 2003, 42(3): 434-441.

[13] Guo H. A simple algorithm for fitting a Gaussian function[J]. IEEE Signal Processing Magazine, 2011, 28(5): 134-137.

[14] Coats A W, Redfern J P. Kinetic parameters from thermogravimetric data[J]. Nature, 1964, 201(4914): 68-69.

[15] Hancock J D, Sharp J H. Method of comparing solid-state kinetic data and its application to the decomposition of kaolinite, brucite, and $BaCO_3$[J]. Journal of the American Ceramic Society, 1972, 55(2): 74-77.

[16] Wang C, Dou B, Song Y, et al. Kinetic study on nonisothermal pyrolysis of sucrose biomass[J]. Energy & Fuels, 2014, 28: 3793-3801.

[17] Encinar J M, González J F. Pyrolysis of synthetic polymers and plastic wastes: kinetic study[J]. Fuel Processing Technology, 2008, 89(7): 678-686.

[18] Varhegyi G, Antal J R M J, Szekel Y T, et al. Kinetics of the thermal decomposition of cellulose, hemicellulose, and sugarcane bagasse[J]. Energy & Fuels, 1989, 3(3): 329-335.

[19] Zheng J, Jin Y, Chi Y, et al. Pyrolysis characteristics of organic components of municipal solid waste at high heating rates[J]. Waste Management, 2009, 29(3): 1089-1094.

[20] Wu C, Budarin V L, Gronnow M J, et al. Conventional and microwave-assisted pyrolysis of biomass under different heating rates[J]. Journal of Analytical and Applied Pyrolysis, 2014, 107(Supplement C): 276-283.

[21] Shen D K, Gu S, Bridgwater A V. Study on the pyrolytic behaviour of xylan-based hemicellulose using TG-FTIR and Py-GC-FTIR[J]. Journal of Analytical and Applied Pyrolysis, 2010, 87(2): 199-206.

[22] Liu Q, Zhong Z, Wang S, et al. Interactions of biomass components during pyrolysis: a TG-FTIR study[J]. Journal of Analytical and Applied Pyrolysis, 2011, 90(2): 213-218.

[23] Shen D K, Gu S. The mechanism for thermal decomposition of cellulose and its main products[J]. Bioresource Technology, 2009, 100(24): 6496-6504.

[24] Dumitriu S. Polysaccharides: Structural Diversity and Functional Versatility[M]. Boca Raton: CRC Press, 2004.

[25] Shafizadeh F, Fu Y L. Pyrolysis of cellulose[J]. Carbohydrate Research, 1973, 29: 113-122.

[26] Scott D S, Czernik S R, Piskorz J, et al. Fast pyrolysis of plastic wastes[J]. Energy & Fuels, 1990, 4(4): 407-411.

[27] Masuda Y, Uda T, Terakado O, et al. Pyrolysis study of poly(vinyl chloride)-metal oxide mixtures: quantitative product analysis and the chlorine fixing ability of metal oxides[J]. Journal of Analytical and Applied Pyrolysis, 2006, 77(2): 159-168.

[28] Iida T, Nakanishi M, Got O K. Investigations on poly(vinyl chloride). I. Evolution of aromatics on pyrolysis of poly (vinyl chloride) and its mechanism[J]. Journal of Polymer Science: Polymer Chemistry Edition, 1974, 12(4): 737-749.

[29] Liu Q, Wang S, Zheng Y, et al. Mechanism study of wood lignin pyrolysis by using TG-FTIR analysis[J]. Journal of Analytical and Applied Pyrolysis, 2008, 82(1): 170-177.

[30] Belgacem M N, Gandini A. Monomers, Polymers and Composites from Renewable Resources[M]. Oxford: Elsevier Ltd, 2008.

[31] Ferdous D, Dalai A K, Bej S K, et al. Pyrolysis of lignins: experimental and kinetics studies[J]. Energy & Fuels, 2002, 16(6): 1405-1412.

[32] Meng A, Zhou H, Qin L, et al. Quantitative and kinetic TG-FTIR investigation on three kinds of biomass pyrolysis[J]. Journal of Analytical and Applied Pyrolysis, 2013, 104: 28-37.

[33] Ferry J G. Methane from acetate[J]. Journal of Bacteriology, 1992, 174(17): 5489-5495.

[34] Zhu H M, Jiang X G, Yan J H, et al. TG-FTIR analysis of PVC thermal degradation and HCl removal[J]. Journal of Analytical and Applied Pyrolysis, 2008, 82(1): 1-9.

[35] Banyasz J L, Li S, Lyons-Hart J, et al. Gas evolution and the mechanism of cellulose pyrolysis[J]. Fuel, 2001, 80(12): 1757-1763.

[36] Williams P T, Williams E A. Fluidised bed pyrolysis of low density polyethylene to produce petrochemical feedstock[J]. Journal of Analytical and Applied Pyrolysis, 1999, 51(1-2): 107-126.

[37] Stefanidis S D, Kalogiannis K G, Iliopoulou E F, et al. A study of lignocellulosic biomass pyrolysis via the pyrolysis of cellulose, hemicellulose and lignin[J]. Journal of Analytical and Applied Pyrolysis, 2014, 105: 143-150.

[38] Yu H, Zhang Z, Li Z, et al. Characteristics of tar formation during cellulose, hemicellulose and lignin gasification[J]. Fuel, 2014, 118: 250-256.

[39] Shukla B, Koshi M. A novel route for PAH growth in HACA based mechanisms[J]. Combustion and Flame, 2012, 159(12): 3589-3596.

[40] Cypres R. Aromatic hydrocarbons formation during coal pyrolysis[J]. Fuel Processing Technology, 1987, 15: 1-15.

[41] Williams P, Horne P A. Analysis of aromatic hydrocarbons in pyrolytic oil derived from biomass[J]. Journal of Analytical and Applied Pyrolysis, 1995, 31: 15-37.

[42] Kim D H, Mulholland J A, Wang D, et al. Pyrolytic hydrocarbon growth from cyclopentadiene[J]. The Journal of Physical Chemistry A, 2010, 114(47): 12411-12416.

[43] Wang D, Violi A. Radical-molecule reactions for aromatic growth: A case study for cyclopentadienyl and acenaphthylene[J]. The Journal of Organic Chemistry, 2006, 71(22): 8365-8371.

[44] Kislov V V, Sadovnikov A I, Mebel A M. Formation mechanism of polycyclic aromatic hydrocarbons beyond the second aromatic ring[J]. The Journal of Physical Chemistry A, 2013, 117(23): 4794-4816.

[45] Richter H, Howard J. Formation of polycyclic aromatic hydrocarbons and their growth to soot-a review of chemical reaction pathways[J]. Progress in Energy and Combustion Science, 2000, 26(4): 565-608.

[46] Marsh N D, Wornat M J. Formation pathways of ethynyl-substituted and cyclopenta-fused polycyclic aromatic hydrocarbons[J]. Proceedings of the Combustion Institute, 2000, 28(2): 2585-2592.

[47] Chung S H, Violi A. Peri-condensed aromatics with aliphatic chains as key intermediates for the nucleation of aromatic hydrocarbons[J]. Proceedings of the Combustion Institute, 2011, 33(1): 693-700.

# 第9章　基元物质热化学转化特性的影响因素

第8章研究了基元物质的热解特性及机理，反应条件比较单一，使得不同种类基元间的比较变得简单。那么，基元物质在热解过程中受哪些因素的影响呢？本章将对这个问题给出答案。实际上，部分内容在第8章也有所涉及，如在8.1节研究动力学特性时，就研究了TGA热解、Macro-TGA慢速热解、Macro-TGA快速热解，本章意在更系统地研究这个问题。

受实验工况数量的限制，在研究影响因素时，不可能对所有基元样品都进行研究。木质素和PVC在可燃固废中含量较高，其热化学转化过程较为复杂，热化学转化过程生成多环芳烃的量较大，尤其PVC本身含氯，是可燃固废热化学转化过程生成二噁英的重要氯源。因此，本章选取木质素作为生物质类基元的代表，PVC作为塑料类基元的代表，进行影响因素的研究。

研究不同因素的影响，不仅有助于在工业应用中选择更适合的因素以提高效率和控制污染，同时了解不同因素的作用，将有助于进一步剖析基元物质的热解机理。

## 9.1　温度的影响

研究温度的影响，在此指的是温度对快速热解的影响。由于慢速热解是一个线性升温的过程，研究其终温的意义不大。本节在Macro-TGA实验平台上研究了温度对动力学特性的影响，同时在水平固定床实验台上研究了温度对质量分布特性、气体生成特性及多环芳烃生成特性的影响。研究的温度范围包括500℃、600℃、700℃、800℃、900℃，该温度区间涵盖了可燃固废热解、气化、燃烧的反应温度范围，实验的载气为$N_2$。

### 9.1.1　温度对木质素热解特性的影响

1. 温度对木质素热解动力学特性的影响

不同温度下木质素热解的TG和DTG曲线如图9.1所示，可以看到，不同的温度下，木质素热解过程存在着显著的不同。热解温度越高，起始热解越快，残余质量越低，同时，DTG曲线的峰值越高。

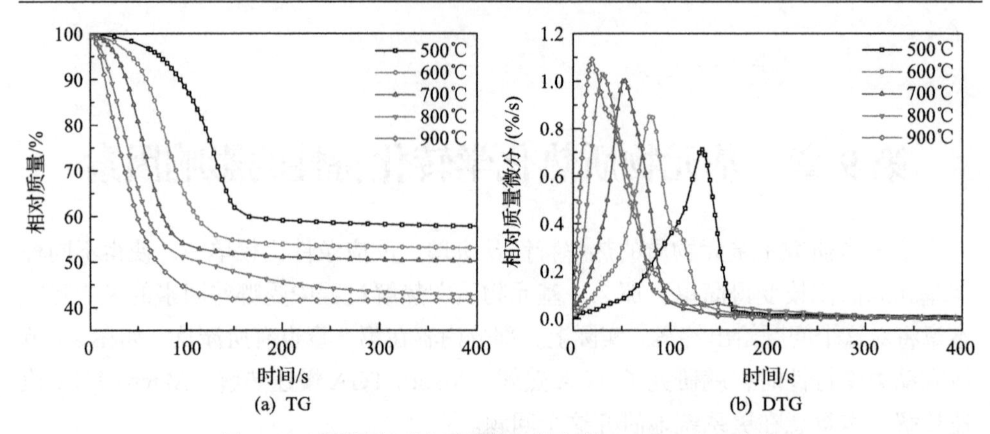


(a) TG　　(b) DTG

图 9.1　不同温度下木质素快速热解的 TG 和 DTG 曲线

与 8.1 节相似，作者计算了各热解特性参数，计算结果如图 9.2 所示。反应结束时间代表了反应从开始到结束所需要的时间，与平均反应速率成反比。如图 9.2(a)所示，反应结束时间并不随着温度单调变化，而在 700～800℃有一个极大值。反应结束时间由两个因素决定，一个是反应速率，另一个是最终转化率。

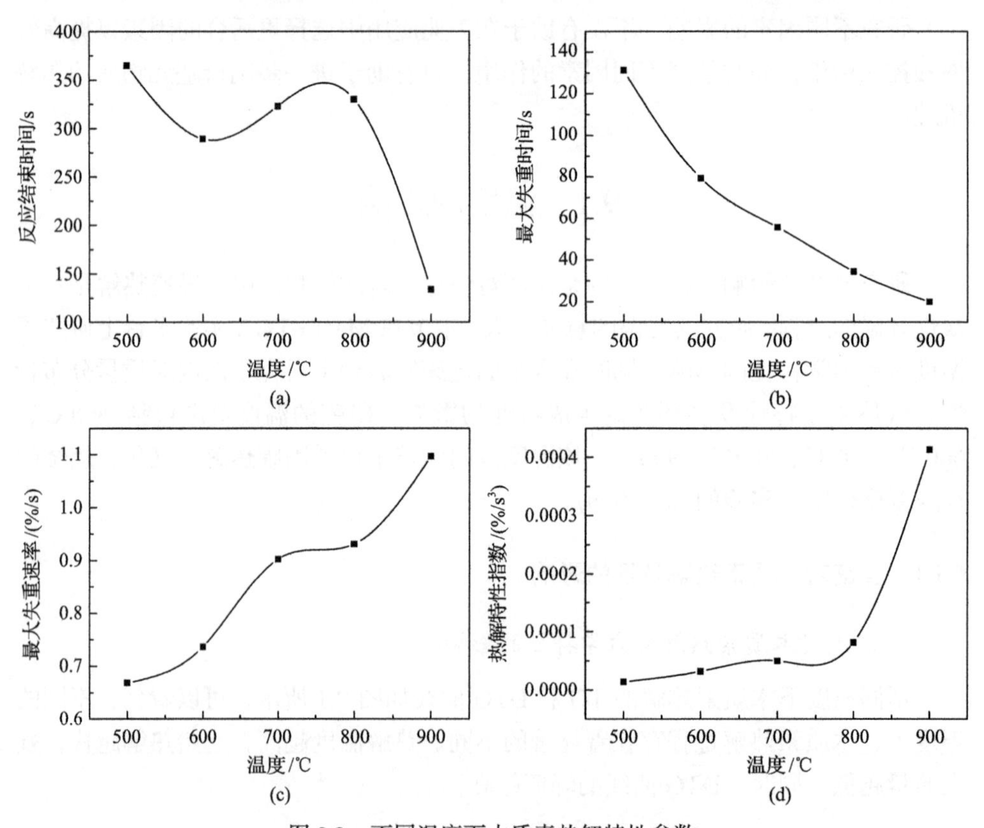


(a)　(b)　(c)　(d)

图 9.2　不同温度下木质素热解特性参数

当温度从 500℃升高到 900℃时，反应速率是增加的，最终转化率也随之增加，因为木质素在该温度段内仍有新的反应发生，如图 8.1 的 TG 和 DTG 曲线所示，因此，反应完成需要的时间也会增加。

反应最大失重时间是随着温度单调递减的，并近似为线性关系。反应温度越高，最大失重发生得越早，相应地，最大失重速率，即图 9.1(b)DTG 曲线的峰值越高。热解特性指数是衡量热解难易程度的综合指标，如图 9.2(d)所示，随着温度的升高，热解特性指数是增加的，反应越来越容易，尤其是从 800℃到 900℃，热解特性指数有着明显的飞跃。

木质素在不同温度下热解的动力学参数通过 PA-LSM 进行计算，结果如表 9.1 所示。对于木质素在 500℃和 600℃的热解，可以用两个平行反应表示，对于 700℃的热解，可以用单一反应表示，对于 800℃和 900℃，可以用两个平行反应表示。由表中的 $R^2$ 值可知，LSM 计算得到的动力学参数与实验值符合较好。峰分析的结果和动力学参数计算的结果如图 9.3～图 9.7 所示。

**表 9.1　木质素在 Macro-TGA 实验台上不同温度快速热解的动力学参数**

| 温度/℃ | 反应 | 比例/% | $k$ | $n$ | $R^2$ |
|---|---|---|---|---|---|
| 500 | 1 | 63.6 | $1.63\times10^{-8}$ | 3.78 | 0.9996 |
| | 2 | 36.4 | $1.02\times10^{-24}$ | 11.21 | 0.9947 |
| 600 | 1 | 15.7 | $4.10\times10^{-19}$ | 9.59 | 0.9952 |
| | 2 | 84.3 | $9.39\times10^{-7}$ | 3.09 | 1.0000 |
| 700 | 1 | 100.0 | $1.63\times10^{-6}$ | 3.23 | 0.9999 |
| 800 | 1 | 59.9 | $1.25\times10^{-4}$ | 2.57 | 0.9996 |
| | 2 | 40.1 | $2.84\times10^{-6}$ | 3.12 | 0.9970 |
| 900 | 1 | 20.6 | $2.39\times10^{-4}$ | 2.71 | 0.9998 |
| | 2 | 79.4 | $2.84\times10^{-4}$ | 2.10 | 0.9990 |

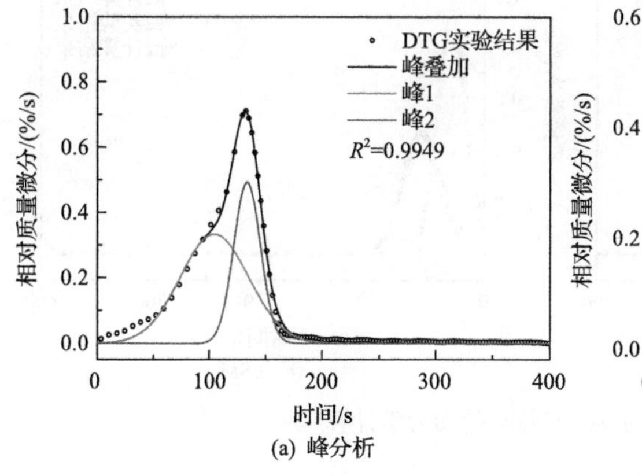


(a) 峰分析

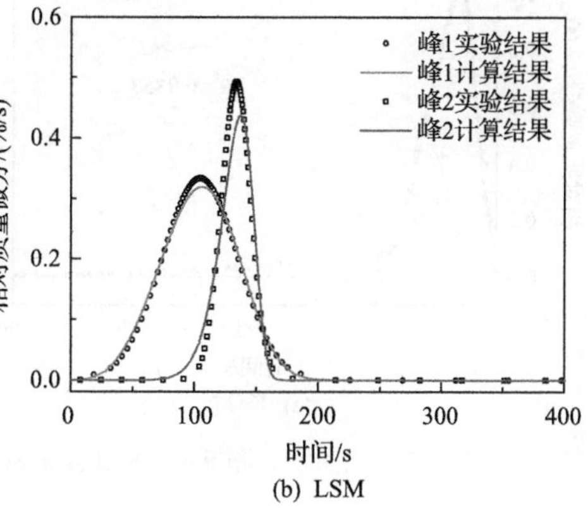


(b) LSM

图 9.3　木质素在 500℃热解的动力学计算

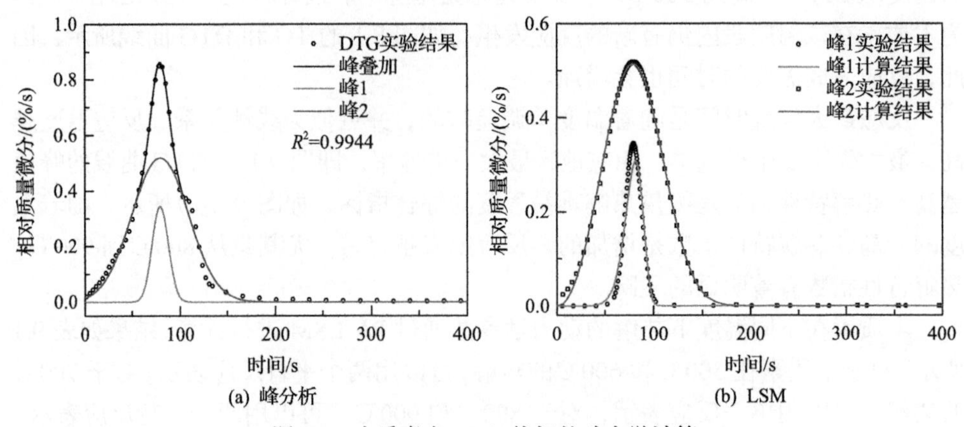


图 9.4　木质素在 600℃热解的动力学计算

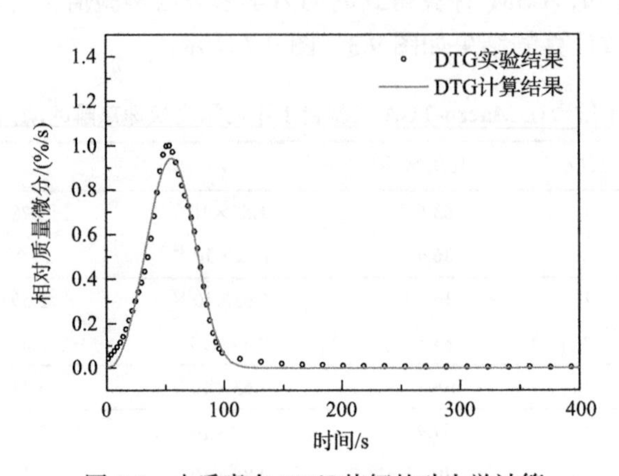


图 9.5　木质素在 700℃热解的动力学计算

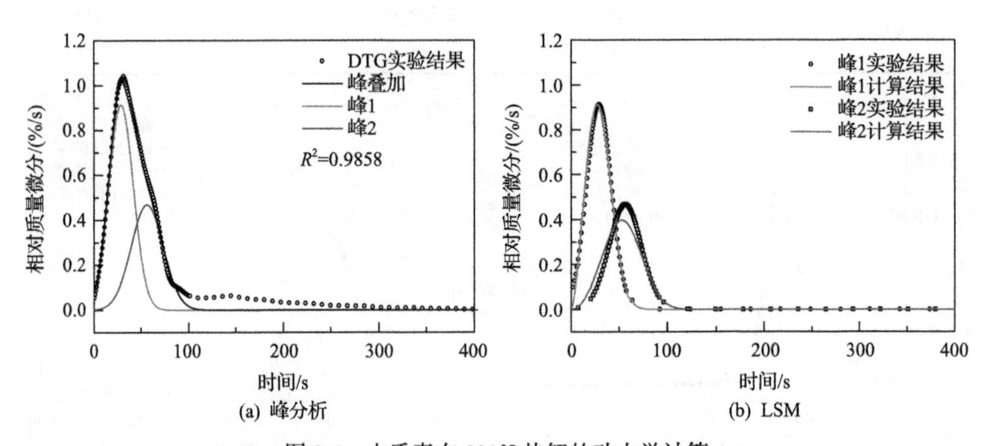


图 9.6　木质素在 800℃热解的动力学计算

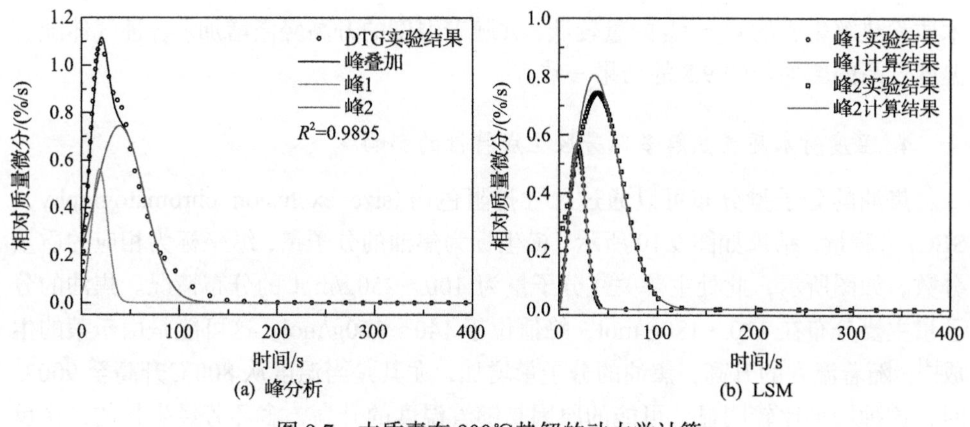


图 9.7 木质素在 900℃热解的动力学计算

2. 温度对木质素热解质量分布特性的影响

如图 9.8 所示，当温度从 500℃升至 900℃时，气体产量增加，相应地，焦油和残余固体减少。木质素的 TG 曲线如图 8.1 所示，木质素在 200～900℃都有失重，这和图 9.8 中残余固体随温度升高而下降一致。有研究表明，在循环流化床气化炉中，在 700～850℃，焦油量随着温度的升高而下降[1]。焦油减少的原因可能是当温度升高，焦油在炉内的二次反应加剧，从而生成更多气体[2]。

3. 温度对木质素热解气体生成特性的影响

木质素在不同温度下热解气体的产量如图 9.9 所示。随着温度的升高，$H_2$、CO 的增加较为明显，而 $CO_2$ 略有增加。木质素热解产生一定量的 $CH_4$，随着反应温度的升高，$CH_4$ 的生成量增加。研究表明，$CH_4$ 的生成可能源于脱甲基反应[3]。

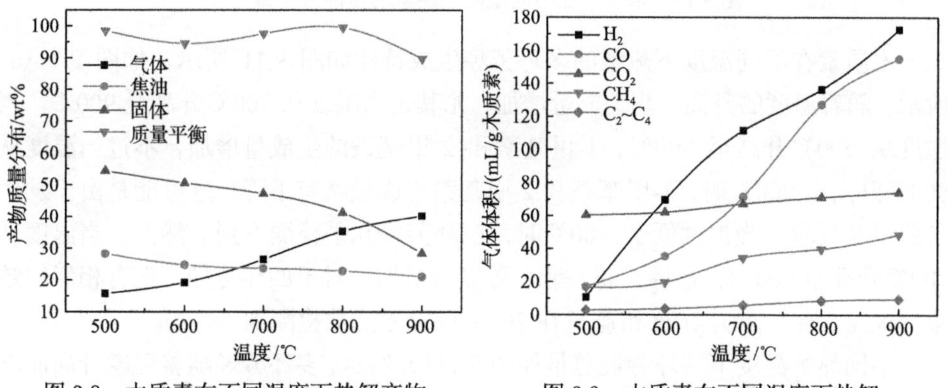


图 9.8 木质素在不同温度下热解产物质量分布特性

图 9.9 木质素在不同温度下热解气体生成特性

木质素热解生成的 $C_2$～$C_4$ 的量较低，并随着温度的升高轻微增加。各种气体随着温度升高的增加与图 9.8 的结果一致。

4. 温度对木质素热解多环芳烃生成特性的影响

焦油的分子量分布可以通过尺寸排阻色谱(size exclusion chromatography，SEC)来测量，结果如图 9.10 所示。横坐标为焦油的分子量，纵坐标为相应的质量分数。如图所示，此处主要关注分子量为 100～250g/mol 的分布情况。焦油的分子量主要分布在 120～180g/mol，峰值位于 140～160g/mol，这可能是由于萘的生成[4]。随着温度的升高，焦油的分子量增加，尤其是当温度从 800℃升高至 900℃时，这种增加比较明显，可能的原因是随着温度的升高，多环芳烃生长的二次反应越来越剧烈[5]。

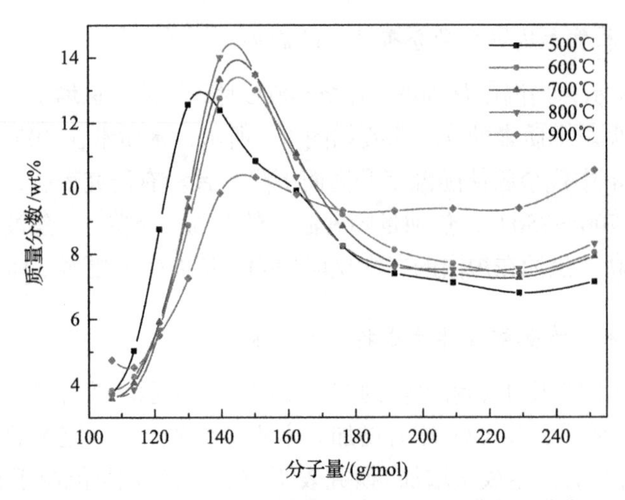


图 9.10　木质素在不同温度下热解的焦油分子量分布

木质素在不同温度下热解的多环芳烃生成特性如图 9.11 所示。如图 9.11(a)所示，随着温度的升高，萘生成量增加，尤其是当温度从 700℃升高至 900℃。当温度从 500℃升高至 800℃，1-甲基萘和 2-甲基萘的生成量增加，不过当温度从 800℃升高至 900℃时，1-甲基萘和 2-甲基萘生成量略有下降，这可能是由于发生了脱甲基反应。当温度低于 700℃时，三环芳烃几乎检测不到。然而，当温度从 700℃升高至 900℃，苊烯、芴、菲、蒽显著增加。对于四环芳烃，也有相似的结果，荧蒽、芘、苯并[*a*]蒽和䓛只在 700℃以上才能被检测到。

不同热解温度下多环芳烃总量如图 9.11(d)所示，多环芳烃随着温度升高而增加的趋势可以用二次曲线拟合，这说明，在高温下，多环芳烃生成的增加趋势更加明显。Sharma 和 Hajaligol[5]研究了木质素在两段反应器中的热解，反应器 1 恒

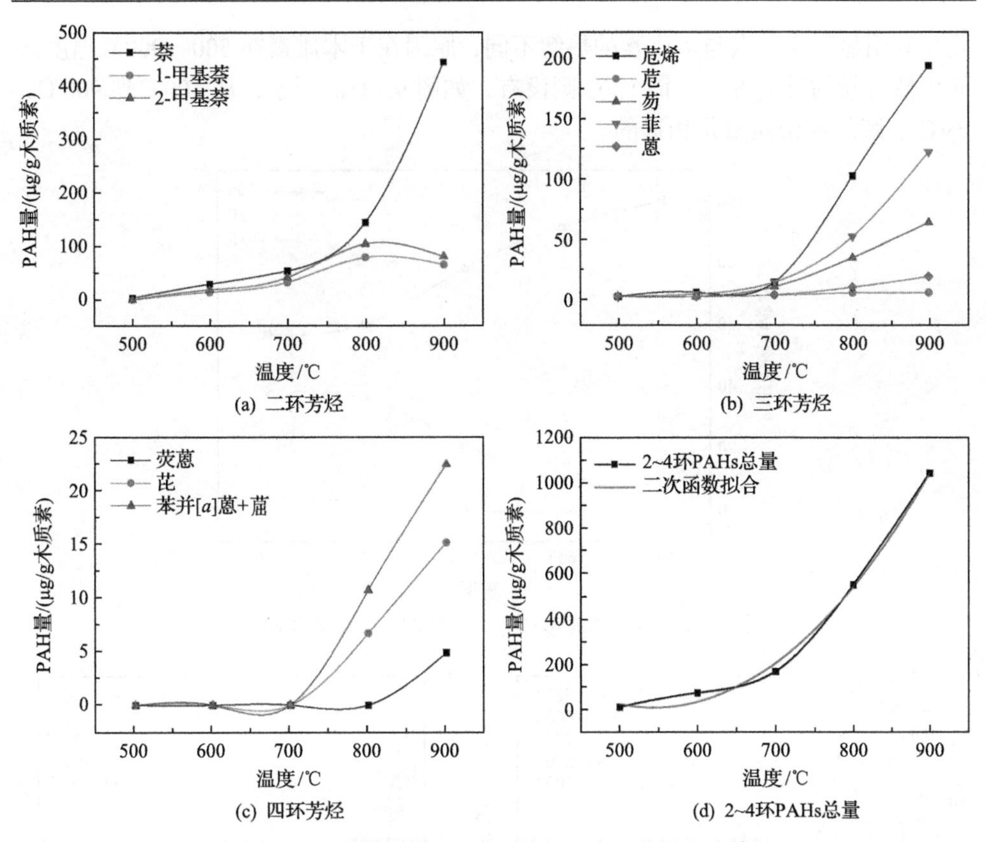


(a) 二环芳烃　(b) 三环芳烃

(c) 四环芳烃　(d) 2~4环PAHs总量

图 9.11　木质素在不同温度下热解的多环芳烃生成特性

定在 600℃，当反应器 2 温度从 700℃增加到 920℃，大部分的多环芳烃的量增加了。Ledesma 等[6]使用管式炉反应器进行了儿茶酚(一种木质素模型物质)的热解，随着温度的升高，多环芳烃的量显著增加。

不同环数多环芳烃比例随着温度的变化如图 9.12 所示。当温度升高时，二环芳烃比例下降，三环、四环芳烃比例增加，这与图 9.10 中 SEC 测量得到的焦油分子量随温度升高而增加的结果一致，其机理将在本章的最后进行分析。

### 9.1.2　温度对 PVC 热解特性的影响

#### 1. 温度对 PVC 热解动力学特性的影响

9.1.1 节已经研究了温度对木质素快速热解动力学的影响，此处讨论温度对 PVC 快速热解动力学的影响，并分析二者的异同。如图 9.13 所示，PVC 在不同温度下热解，TG 和 DTG 曲线的变化规律是单调的。我们引入如图 9.14 所示的同样的热解特性参数：反应结束时间、最大失重时间、最大失重速率及热解特性指数。随着温度的升高，反应速率变快，反应结束更早，从 500℃到 600℃，这种变化尤其明显。这一点与木质素的热解不同，原因在于木质素在 500～900℃温度区间仍然有新的反应发生，而 PVC 则没有，如图 9.13(a)所示，从 500℃到 900℃，PVC 热解的残余质量是相近的。

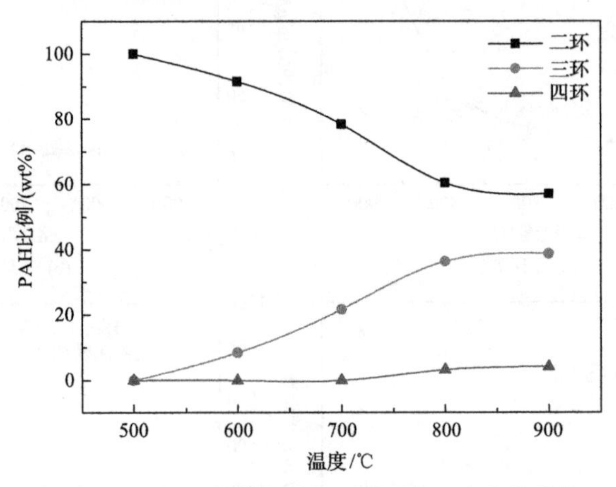


图 9.12　不同环数多环芳烃比例随着温度变化趋势

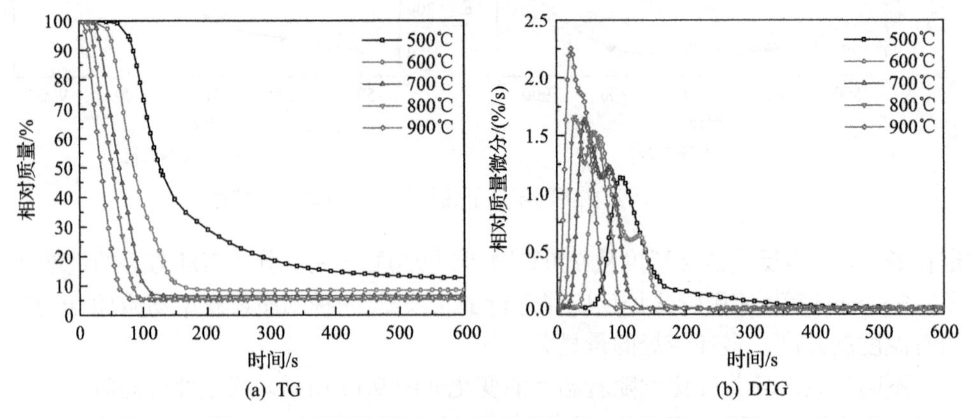


图 9.13　不同温度下 PVC 快速热解的 TG 和 DTG 曲线

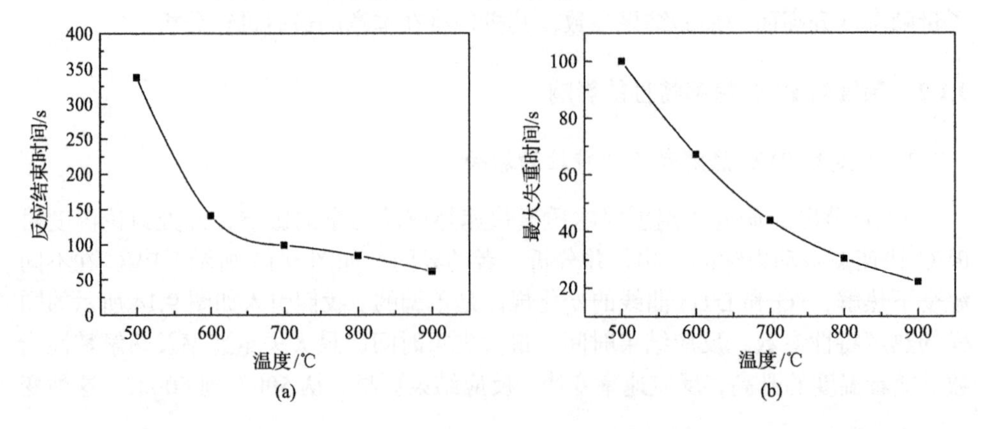

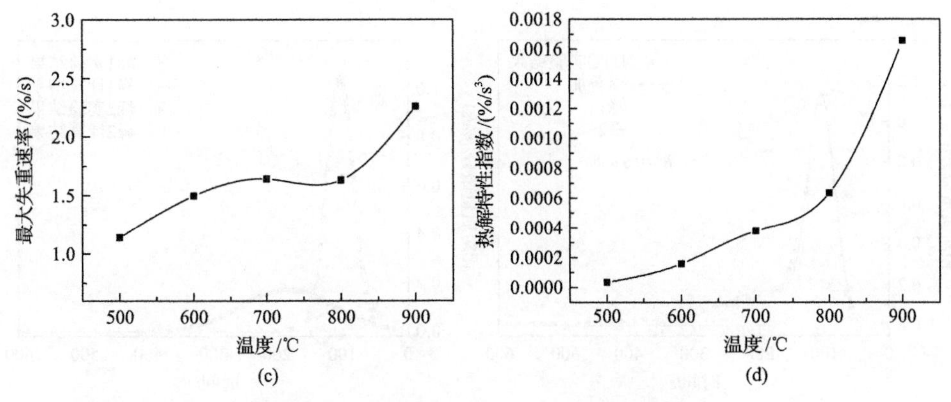


图 9.14　不同温度下 PVC 热解特性参数

与木质素的热解相似，随着温度的升高，PVC 热解的最大失重时间近似线性地减小。随着温度的升高，最大失重速率增加，热解特性指数增加，尤其是 800～900℃，热解特性指数的增加比较明显，近似呈指数规律。

用 PA-LSM 计算机快速热解的动力学参数，如表 9.2 所示。在不同温度下，PVC 的热解都可以用两个平行反应表示，反应级数 $n$ 一般为 3～6，相关系数在 0.9980 以上。峰分析的结果如图 9.15(a)～图 9.19(a)所示，相关系数在 0.9800 以上，由 LSM 计算得到的动力学参数再现每个峰，如图 9.15(b)～图 9.19(b)，可见，计算结果与实验结果一致性较好。

**表 9.2　PVC 在 Macro-TGA 实验台上不同温度下快速热解的动力学参数**

| 温度/℃ | 反应 | 比例/% | $k$ | $n$ | $R^2$ |
|---|---|---|---|---|---|
| 500 | 1 | 64.0 | $1.23\times10^{-11}$ | 5.33 | 0.9981 |
| | 2 | 36.0 | $8.70\times10^{-8}$ | 3.04 | 1.0000 |
| 600 | 1 | 51.6 | $4.63\times10^{-10}$ | 5.04 | 0.9984 |
| | 2 | 48.4 | $3.66\times10^{-10}$ | 4.54 | 0.9993 |
| 700 | 1 | 48.1 | $8.52\times10^{-8}$ | 4.20 | 0.9992 |
| | 2 | 51.9 | $5.19\times10^{-11}$ | 5.32 | 0.9982 |
| 800 | 1 | 27.8 | $2.55\times10^{-6}$ | 3.73 | 0.9996 |
| | 2 | 72.2 | $2.43\times10^{-7}$ | 3.64 | 0.9997 |
| 900 | 1 | 30.5 | $7.57\times10^{-5}$ | 3.07 | 1.0000 |
| | 2 | 69.5 | $4.82\times10^{-6}$ | 3.20 | 0.9999 |

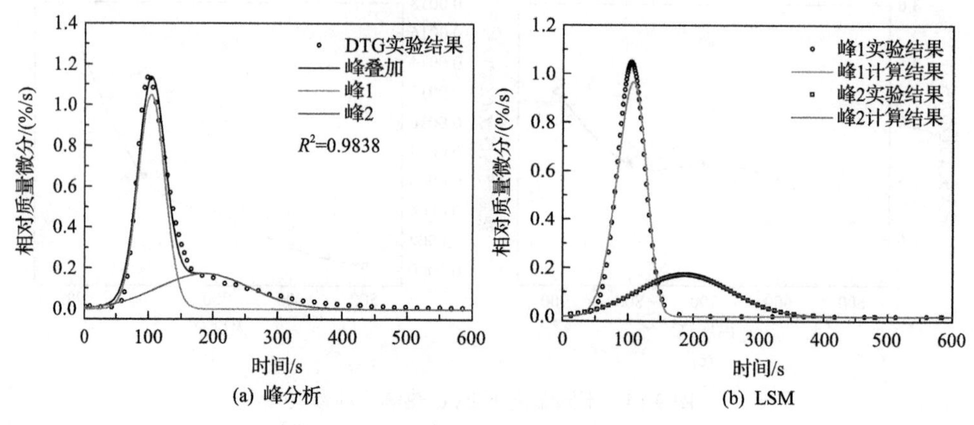

(a) 峰分析　　(b) LSM

图 9.15　PVC 在 500℃热解的动力学计算

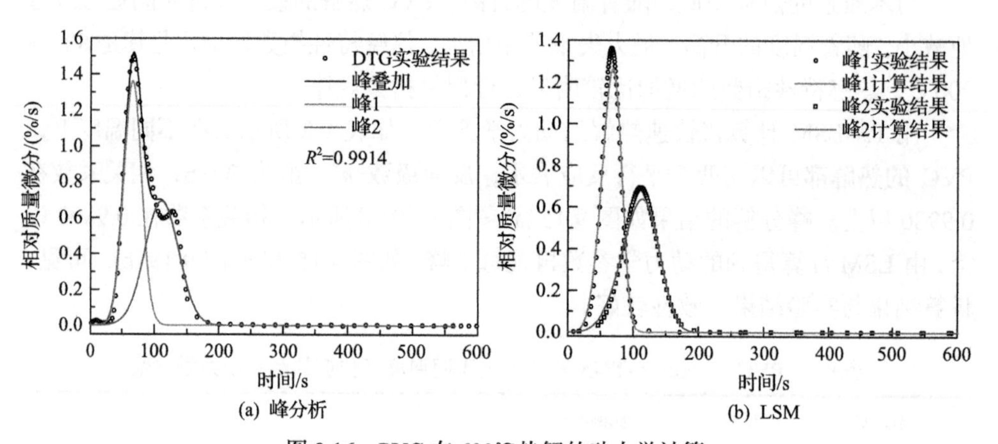

(a) 峰分析　　(b) LSM

图 9.16　PVC 在 600℃热解的动力学计算

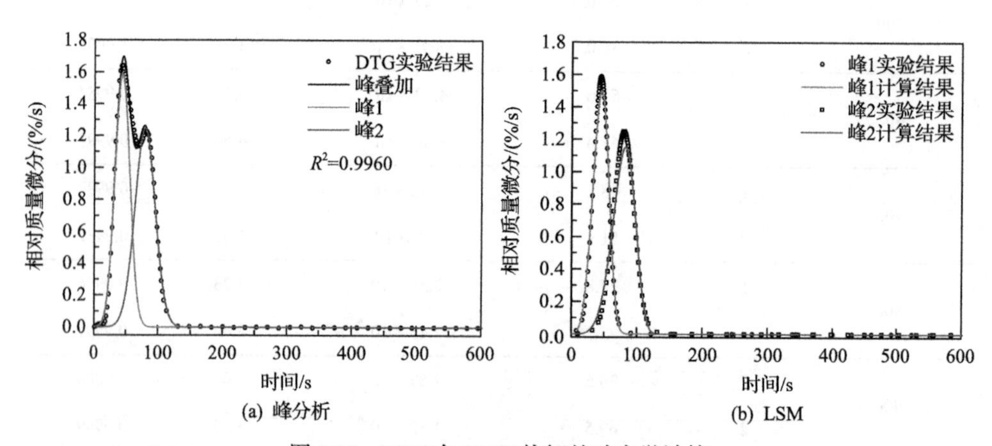

(a) 峰分析　　(b) LSM

图 9.17　PVC 在 700℃热解的动力学计算

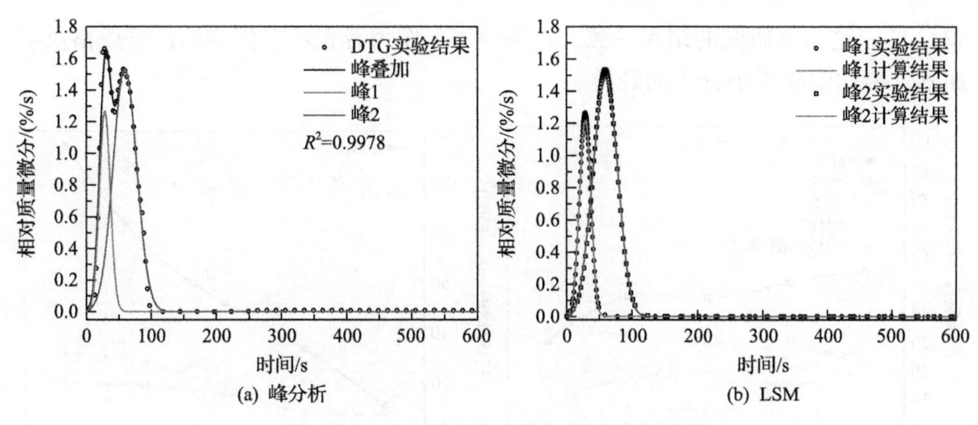


图 9.18　PVC 在 800℃热解的动力学计算

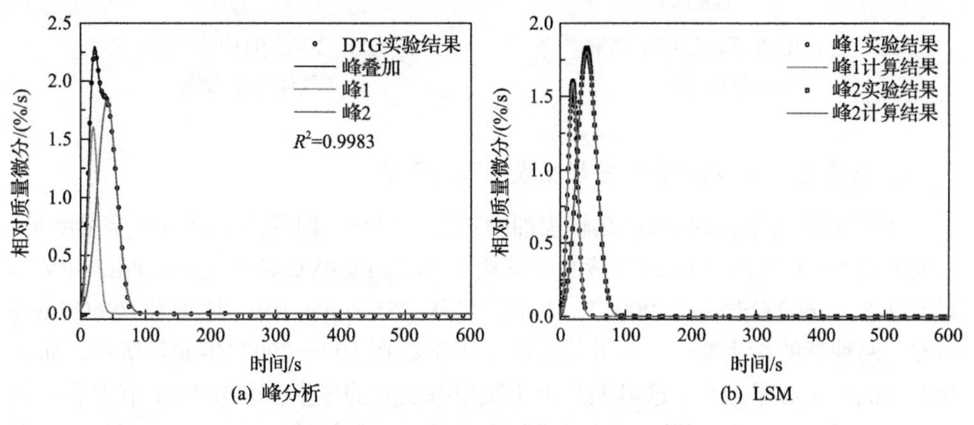


图 9.19　PVC 在 900℃热解的动力学计算

2. 温度对 PVC 热解质量分布特性的影响

PVC 在 500～900℃进行快速热解，产物分布特性和质量平衡如图 9.20 所示。所有实验的质量平衡为 91.8wt%～102.5wt%，这说明实验的准确性较好。随着温度从 500℃升高到 900℃，HCl 产量从 54.7wt%减少至 30.2wt%。与此相反，气体和焦油的产量随温度升高而增加，残余固体的产量随温度升高而减少。

3. 温度对 PVC 热解气体生成特性的影响

如图 9.21 所示，当温度从 500℃升高至 900℃，所有气体的产量增加，其中 $H_2$ 的产量增加了 10 倍，从 11.2mL/g PVC 增加到 114.1mL/g PVC。$H_2$ 的生成主要是由于二次反应，如小分子芳香物生成大分子芳香物甚至碳烟时，$H_2$ 作为副产物生成。甲烷和 $C_2$～$C_4$ 的量是相近的，随着温度的升高缓慢增加。Ma 等[7]比较了 PVC 在 600℃和 800℃的快速热解，发现 800℃生成更多的 $CH_4$、$C_2H_4$、$C_2H_6$、$C_3H_6$

和 $C_3H_8$，这与本研究的结果一致。在高温下，作为芳香环取代物的烃基脱落反应加剧，因此生成了小分子的烃类。

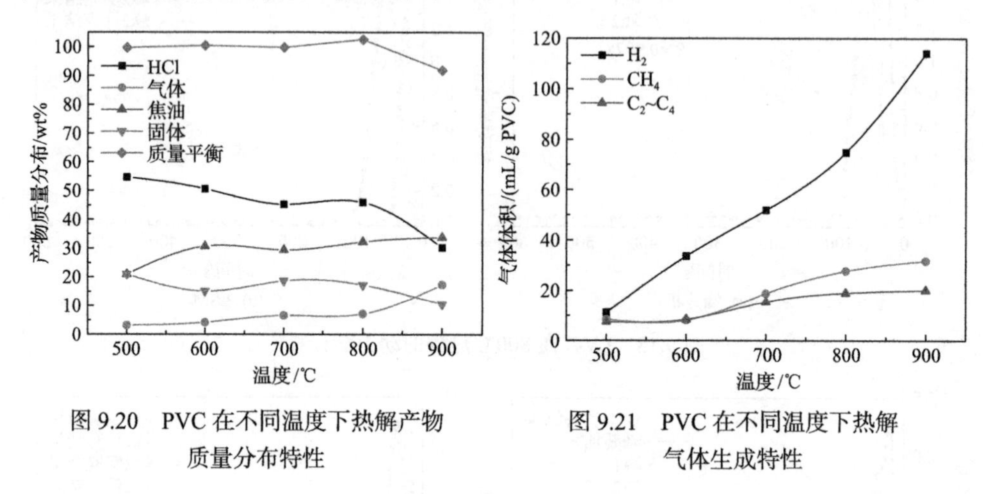


图 9.20　PVC 在不同温度下热解产物质量分布特性

图 9.21　PVC 在不同温度下热解气体生成特性

4. 温度对 PVC 热解多环芳烃生成特性的影响

如图 9.22 所示，对 PVC 热解焦油中二环、三环、四环芳烃进行了定量测量。当温度从 500℃升高至 600℃，萘的产量从 1779.5μg/g PVC 减少至 755.8μg/g PVC。温度继续从 600℃升高至 900℃，萘的产量从 755.8μg/g PVC 增加至 7960.8μg/g PVC。两种萘的衍生物——1-甲基萘和 2-甲基萘在 500～700℃生成量增加，而在 700～900℃生成量减少，这可能是由于脱甲基反应的发生，这与 9.1.1 节木质素热解过程中甲基萘的变化趋势一致。当温度从 500℃升高到 900℃时，三环芳烃的产量增加，尤其是菲的生成量从 365.5μg/g PVC 显著增加至 4242.1μg/g PVC。四环芳烃也随温度的升高而增加，苯并[*a*]蒽和䓛从 209.3μg/g PVC 显著增加至 6137.0μg/g PVC。当温度从 500℃升高至 900℃，生成多环芳烃的总量从 4074.4μg/g

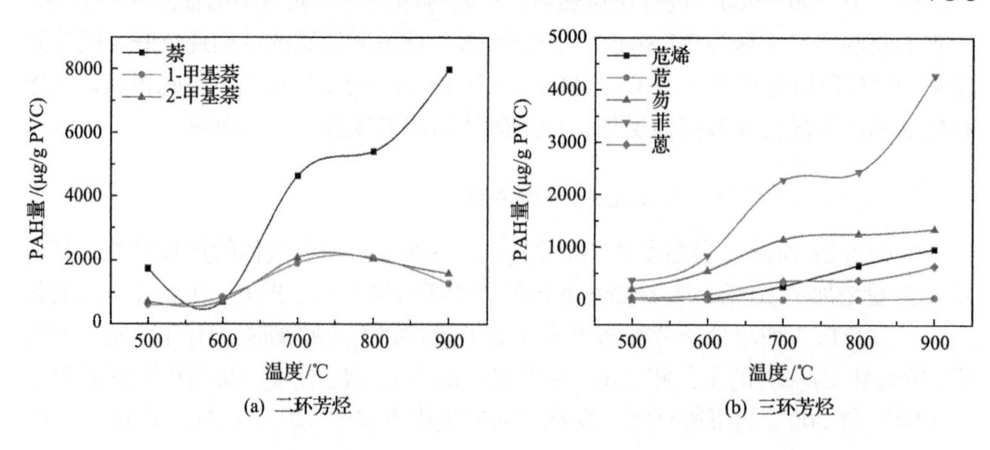


(a) 二环芳烃　(b) 三环芳烃

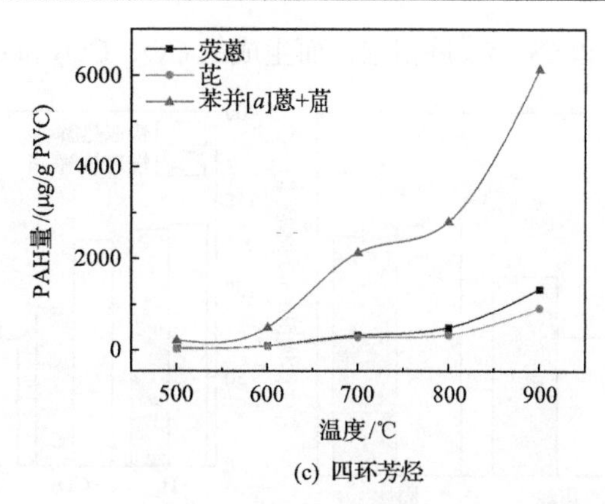

(c) 四环芳烃

图 9.22　PVC 在不同温度下热解的多环芳烃生成特性

PVC 增加至 26506.1μg/g PVC。Wang 等[8]报道了 PVC 燃烧过程中多环芳烃随着温度升高而减少，与图 9.22 相比较，说明 PVC 热解和燃烧过程中，温度对多环芳烃排放的影响是不同的。

本小节研究了温度(500～900℃)对木质素和 PVC 热解过程的影响，得到了一些共性的结论。热解温度越高，热解的最大失重峰出现得越早，最大失重速率越高。当温度从 500℃升高至 900℃，气体产量增加，焦油的分子量增加，多环芳烃增加。而不同之处在于木质素热解焦油量随温度的升高而减少，而 PVC 热解过程中 HCl 的生成量随着温度升高而减少，相应地，焦油量随温度升高而增加。

## 9.2　升温速率的影响

升温速率对基元物质热解动力学特性的影响已经在 8.1 节进行了详细的分析，本节主要研究升温速率对热解的质量分布、气体生成特性及多环芳烃生成特性的影响。

### 9.2.1　升温速率对木质素热解特性的影响

1. 升温速率对木质素热解质量分布特性的影响

不同升温速率下木质素热解的质量分布如图 9.23 所示。与快速热解相比，慢速热解生成更多的焦油和更少的气体。

2. 升温速率对木质素热解气体生成特性的影响

不同升温速率下木质素热解的气体生成特性如图 9.24 所示。与快速热解相比，

慢速热解生成的 $H_2$ 和 $C_2$～$C_4$ 量相近，而生成的 CO、$CO_2$ 和 $CH_4$ 均较少。

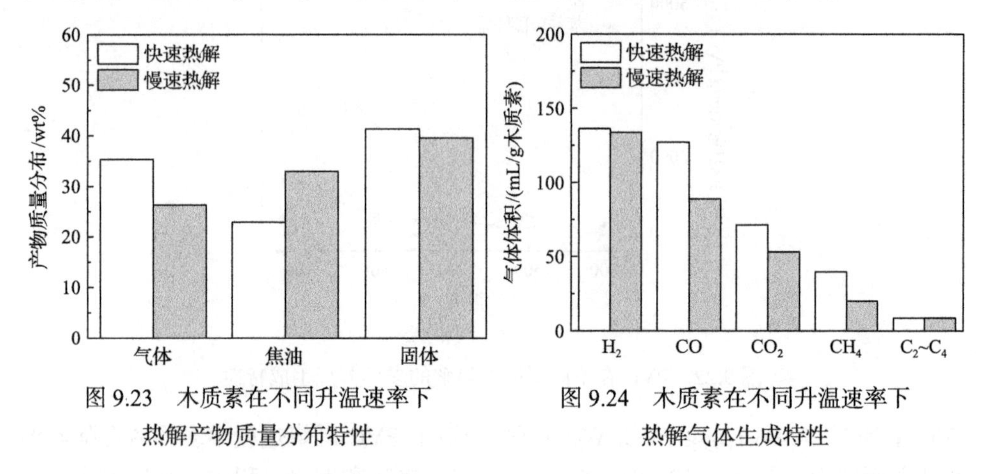


图 9.23 木质素在不同升温速率下热解产物质量分布特性

图 9.24 木质素在不同升温速率下热解气体生成特性

3. 升温速率对木质素热解多环芳烃生成特性的影响

SEC 提供了焦油分子质量的分布，如图 9.25 所示。与快速热解相比，慢速热解生成的 140～160g/mol 的分子比例更高(21wt%)，表明慢速热解生成的小分子比例更高。

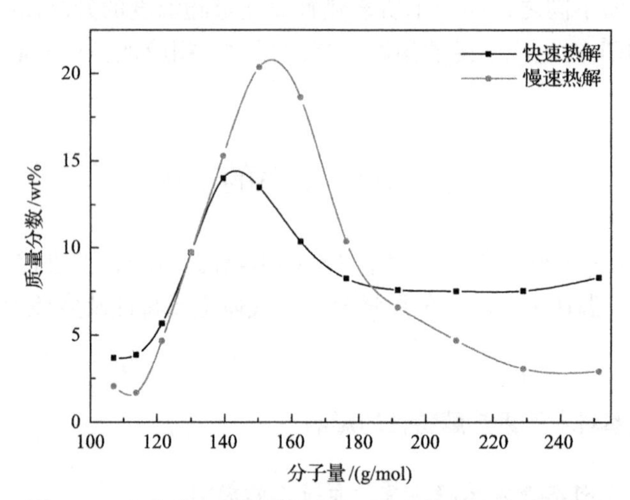


图 9.25 木质素在不同升温速率下热解的焦油分子量分布

木质素在不同升温速率下热解的 PAHs 生成特性如图 9.26 所示，慢速热解生成的二环芳烃的量远低于快速热解。与快速热解相比，慢速热解生成的萘由 143.8μg/g 木质素降低为 3.7μg/g 木质素。三环芳烃生成结果也相似，四环芳烃在慢速热解的焦油中几乎检测不到。二、三、四环的比例如图 9.26(d)所示，与快速热解相比，慢速热解焦油中的二环芳烃比例较高，三、四环芳烃的比例较低，这也与图 9.25 SEC 中的结果一致，其机理将在本章的最后进行分析。

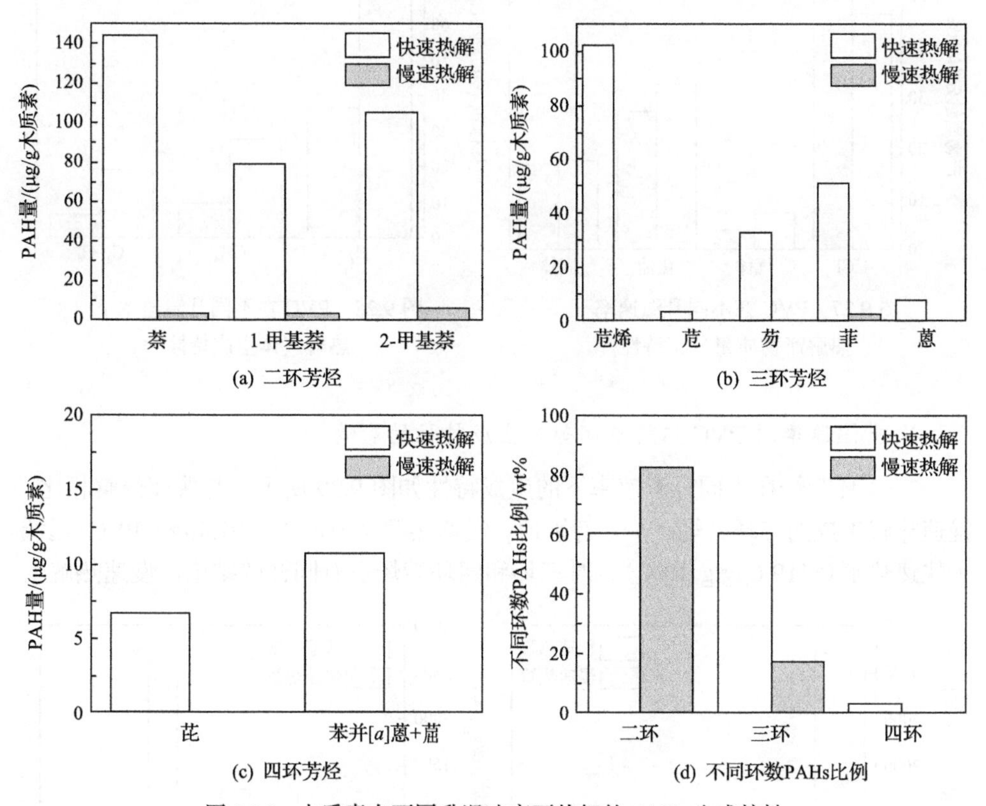


图 9.26　木质素在不同升温速率下热解的 PAHs 生成特性

### 9.2.2　升温速率对 PVC 热解特性的影响

1. 升温速率对 PVC 热解质量分布特性的影响

PVC 在不同升温速率下热解产物的质量分布如图 9.27 所示。与快速热解相比，慢速热解生成更多的 HCl(52.7wt%)，这与 PVC 中的氯含量相近(57.0wt%)，也与其他研究结果相近[9]。此外，与快速热解相比，慢速热解生成的气体和焦油的量更低。对于快速热解和慢速热解，残余质量是相近的(约 17wt%)。

2. 升温速率对 PVC 热解气体生成特性的影响

不同升温速率热解得到的气体产量如图 9.28 所示。与快速热解相比，慢速热解生成的 $H_2$、$CH_4$、$C_2$～$C_4$ 较少，这与图 9.24 木质素的热解结果是一致的。

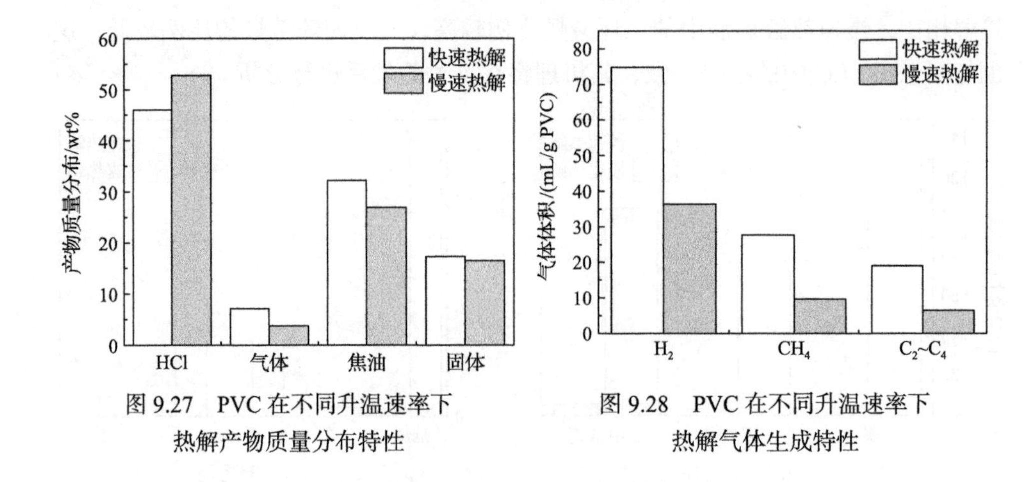


图 9.27　PVC 在不同升温速率下热解产物质量分布特性

图 9.28　PVC 在不同升温速率下热解气体生成特性

3. 升温速率对 PVC 热解多环芳烃生成特性的影响

2～4 环芳烃在不同升温速率下的生成特性如图 9.29 所示。与快速热解相比，慢速热解生成的二环芳烃更少。特别地，慢速热解生成的萘(291.4μg/g PVC)远低于快速热解(5419.6μg/g PVC)，对三环和四环芳烃也有同样的结论。慢速热解生

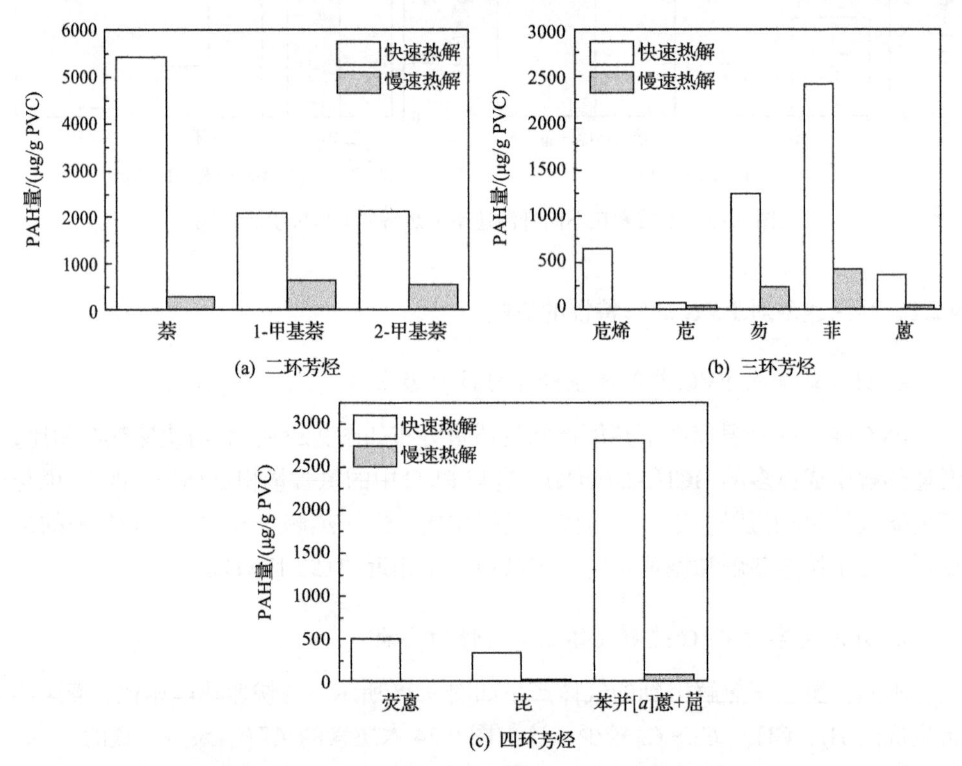


(a) 二环芳烃

(b) 三环芳烃

(c) 四环芳烃

图 9.29　PVC 在不同升温速率下热解的多环芳烃生成特性

成的二环、三环、四环芳烃的总量(2334.3μg/g PVC)是快速热解(18009.1μg/g PVC)的八分之一。

本小节讨论了升温速率对木质素和 PVC 热解特性的影响，共性之处在于与快速热解相比，慢速热解生成的气体更少，多环芳烃更少。不同之处在于木质素慢速热解生成的焦油比快速热解多，而 PVC 慢速热解生成 HCl 比快速热解多，相应地，PVC 慢速热解生成的焦油比快速热解少，其中的机理将在本章 9.5 节讨论。

## 9.3　气氛的影响

### 9.3.1　气氛对木质素热化学转化特性的影响

1. 气氛对木质素热化学转化动力学特性的影响

为了研究气氛对木质素热化学转化特性的影响，除了前面提到的在 $N_2$ 中的实验，还进行了空气和 $CO_2$ 气氛的实验。在 TGA 中，空气或 $CO_2$ 的流量仍然为 100mL/min，结果如图 9.30 所示。三种气氛在 350℃以下的 TG 曲线是重合的，而后，空气气氛下的实验有了明显的快速失重，直至 500℃失重完全。在空气中发生了燃烧反应，残余质量仅有灰分。对于 $CO_2$ 气氛，在 350～700℃对失重过程有所抑制，而在 700℃开始快速失重，发生的反应为 C 在 $CO_2$ 气氛中气化生成 CO，残余质量与空气中相似，说明在 1000℃气化基本完全。对比图 9.30(b)的 DTG 曲线，在空气中的一个热解峰和一个燃烧峰非常明显，而在 $CO_2$ 气氛中，除了与 $N_2$ 中相似的热解峰外，在 750～800℃的气化峰也非常显著。

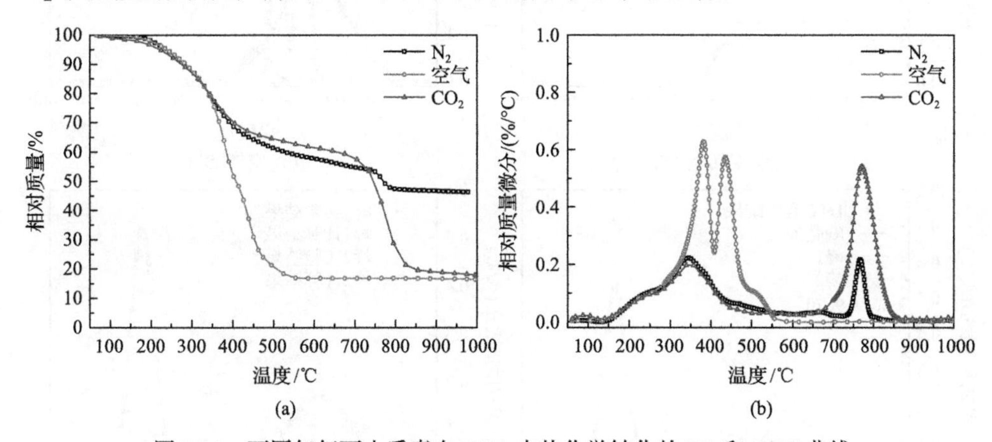


图 9.30　不同气氛下木质素在 TGA 中热化学转化的 TG 和 DTG 曲线

用 PA-LSM 计算空气和 $CO_2$ 气氛下的动力学参数如表 9.3 所示，空气气氛下可以用 4 个平行反应来描述，热解过程和燃烧过程叠加在一起；$CO_2$ 气氛下的热解和气化过程是分离的，热解反应可以用反应 1 来描述，气化反应可以用反应 2

来描述。可以看到，气化反应的活化能是明显高于热解反应的。反应级数 $n$ 都处于 1～2，平均偏差指数 ADI 都在 2 以下。PA-LSM 的结果如图 9.31 所示。

**表 9.3　不同气氛下木质素在 TGA 中热化学转化的动力学参数**

| 气氛 | 反应 | 比例/% | 峰值温度/℃ | $E$/(kJ/mol) | $A$/min$^{-1}$ | $n$ | ADI |
|---|---|---|---|---|---|---|---|
| $N_2$ | 1 | 13.6 | 227.7 | 62 | $8.61\times10^{5}$ | 1.35 | 1.32 |
| | 2 | 52.8 | 344.3 | 73 | $3.05\times10^{5}$ | 1.34 | 1.29 |
| | 3 | 9.0 | 478.4 | 144 | $3.04\times10^{9}$ | 1.43 | 1.48 |
| | 4 | 13.9 | 649.3 | 81 | $3.91\times10^{3}$ | 1.27 | 1.13 |
| | 5 | 10.7 | 767.1 | 1090 | $5.85\times10^{54}$ | 1.6 | 1.87 |
| 空气 | 1 | 55.1 | 354.0 | 38 | $1.55\times10^{2}$ | 1.18 | 0.81 |
| | 2 | 18.8 | 378.7 | 302 | $1.11\times10^{24}$ | 1.55 | 1.78 |
| | 3 | 19.4 | 438.4 | 375 | $2.88\times10^{27}$ | 1.56 | 1.81 |
| | 4 | 6.6 | 493.5 | 189 | $2.78\times10^{12}$ | 1.47 | 1.68 |
| $CO_2$ | 1 | 48.1 | 336.6 | 35 | $1.17\times10^{2}$ | 1.17 | 0.76 |
| | 2 | 51.9 | 773.8 | 392 | $1.41\times10^{19}$ | 1.52 | 1.83 |

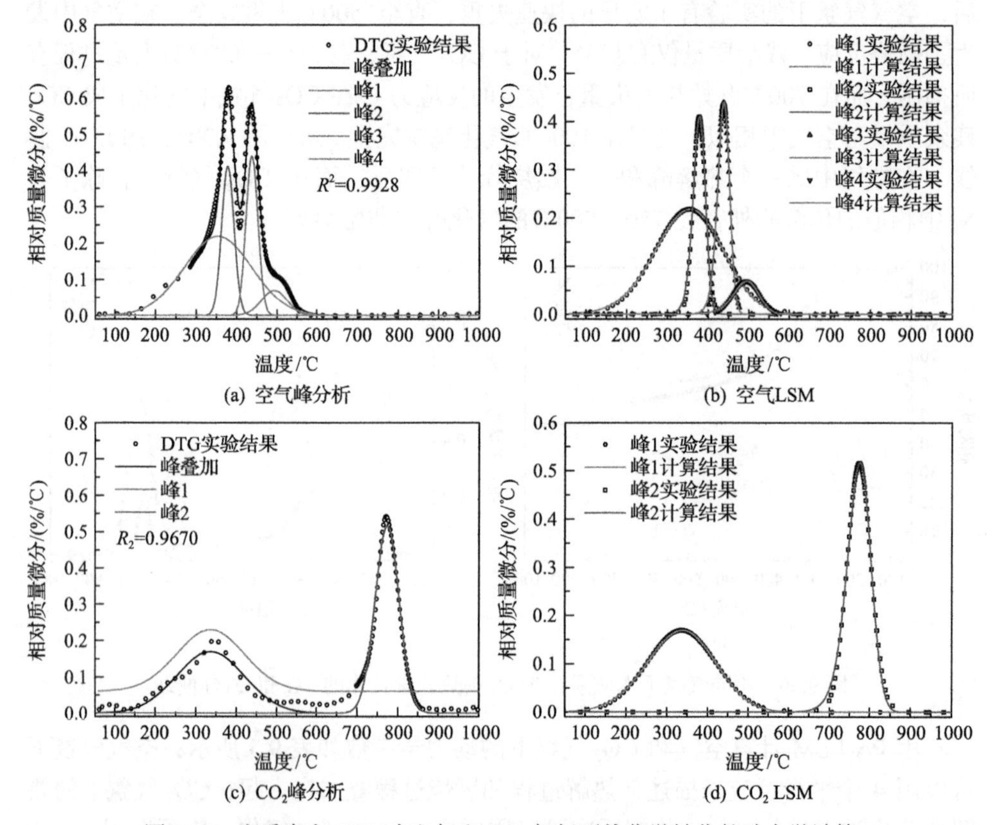


图 9.31　木质素在 TGA 中空气和 $CO_2$ 气氛下热化学转化的动力学计算

木质素在 Macro-TGA 中快速热解/气化的 TG 和 DTG 曲线如图 9.32 所示。在 100s 以前，三种气氛的失重特性是相似的。在之后 100～350s，$N_2$气氛与空气气氛的反应是一致的，此后，空气气氛下的气化作用开始显示出来。在 100～450s，$CO_2$ 反而对热化学转化有一定的抑制作用，这和 TGA 中的结果是相似的，如图 9.30(a)所示。随着时间继续推进，$CO_2$ 的气化作用使其热失重渐渐超越 $N_2$ 气氛下。在 600s 时，$N_2$气氛下的反应已经完全，而空气和 $CO_2$ 下的反应仍未结束。

不同气氛下的热化学转化特性参数如图 9.33 所示。由于在空气和 $CO_2$气氛下的反应未完全，此处未列出反应结束时间和热解/气化特性指数。由最大失重速率可以看出，在空气和 $CO_2$ 气氛下的最大失重速率明显高于 $N_2$ 气氛下，而在空气气氛下最大失重时间明显短于 $N_2$ 和 $CO_2$ 气氛下。

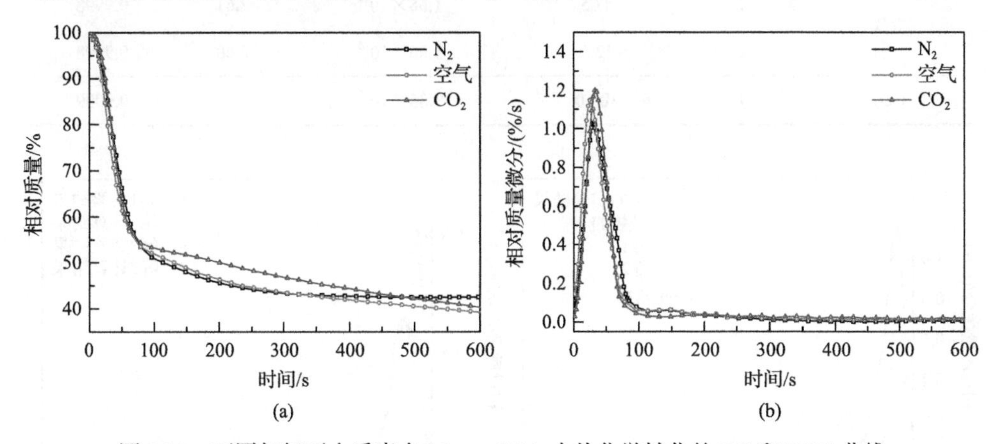


图 9.32　不同气氛下木质素在 Macro-TGA 中热化学转化的 TG 和 DTG 曲线

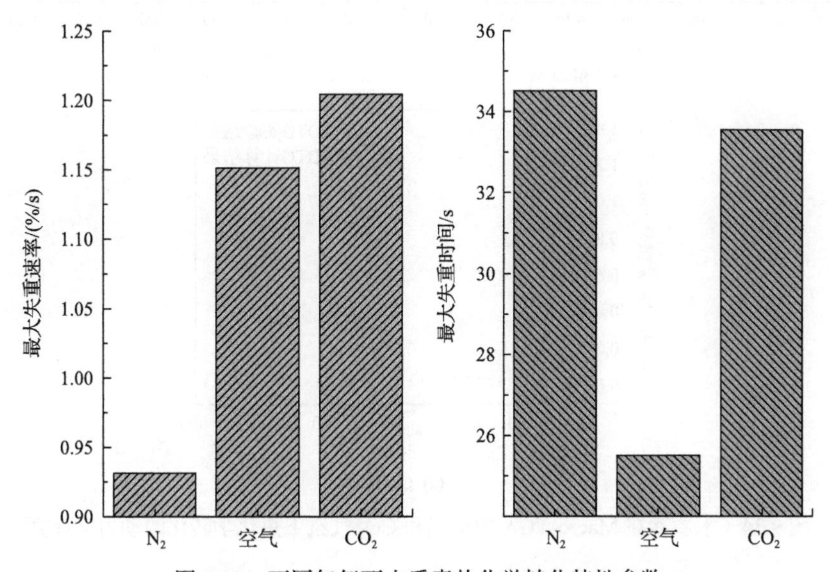


图 9.33　不同气氛下木质素热化学转化特性参数

使用 PA-LSM 计算了三种气氛下的动力学参数，如表 9.4 所示。在空气气氛下的动力学计算与 $N_2$ 气氛下相似，都可用两个峰来表示。在 $CO_2$ 气氛下的反应可以用单一反应表示，并且相关系数较高。峰分析的结果与最小二乘法计算的动力学参数的结果如图 9.34 所示，计算结果与实验结果符合较好。

**表 9.4　木质素在 Macro-TGA 实验台上不同气氛下热化学反应的动力学参数**

| 温度/℃ | 反应 | 比例/% | $k$ | $n$ | $R^2$ |
|---|---|---|---|---|---|
| $N_2$ | 1 | 59.9 | $1.25\times10^{-4}$ | 2.57 | 0.9996 |
| | 2 | 40.1 | $2.84\times10^{-6}$ | 3.12 | 0.9970 |
| 空气 | 1 | 47.5 | $1.66\times10^{-4}$ | 2.61 | 0.9998 |
| | 2 | 52.5 | $3.85\times10^{-5}$ | 2.60 | 0.9998 |
| $CO_2$ | 1 | 100.0 | $3.88\times10^{-5}$ | 2.73 | 0.9999 |

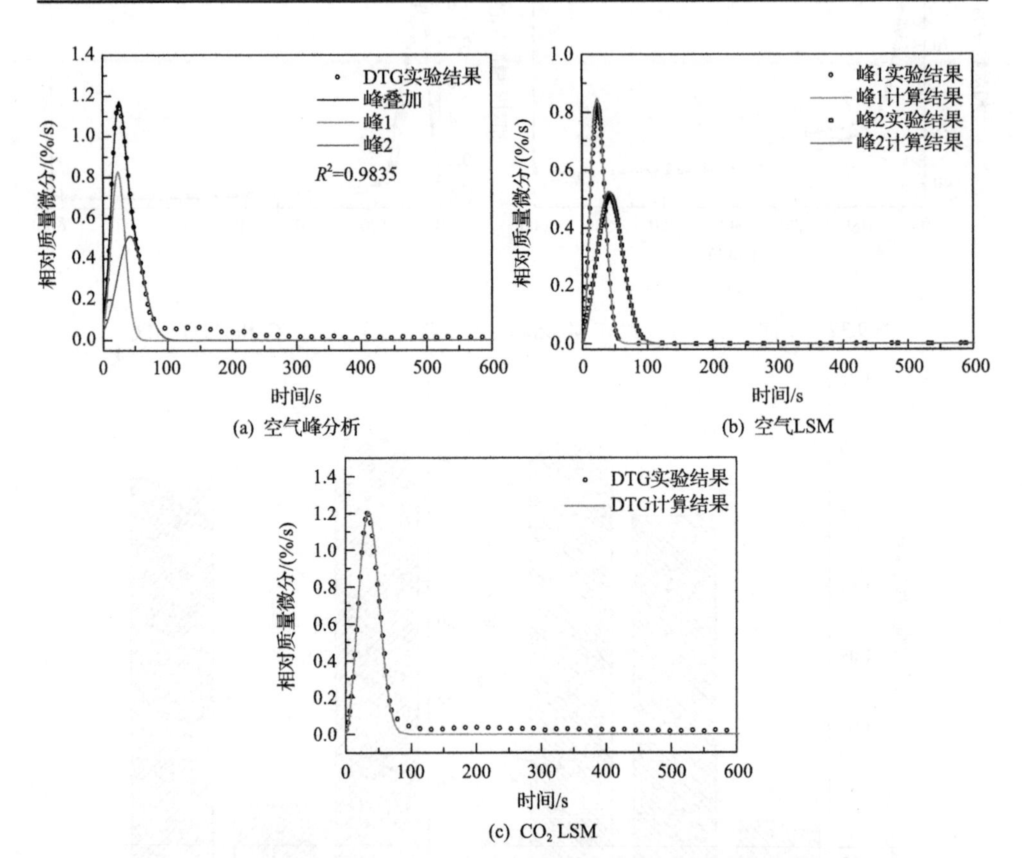


图 9.34　木质素在 Macro-TGA 中空气和 $CO_2$ 气氛下热化学转化的动力学计算

2. 气氛对木质素热化学转化质量分布特性的影响

不同实验的产物质量分布特性如图9.35所示，纵坐标为产物与初始木质素质量的百分比，由于气化剂空气和$CO_2$参与反应，因此部分产物可能超过100%。如图所示，与$N_2$气氛下的热解相比，空气或$CO_2$气氛下的气化产生更少的残余固体，原因是焦炭会与空气或$CO_2$发生反应。相应地，气体和焦油的生成量增加。Gordillo和Annamalai[10]的研究表明，在800℃下，随着空气的增加，焦油量增加。然而，Yu等[11]报道了不同的结果，在夹带流反应器中，随着过量空气系数的增加，焦油量减少。随着空气流量的增加，焦油量可能存在一个最大值[12]。由于生成含氧有机物，$O_2$的参与可能增加焦油量，然而，随着$O_2$量的增加，这些化合物可能继续被氧化为$CO_2$或CO。值得注意的是，反应系统中使用1g木质素，反应器的直径也较小(1cm)，可能会形成局部富燃料的气氛。如图9.35所示，$CO_2$气氛的气化释放了最多的气体，其来自$CO_2$和焦炭的反应。

3. 气氛对木质素热化学转化气体生成特性的影响

木质素在不同气氛下的气体生成特性如图9.36所示。空气气氛下的气化生成的$H_2$较少，但生成更多的$CO_2$和CO。与$N_2$气氛下的热解相比，$CO_2$气化下生成较少的$H_2$和较多的CO，大量的CO来源于$CO_2$和焦炭的反应[13]。

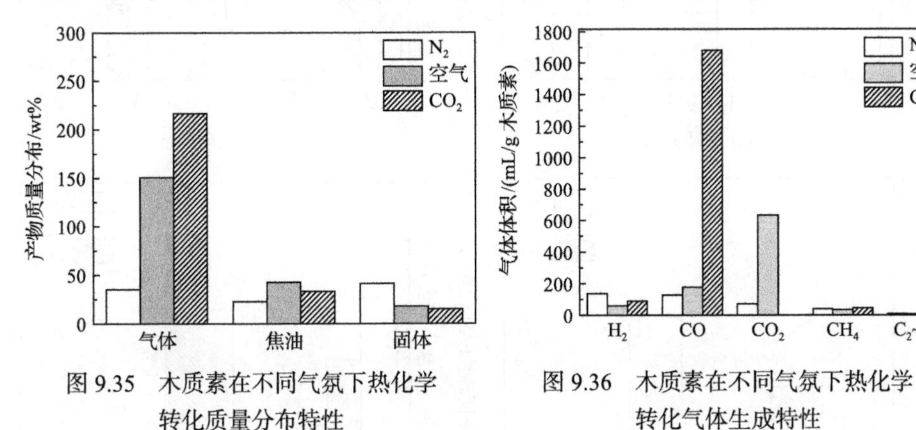


图9.35　木质素在不同气氛下热化学转化质量分布特性

图9.36　木质素在不同气氛下热化学转化气体生成特性

4. 气氛对木质素热化学转化多环芳烃生成特性的影响

木质素在不同气氛下焦油的SEC曲线如图9.37所示。空气气化条件下，焦油的分子量比$N_2$热解略低，而$CO_2$气化下焦油的分子量最低。

不同气氛下木质素焦油的多环芳烃含量如图9.38所示。空气气化条件生成的二环芳烃比$N_2$条件下少，而$CO_2$气化条件下生成的二环芳烃最少。对于三环芳烃，与$N_2$气氛下的热解相比，空气或$CO_2$气氛下的气化生成的苊烯、苊、芴减

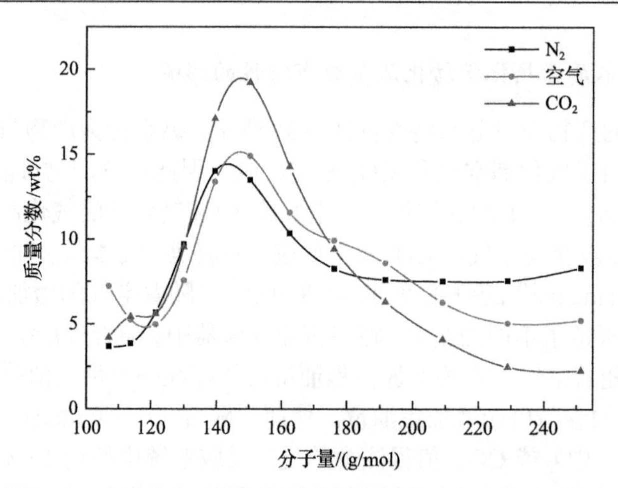


图 9.37　木质素在不同气氛下热化学转化的焦油分子量分布

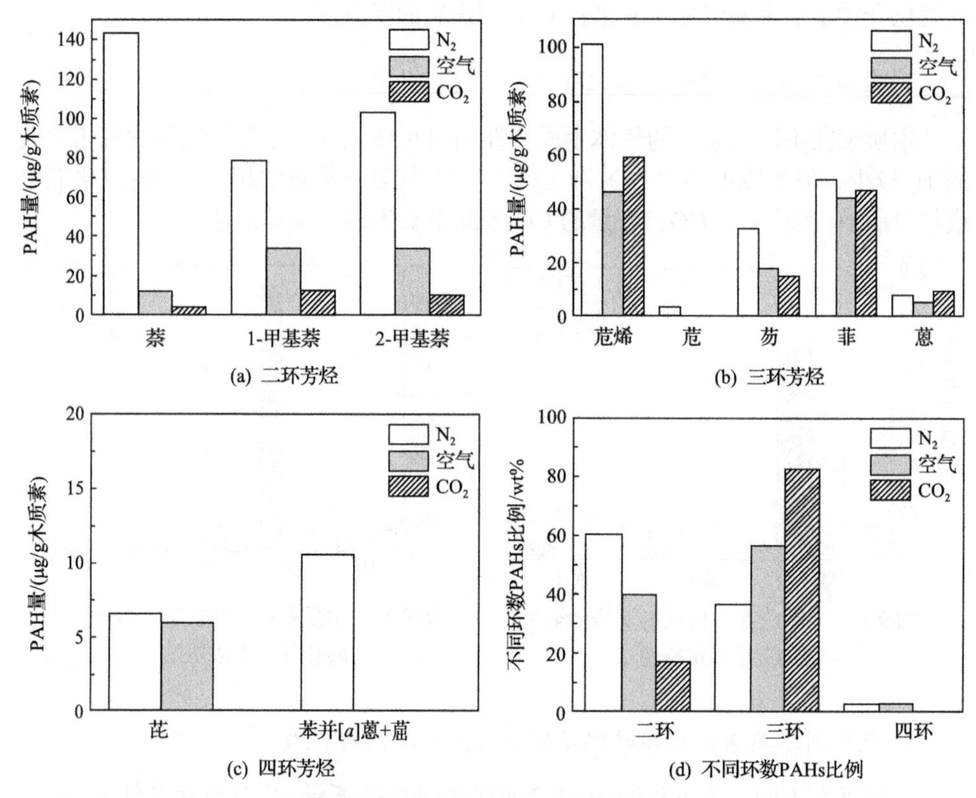


图 9.38　木质素在不同气氛下热化学转化的多环芳烃生成特性

少，而菲(约 45μg/g 木质素)和蒽(约 7μg/g 木质素)在不同气氛下的生成量相差不多。在 $CO_2$ 气氛下的焦油产物中检测不到四环芳烃，仅有少量的芘可以在空气气氛下的焦油产物中被检测到，如图 9.38(c)所示。

不同环数多环芳烃的比例如图 9.38(d)所示，空气和 $CO_2$ 气化条件下生成的二环芳烃的比例比 $N_2$ 气氛下低，这和图 9.37 的 SEC 曲线一致。

### 9.3.2　气氛对 PVC 热化学转化特性的影响

1. 气氛对 PVC 热化学转化动力学特性的影响

PVC 在空气和 $CO_2$ 气氛下的 TG 和 DTG 曲线如图 9.39 所示。与木质素类似，在反应刚开始时，三条曲线是重合的。在 300～350℃，$CO_2$ 表现出了对热失重的抑制作用。在 400℃以上，空气对 PVC 的热失重存在明显的抑制作用。最终，空气中的残余质量接近为零，$CO_2$ 的气化作用比较缓慢，到 1000℃仍未完全。如图 9.39 所示的 DTG 曲线表明，在 400℃以下，$N_2$ 气氛和空气气氛是相似的，而在 400℃以上，$N_2$ 气氛和 $CO_2$ 气氛是相似的。

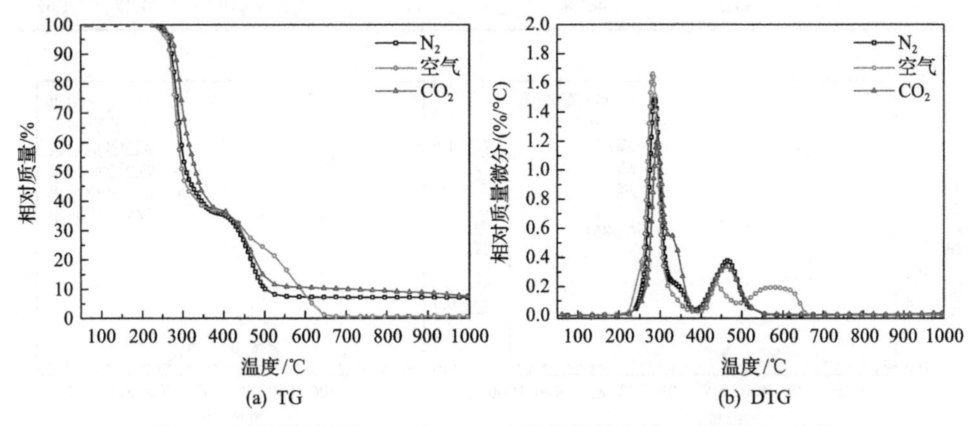


图 9.39　不同气氛下 PVC 在 TGA 中热化学转化的 TG 和 DTG 曲线

PVC 在不同气氛中的热化学转化动力学参数如表 9.5 所示，在每种气氛下的反应均可以用三个平行反应表示，但是每个平行反应的比例略有不同，这说明平行反应本身并不是真实的独立反应。各平行反应的活化能为 142～268kJ/mol，反应的级数为 1.5 左右，平均偏离指数均小于 2。使用 PA-LSM 计算的结果如图 9.40 所示。

不同气氛下 PVC 在 Macro-TGA 快速热解/气化的 TG 和 DTG 曲线如图 9.41 所示。PVC 在空气中失重最快，在 $CO_2$ 中其次，在 $N_2$ 中失重最慢，这与 TGA 中慢速反应的结果不同。在不同条件下，残余质量相似。相应地，热转化的特征参数如图 9.42 所示。对于反应结束时间，空气中最短，$N_2$ 中最长。对于最大失重时间，空气中最快。对于最大失重速率和热转化特性指数，空气＞$CO_2$＞$N_2$，原因在于在高温(800℃)下空气或 $CO_2$ 气氛快速热化学转化过程中，气化反应与热分解几乎同时发生，因而其失重速率更快。

**表 9.5　不同气氛下 PVC 在 TGA 中热化学转化的动力学参数**

| 气氛 | 反应 | 比例/% | 峰值温度/℃ | $E$/ (kJ/mol) | $A$/min$^{-1}$ | $n$ | ADI |
|---|---|---|---|---|---|---|---|
| $N_2$ | 1 | 55.3 | 286.5 | 244 | $4.99\times10^{22}$ | 1.54 | 1.76 |
| | 2 | 13.5 | 335.9 | 179 | $1.13\times10^{15}$ | 1.50 | 1.72 |
| | 3 | 31.4 | 461.3 | 181 | $2.93\times10^{12}$ | 1.47 | 1.68 |
| 空气 | 1 | 61.0 | 282.2 | 234 | $8.74\times10^{21}$ | 1.54 | 1.76 |
| | 2 | 11.1 | 442.5 | 265 | $1.32\times10^{19}$ | 1.52 | 1.75 |
| | 3 | 27.9 | 573.7 | 142 | $1.15\times10^{8}$ | 1.41 | 1.60 |
| $CO_2$ | 1 | 41.7 | 292.0 | 268 | $4.82\times10^{24}$ | 1.55 | 1.77 |
| | 2 | 28.1 | 332.2 | 210 | $7.40\times10^{17}$ | 1.52 | 1.74 |
| | 3 | 30.2 | 461.8 | 177 | $1.33\times10^{12}$ | 1.47 | 1.67 |

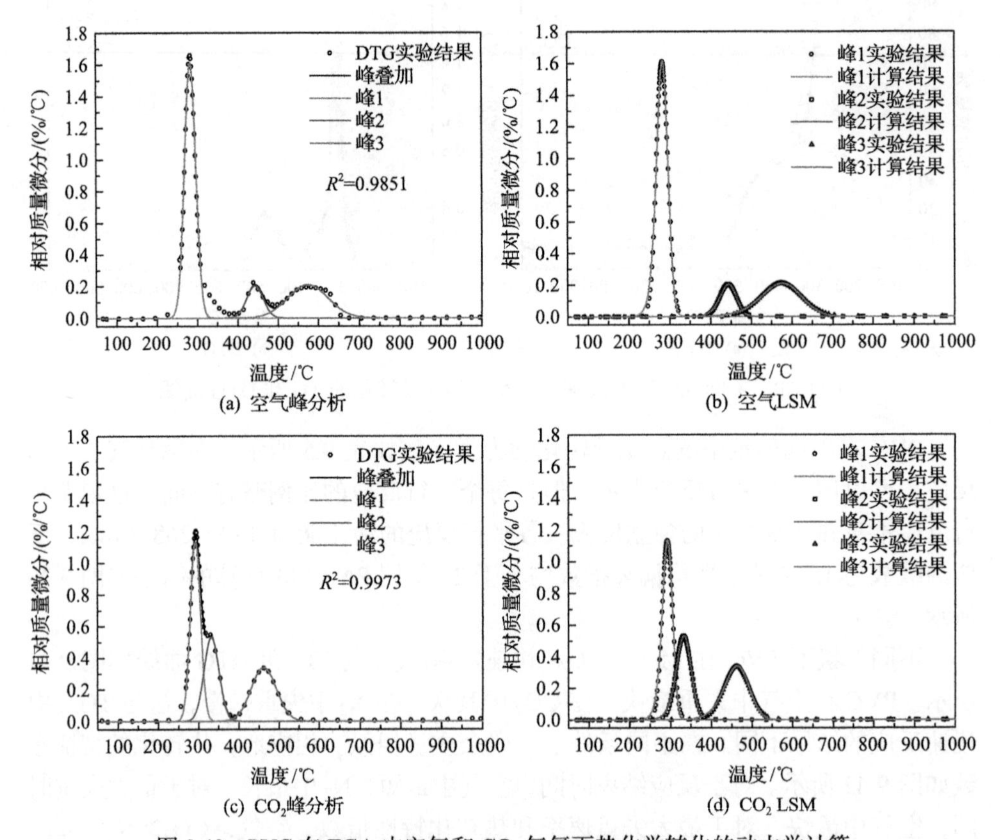


图 9.40　PVC 在 TGA 中空气和 $CO_2$ 气氛下热化学转化的动力学计算

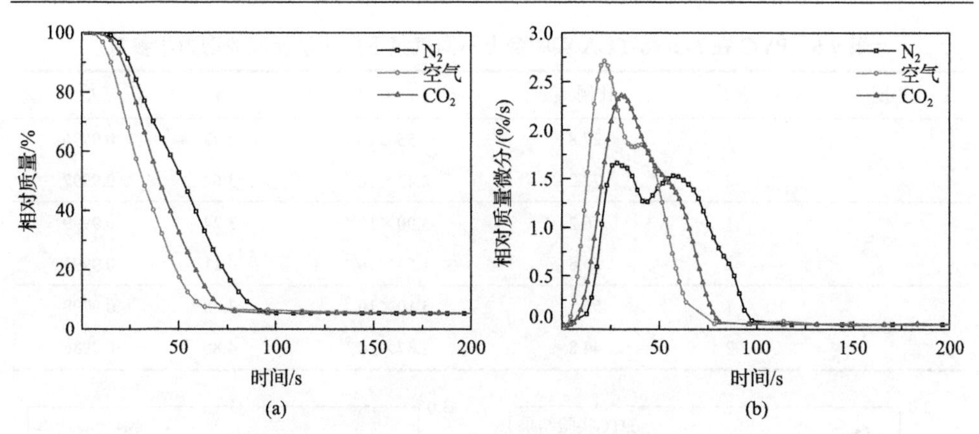


图 9.41　不同气氛下 PVC 在 Macro-TGA 中热化学转化的 TG 和 DTG 曲线

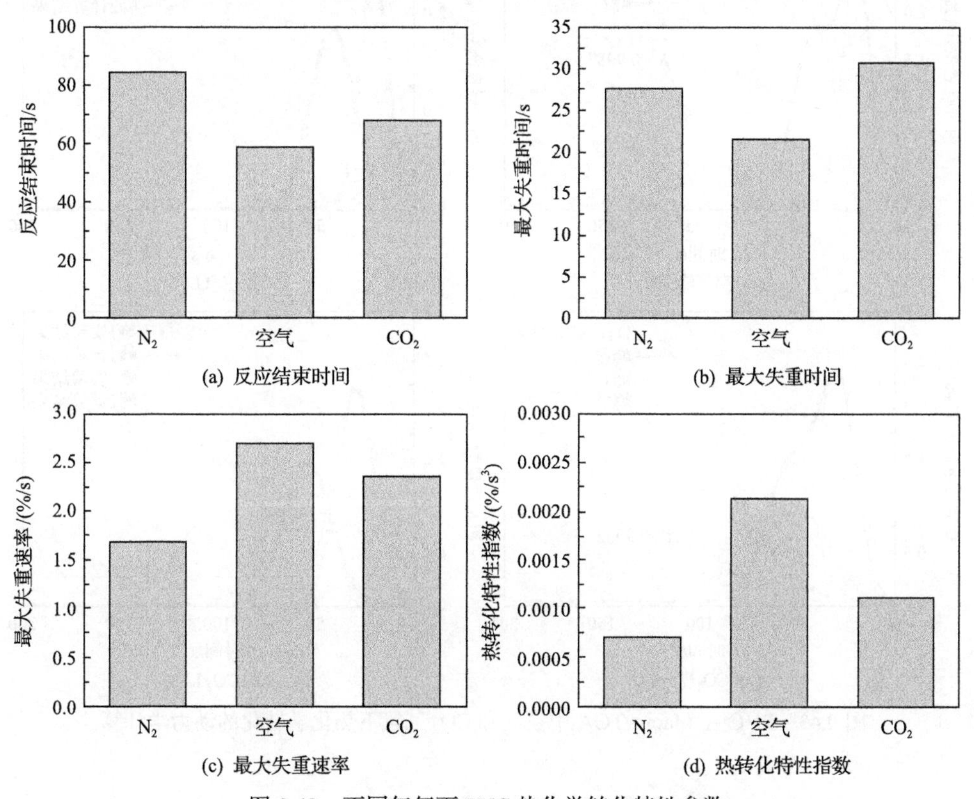


图 9.42　不同气氛下 PVC 热化学转化特性参数

热反应的动力学参数如表 9.6 所示，每个反应可以用两个平行反应来描述，反应级数在 3～4，用动力学参数计算的结果如图 9.43 所示，动力学参数可以较准确地再现热化学反应的失重特性。

**表 9.6　PVC 在 Macro-TGA 实验台上不同气氛下热化学反应的动力学参数**

| 温度/℃ | 反应 | 比例/% | $k$ | $n$ | $R^2$ |
|---|---|---|---|---|---|
| $N_2$ | 1 | 27.8 | $2.55\times10^{-6}$ | 3.73 | 0.9996 |
| | 2 | 72.2 | $2.43\times10^{-7}$ | 3.64 | 0.9997 |
| 空气 | 1 | 46.2 | $3.90\times10^{-5}$ | 3.24 | 0.9999 |
| | 2 | 53.8 | $1.54\times10^{-7}$ | 4.11 | 0.9993 |
| $CO_2$ | 1 | 55.2 | $5.10\times10^{-6}$ | 3.48 | 0.9998 |
| | 2 | 44.8 | $2.37\times10^{-9}$ | 4.88 | 0.9986 |

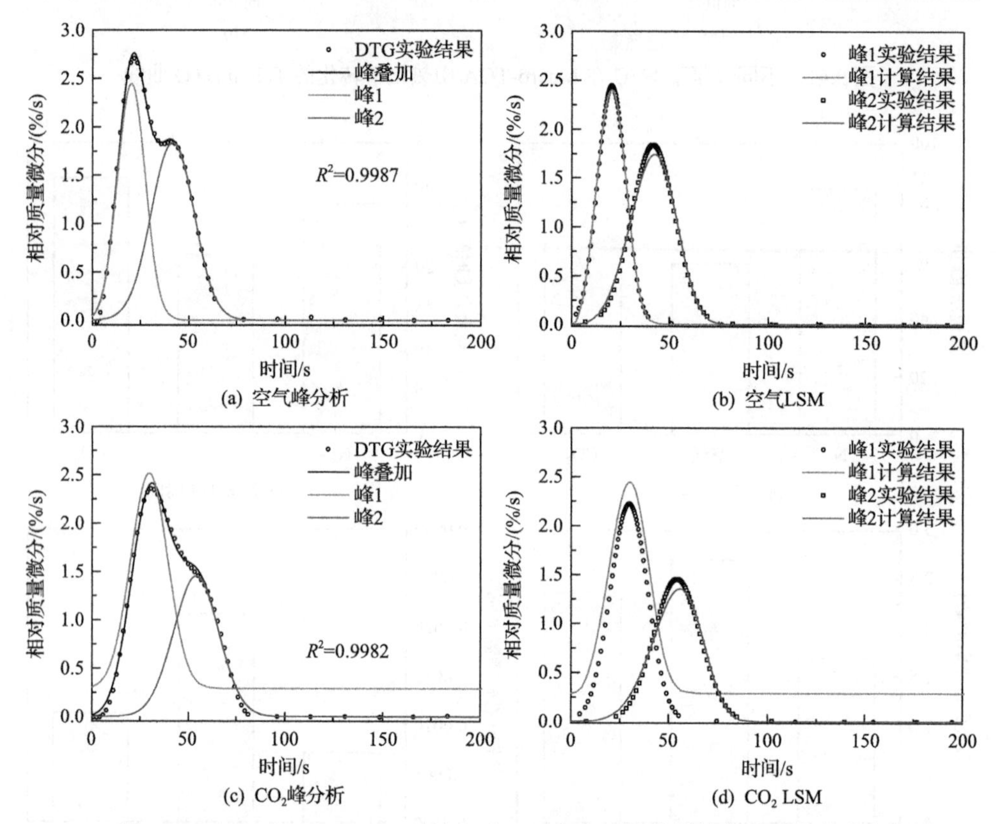


图 9.43　PVC 在 Macro-TGA 中空气和 $CO_2$ 气氛下热化学转化的动力学计算

2. 气氛对 PVC 热化学转化质量分布特性的影响

不同气氛对质量分布的影响如图 9.44 所示。对于空气和 $CO_2$ 气氛下的反应，HCl 产量分别减少为 31.6wt%和 40.4wt%。空气气氛下比 $N_2$ 气氛下生成更多的气体(29.8wt%)和焦油(50.6wt%)，而 $CO_2$ 气氛下生成最多的气体(44.1wt%)和焦油(87.2wt%)，这可能是由于 $CO_2$ 和焦炭的反应，在空气或 $CO_2$ 气氛下没有残余固体。

3. 气氛对 PVC 热化学转化气体生成特性的影响

PVC 在不同气氛下气体生成特性如图 9.45 所示。空气气氛下生成了一定量的 CO(63.8mL/g PVC)和 $CO_2$(74.6mL/g PVC)，而 $CO_2$ 气氛下生成了最多的 CO (322.7mL/g PVC)，大量的 CO 源于 $CO_2$ 和焦炭的反应[13]。

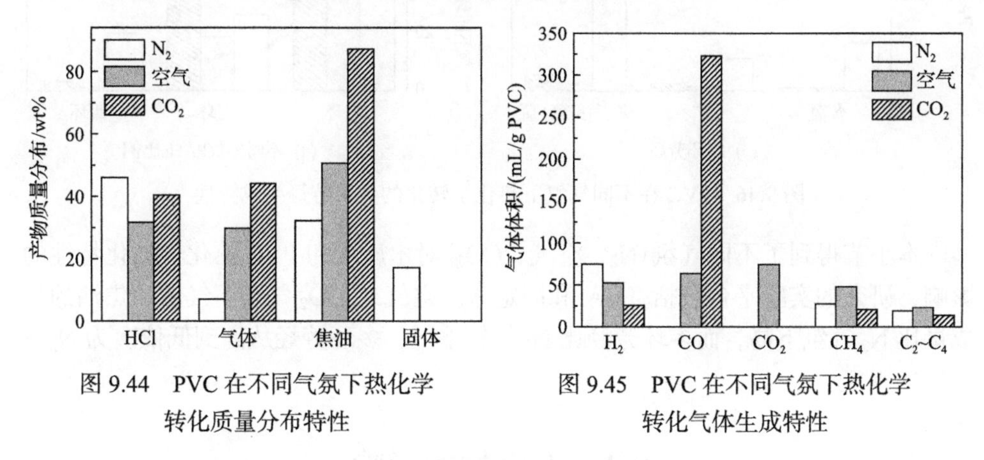


图 9.44　PVC 在不同气氛下热化学转化质量分布特性

图 9.45　PVC 在不同气氛下热化学转化气体生成特性

4. 气氛对 PVC 热化学转化多环芳烃生成特性的影响

PVC 在不同条件下，二环、三环、四环芳烃的生成特性如图 9.46 所示。与 $N_2$ 气氛下相比，空气气氛下生成的萘更多，但甲基萘生成量相当。空气气氛下生成的芴和菲比 $N_2$ 气氛下略低，而其他的多环芳烃远低于 $N_2$ 气氛下。$CO_2$ 气氛下二环芳烃比空气下低，而三环和四环芳烃比空气气氛下高。

焦油中二环、三环、四环 PAHs 的质量比例如图 9.46(d)所示。与 $N_2$ 气氛相比，空气气氛下生成更高比例的二环芳烃(80.1wt%)和较低的三环(18.9wt%)与四环(1.1wt%)PAHs。相反，与 $N_2$ 气氛相比，$CO_2$ 气氛下气化生成较高比例的三环芳烃(43.8wt%)和较低比例的四环 PAHs(3.3wt%)。

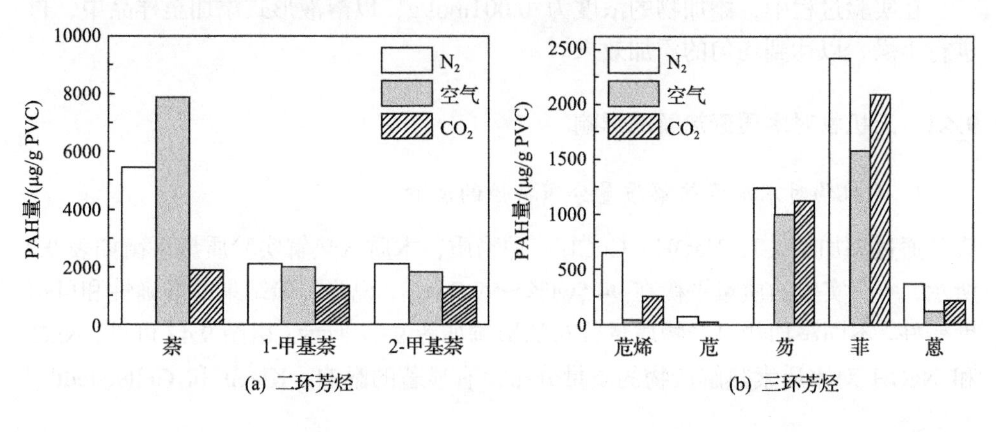

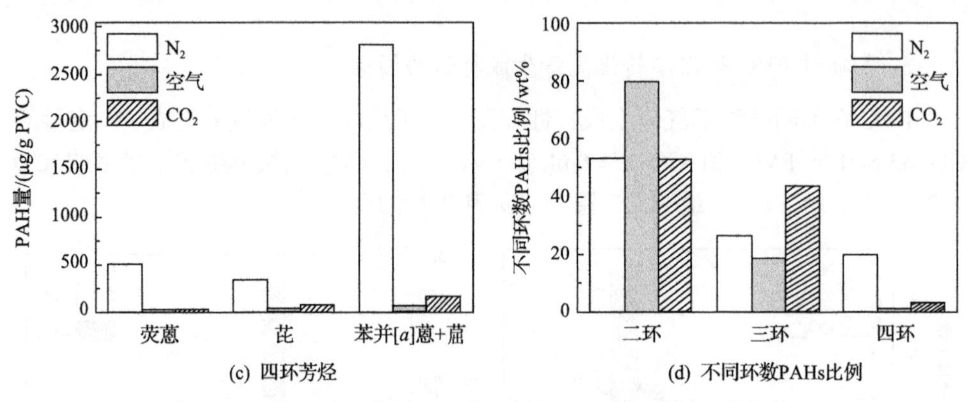


图 9.46 PVC 在不同气氛下热化学转化的多环芳烃生成特性

本小节得到了不同气氛($N_2$、空气、$CO_2$)对木质素和 PVC 热化学转化特性的影响，研究的实验平台包括 TGA 和固定床。空气或 $CO_2$ 气氛下气体和焦油的生成量比 $N_2$ 气氛下高，而多环芳烃比 $N_2$ 气氛下低，多环芳烃从高到低依次为 $N_2$＞空气＞$CO_2$。

## 9.4 无机物的影响

城市固废氯含量比煤和生物质高，一般为 0.8wt%～2.5wt%[14]，因此，氯可能对多环芳烃的生成有较大影响。可燃固废中常见的氯包括有机氯(以 PVC 为代表)与无机氯(以 NaCl 为代表)，有机氯本身可以生成多环芳烃，已在前文有述，本节研究无机氯(NaCl)的作用，同样选取木质素和 PVC 为代表。除了 NaCl 外，还选取了 NaOH 与 NaCl 进行比较，选取 NaOH 的原因主要在于其在热化学反应过程中生成 $H_2O$，对气体组分没有明显影响。同时，有研究表明，$Cu^{2+}$可能对多环芳烃的生成有重要影响[15]，因此，本章也研究了 $CuCl_2$ 对木质素和 PVC 热解生成多环芳烃的影响。

在实验过程中，添加物的浓度为 0.001mol/g，以溶液形式添加至样品中，再进行干燥，以达到均匀的添加效果。

### 9.4.1 无机物对木质素热解的影响

1. 无机物对木质素热解质量分布特性的影响

通过添加 NaCl、NaOH、$CuCl_2$ 三种物质，木质素热解实验质量平衡如表 9.7 所示，所有实验的质量平衡在 94.5wt%～99.7wt%，说明实验结果的准确性和可信度较好。不同添加物对产物质量分布的影响如图 9.47 所示。由图 9.47 可见，NaCl 和 NaOH 对木质素热解产物的质量分布没有显著的影响。Kleen 和 Gellerstedt[16]

进行了木质素的热解实验，也得到了 $Na^+$对挥发分产率没有明显影响的结论。然而，有研究表明，在纤维素的热解过程中，NaCl 的添加可以增加焦炭的生成量[17]，这说明 NaCl 对纤维素和木质素热解的影响机理是不同的。当添加了 $CuCl_2$ 时，固体残余量减少，焦油生成量增加，可能的原因是在高温下，$CuCl_2$ 可以生成沸点较低(430℃)的 CuCl，进而进入焦油中。

**表 9.7　不同添加物木质素热解的质量平衡**

| 样品 | 无添加物 | NaCl | NaOH | $CuCl_2$ |
|---|---|---|---|---|
| 质量平衡/wt% | 99.5 | 99.7 | 94.5 | 99.1 |

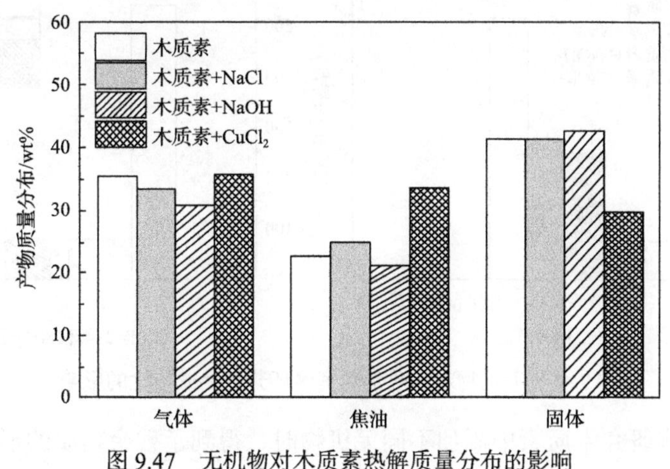


图 9.47　无机物对木质素热解质量分布的影响

2. 无机物对木质素热解多环芳烃生成特性的影响

不同无机物对木质素热解多环芳烃生成特性的影响如图 9.48 所示，NaCl 的加入导致所有的多环芳烃生成量都显著减少了。例如，萘的生成量从 143.8μg/g 减少至 2.5μg/g，苊烯的生成量从 102.0μg/g 减少至 26.9μg/g。当添加了 NaCl 以后，没有检测到苯并[*a*]蒽和䓛。Kuroda 等[18]的实验表明，在木质素 500℃热解的实验过程中，NaCl 可以抑制愈创木酚衍生物的生成，而多环芳烃是典型的愈创木酚衍生物。NaOH 对多环芳烃的抑制作用与 NaCl 相似，加入 NaCl 或 NaOH，多环芳烃总量均由 541.0μg/g 下降至约 80μg/g。当加入 $CuCl_2$ 时，所有多环芳烃也有所减少，但是减少程度较低，多环芳烃总量由 541.0μg/g 下降至 267.0μg/g。由图 9.47 和图 9.48 可知，影响木质素热解的主要是阳离子，不过影响机理还需要进一步研究。

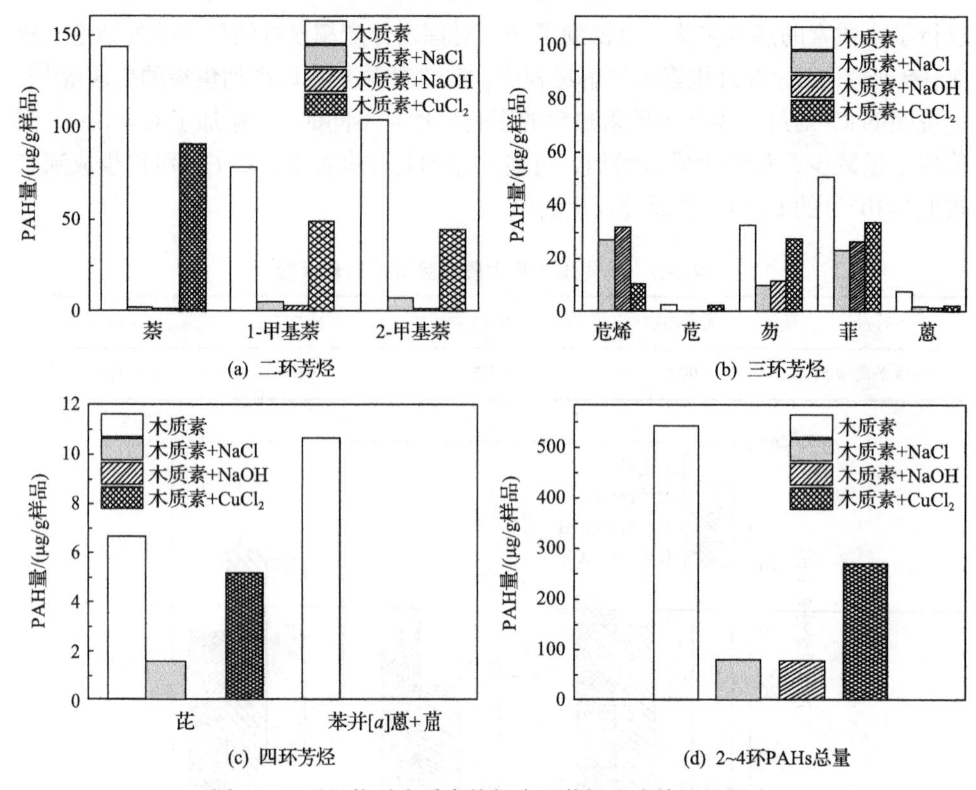


(a) 二环芳烃　(b) 三环芳烃

(c) 四环芳烃　(d) 2~4环PAHs总量

图 9.48　无机物对木质素热解多环芳烃生成特性的影响

在进一步研究木质素中添加不同无机物时，得到了残余物质的形态，结果如图 9.49 所示，相应的 EDXS 结果如表 9.8 所示。在添加了 NaCl 后，残余物质的形态变化不大，而 EDXS 结果表明，Na 主要出现在残余固体中，一部分 Na 以 NaCl 形式存在，一部分 Na 以氧化物形式存在。添加了 NaOH 后，残余物质的形态发生较大的变化，出现较多短纤维状物质，如图 9.49(c)所示。EDXS 结果表明，

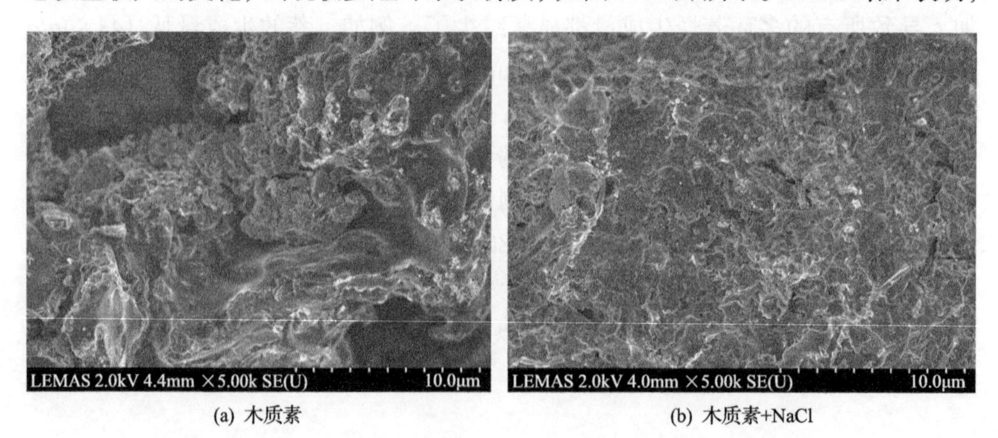


(a) 木质素　(b) 木质素+NaCl

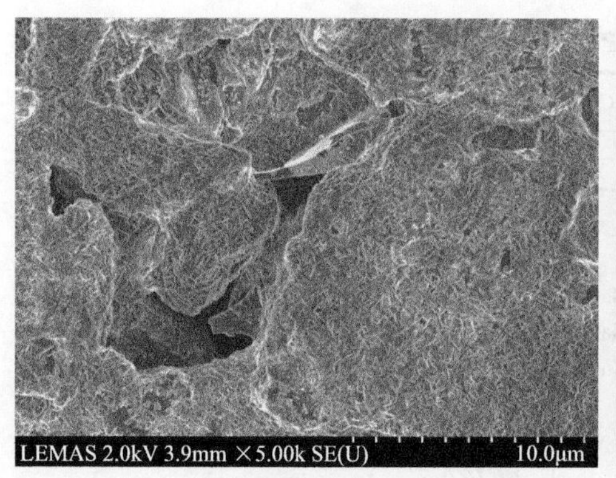


(c) 木质素+NaOH

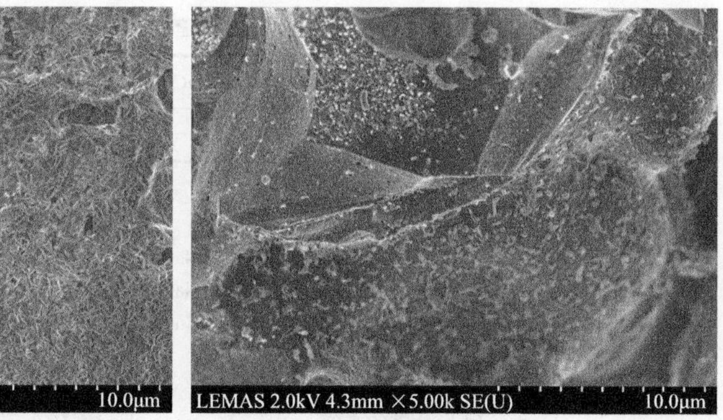


(d) 木质素+$CuCl_2$

图 9.49　不同添加物对木质素热解残余物质形态的影响

**表 9.8　不同添加物对木质素热解残余物质元素组成的影响**

| 样品 | C/wt% | O/wt% | Na/wt% | Cl/wt% | S/wt% | Cu/wt% |
|---|---|---|---|---|---|---|
| 木质素 | 82.42 | 2.36 | 4.71 | — | 0.06 | — |
| 木质素+NaCl | 59.76 | 12.00 | 11.26 | 15.24 | 1.14 | — |
| 木质素+NaOH | 47.94 | 29.36 | 17.44 | — | 4.57 | — |
| 木质素+$CuCl_2$ | 66.71 | 11.57 | 5.49 | 5.35 | 3.83 | 7.06 |

Na 主要以氧化物形式存在。加入 $CuCl_2$ 后，残余物质出现了一些细颗粒，Cu 以氧化物和氯化物共存的形态存在。

### 9.4.2　无机物对 PVC 热解的影响

1. 无机物对 PVC 热解质量分布特性的影响

添加了 NaCl、NaOH 或 $CuCl_2$ 后，PVC 热解实验的质量平衡如表 9.9 所示，各实验的质量平衡位于 97.1wt%～102.5wt%，说明实验结果的准确性和可信度较好。如图 9.50 所示，添加了 NaCl 后，HCl 生成减少，焦油和固体增加。添加了 NaOH 后，HCl 和固体减少，而焦油生成量增加，原因可能是 NaOH 与 HCl 反应生成了水，而水进入到了焦油中[19,20]。然而，NaCl 对 HCl 生成的抑制作用机理尚不清楚。添加了 $CuCl_2$ 后，HCl 的生成没有明显变化，焦油生成量减少，固体残余量增加，Cheng 和 Liang[21]同样报道了 $CuCl_2$ 的添加导致了固体残余量增加的结果，$CuCl_2$ 的添加使得焦炭量增加可能是因为它是一种路易斯酸[22]，路易斯酸的催化作用对应一个 Friedel-Crafts 烷基化反应，带正电的碳原子可以和带一个电子的富烯序列发生反应，催化分子间交联反应，最终形成焦炭[23]。通过对比图 9.47 和图 9.50 可知，无机物对木质素和 PVC 的热解的影响是不同的。

**表 9.9　不同添加物 PVC 热解的质量平衡**

| 样品 | PVC | PVC+NaCl | PVC+NaOH | PVC+$CuCl_2$ |
|---|---|---|---|---|
| 质量平衡/wt% | 102.5 | 97.1 | 99.0 | 99.8 |

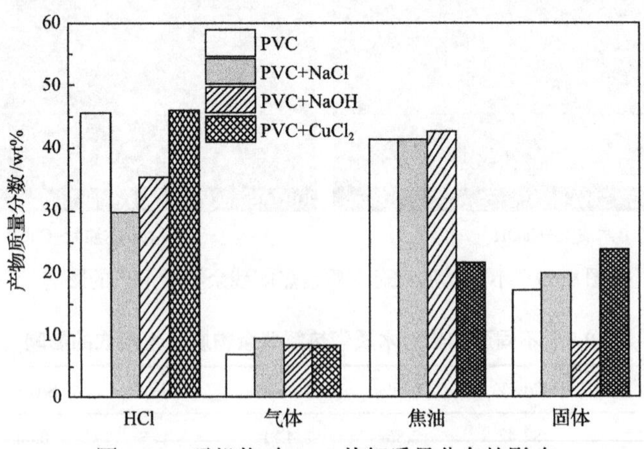


图 9.50　无机物对 PVC 热解质量分布的影响

2. 无机物对 PVC 热解多环芳烃生成特性的影响

三种无机物对 PVC 热解多环芳烃生成特性的影响如图 9.51 所示。NaCl 的添加对 PVC 热解多环芳烃的生成有比较显著的影响，其中对二环和三环芳烃生成有明显的促进作用，而对四环芳烃有明显的抑制作用，NaOH 则对所有多环芳烃的生成都有抑制作用。Masuda 等[20]报道了在 PVC 热解过程中，当添加了氧化物后，苯的生成受到抑制，而苯被证明是多环芳烃的前驱物[24]。$CuCl_2$ 对多环芳烃生成的抑制作用最为明显，如图 9.51 所示。Cheng 和 Liang[21]的研究表明，$CuCl_2$ 可以抑制 PVC 热解第二步反应(断链反应)的反生。根据 Montaudo 和 Puglisi[23]的报道，对多环芳烃的抑制是路易斯酸的催化作用，因此，当添加了 $CuCl_2$ 以后，焦油和多环芳烃都下降了。多环芳烃的总量如图 9.51(d)所示，多环芳烃产率从高到低：

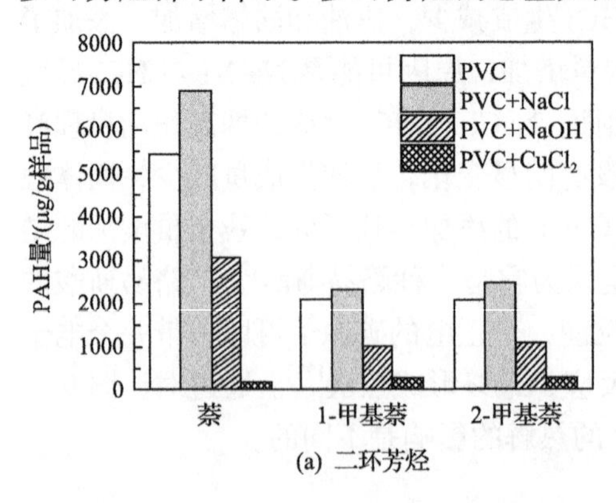


(a) 二环芳烃

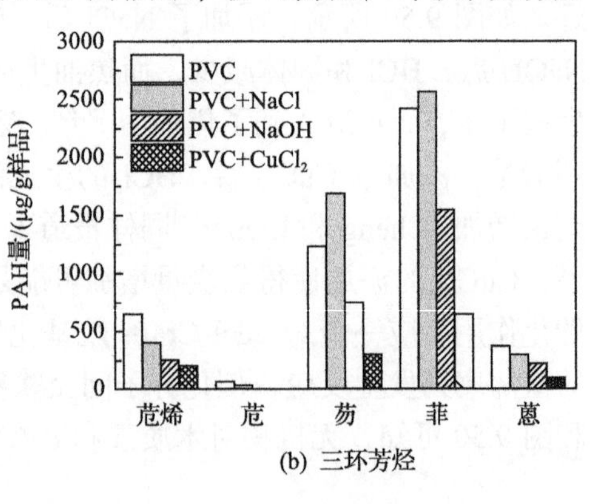


(b) 三环芳烃

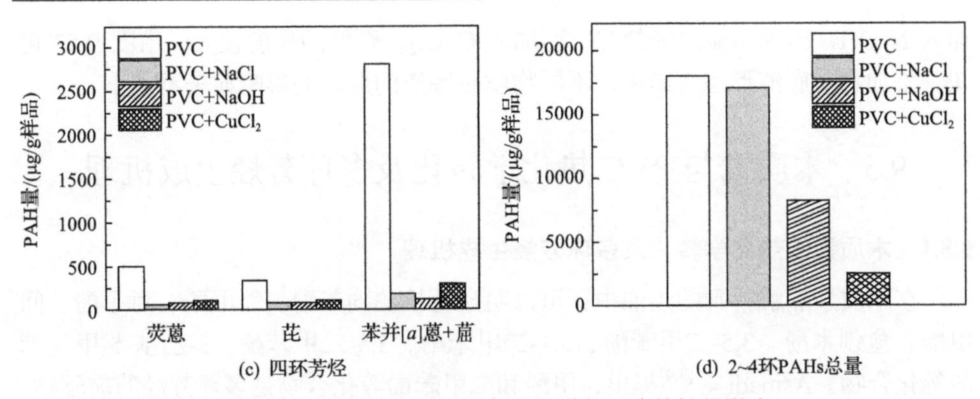


(c) 四环芳烃　　(d) 2~4环PAHs总量

图 9.51　无机物对 PVC 热解多环芳烃生成特性的影响

无添加物＞NaCl＞NaOH＞$CuCl_2$。同样可以得知，添加物对 PVC 热解的影响与对木质素热解的影响是不同的。

加入不同添加物后，PVC 热解残余固体的形态如图 9.52 所示，在无添加物时，底渣的主要成分是焦炭，加入 NaCl 后，出现明显的结晶体，如图 9.52(b)所示。

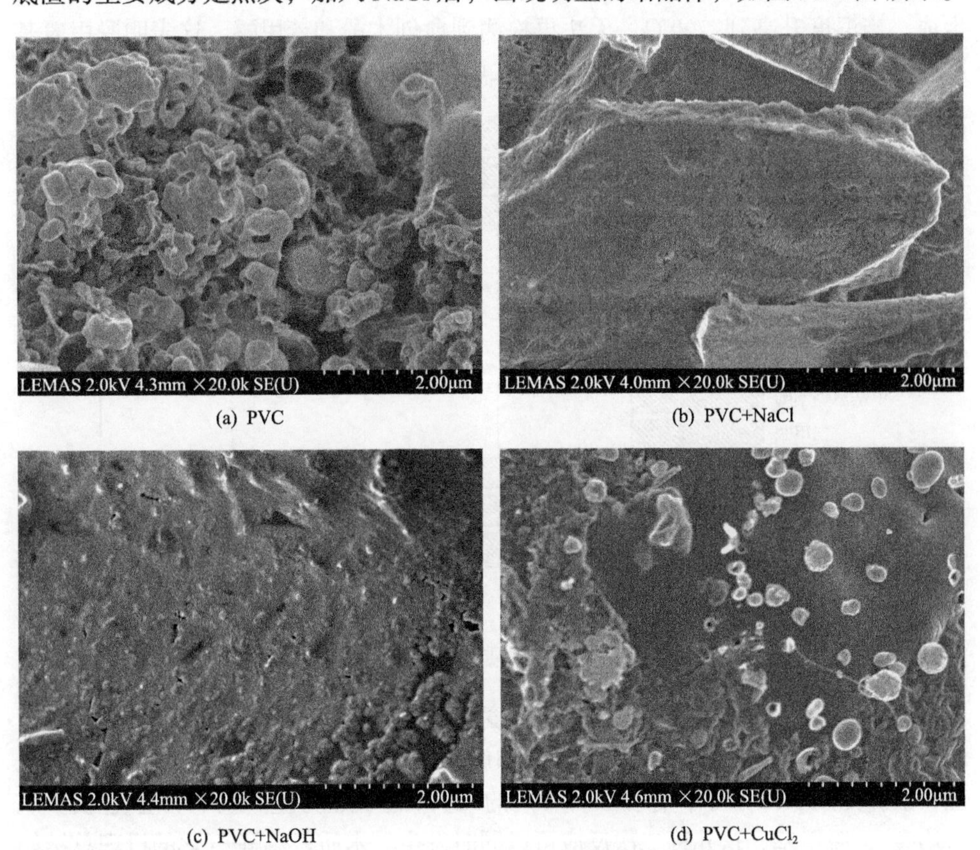


(a) PVC　(b) PVC+NaCl　(c) PVC+NaOH　(d) PVC+$CuCl_2$

图 9.52　不同添加物对 PVC 热解残余物质形态的影响

加入 NaOH，出现明显的细颗粒，而加入 $CuCl_2$，颗粒的尺度较大。由图 9.52 可知，添加物对底渣形态有影响，不同物质对底渣的形态的影响显著不同。

# 9.5　木质素与 PVC 热化学转化及多环芳烃生成机理

## 9.5.1　木质素的热化学转化及多环芳烃生成机理

在木质素热解得到的焦油中，可以明显地检测到苯酚、邻甲酚、对甲酚、间甲酚、愈创木酚、3,5-二甲苯酚、3,4-二甲苯酚、2,5-二甲苯酚、3-乙基-5-甲基苯酚等化合物。Asmadi 等[3,4]提出，甲酚和二甲苯酚等化合物是多环芳烃的前驱物。苯和酚类的衍生物在不同反应温度下的生成情况如图 9.53 所示。苯酚可以在各个温度条件下被检测到，研究表明，在 Py-GC/MS 实验中，随着反应温度从 400℃升高至 800℃，苯酚的生成量增加[25]。如图 9.53 所示，在 500℃，在焦油中可以检测到乙基愈创木酚、二甲氧基甲苯、甲基愈创木酚和二甲苯。当温度升高到 600℃时，这 4 种化合物消失了，而烷基苯、愈创木酚和苯甲醚通过脱甲基和脱甲氧基生成。当温度升高到 700℃，无法再检测到愈创木酚和苯甲醚，这表明脱甲氧基反应完成了。在 900℃，无法再检测到二甲苯酚和甲酚，说明发生了脱羟基反应。

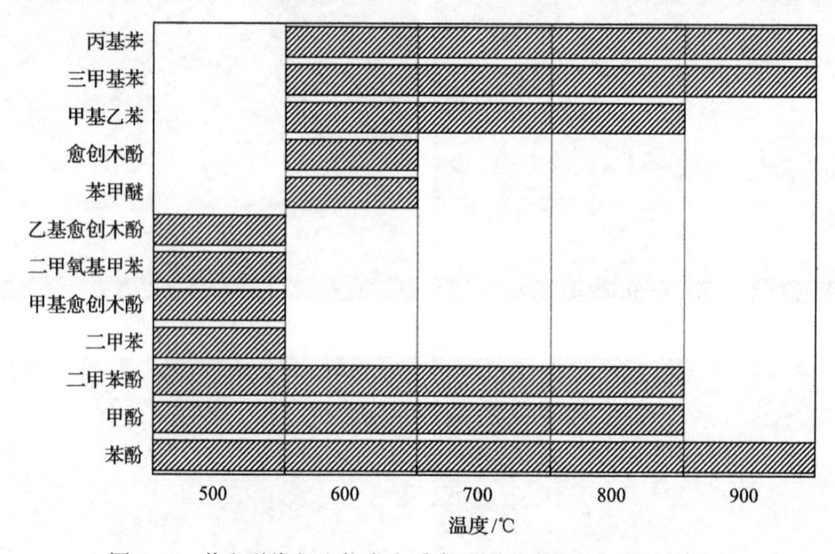


图 9.53　苯和酚类衍生物在木质素不同温度下热解的生成情况

Asmadi 等[26]的研究表明，当反应温度从 400℃升高至 600℃时，紫丁香醇和愈创木酚的量减少。在本研究中，儿茶酚和焦棓酸无法被检测到，因为它们的反应活性较强。如图 9.53 所示，存在 3 种不同的二次反应：脱羟基、脱甲氧基(包括甲氧基均裂)、脱甲基，这几种二次反应可以同时发生。木质素热解/气化的机理总结如

图 9.54 所示，为了简化讨论，脱甲基的过程未在图中标注。单体(如儿茶酚和焦棓酸)首先从木质素的热解过程中生成，而后发生脱羟基和脱甲氧基过程，生成苯的衍生物，而脱甲基的过程也在同时发生。如图 9.54 所示，甲氧基只能在低于 700℃时检测到，表明脱甲氧基过程在 700℃以下完成。更多的羟基和甲基在较低温度下被检出，而更多的苯同系物在较高温度下被检测到。随着温度的升高，促进了二次反应(脱甲氧基、脱羟基、脱甲基)。研究表明，多环芳烃可以通过苯生成，如 8.5 节所示，该反应也在高温下被促进[27]。因此，随着温度的升高，多环芳烃的生成量增加了。此外，由于脱甲基反应的发生，甲基萘在 900℃时下降了。木质素的热解生成的气体较少，这表明，多环芳烃不是由烯烃的缩聚生成的。以松柏醇单体为例，木质素热解的二次反应如图 9.55 所示，该图给出了更直观的结果。

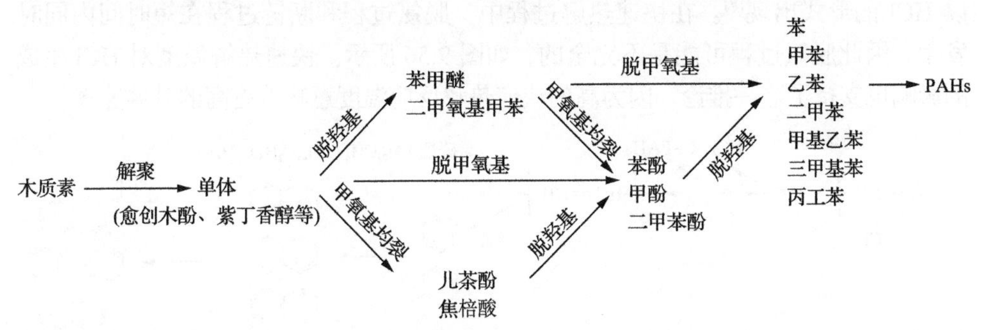


图 9.54　木质素热解过程中多环芳烃的生成机理

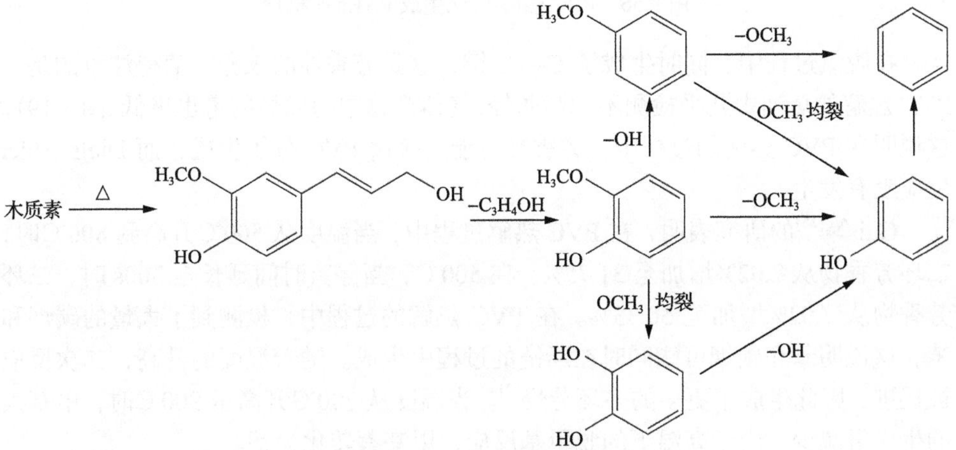

图 9.55　松柏醇热解机理

对于木质素的慢速热解，单体可以在较低温度(300～350℃)下生成[4]，而二次反应需要在较高温度下发生。与快速热解相比，慢速热解生成的焦油更多、气体更少、多环芳烃更少，因为当温度较低时，单体生成，而二次反应难以发生，中间物质在较低温度下便从反应器中析出进入焦油中。慢速热解焦油的分析结果证实了这一点，有着大量的甲基愈创木酚、二甲氧基甲苯、乙基愈创木酚以及紫丁香醇，而苯的同系物的浓度较低。

当氧化剂存在时，对于空气或 $CO_2$ 的气化过程，木质素热解的中间产物(图 9.53)可能被氧化，因此生成的多环芳烃较少。GC/MS 检测表明，空气或 $CO_2$ 气化得到的焦油中苯和酚类物质的浓度较低，证实了这一点。

### 9.5.2　PVC 的热化学转化及多环芳烃生成机理

PVC 热解机理如图 9.56 所示。研究表明，PVC 热解分为两个过程——脱氯和断链[7]。在慢速热解过程中，脱氯过程是一个缓慢的过程，因此，所有的氯都以 HCl 的形式出现[9]。在快速热解过程中，脱氯过程和断链过程在短时间内同时发生，因此脱氯过程可能是不完全的，如图 9.56 所示。快速热解温度对 HCl 生成的影响也支持了这一推论，因为高的快速热解反应温度意味着更高的升温速率。

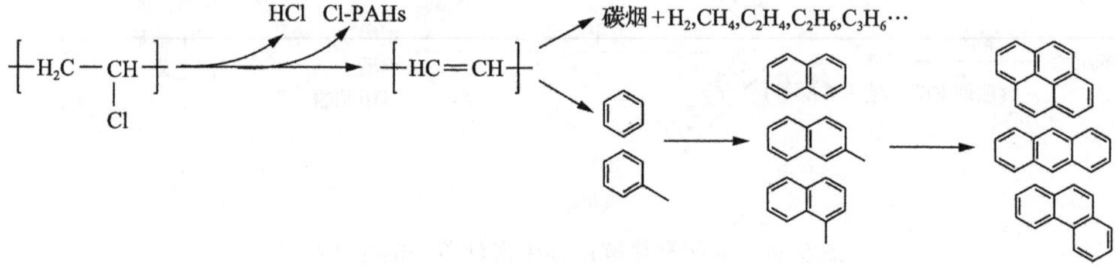

图 9.56　PVC 热解/气化生成 PAHs 的机理

在脱氯过程中，同时生成了 C═C 键，这是芳香性的来源。值得注意的是，PVC 热解的焦油中几乎检测不到脂肪烃，气体产物中的烯烃的量也极低(图 8.19)。这说明在 PVC 热解的过程中，芳香环可能直接由 PVC 分子生成，而 Diels-Alder 反应没有发生。

Gui 等[28]的研究表明，在 PVC 热解过程中，当温度从 500℃升高到 800℃时，二环芳香物从 7.02%增加至 31.75%。在 500℃，当停留时间延长至 300s 时，二环芳香物从 7.02%增加至 50.33%。在 PVC 热解的过程中，检测到了大量的碳烟和苯，这说明苯和碳烟可能同时在断链的过程中生成。随着温度的升高，二次反应被促进，因此生成了更多的多环芳烃[2]。当温度从 700℃升高至 900℃时，甲基萘的生成量减少，由于高温下的脱甲基反应，甲基萘转化为萘。

## 参 考 文 献

[1] Li X T, Grace J R, Lim C J, et al. Biomass gasification in a circulating fluidized bed[J]. Biomass & Bioenergy, 2004, 26(2): 171-193.

[2] Han J, Kim H. The reduction and control technology of tar during biomass gasification/pyrolysis: an overview[J]. Renewable & Sustainable Energy Reviews, 2008, 12 (2) : 397-416.

[3] Asmadi M, Kawamoto H, Saka S. Thermal reactivities of catechols/pyrogallols and cresols/xylenols as lignin pyrolysis intermediates[J]. Journal of Analytical and Applied Pyrolysis, 2011, 92 (1) : 76-87.

[4] Asmadi M, Kawamoto H, Saka S. Gas-and solid/liquid-phase reactions during pyrolysis of softwood and hardwood lignins[J]. Journal of Analytical and Applied Pyrolysis, 2011, 92 (2) : 417-425.

[5] Sharma R K, Hajaligol M R. Effect of pyrolysis conditions on the formation of polycyclic aromatic hydrocarbons (PAHs) from polyphenolic compounds[J]. Journal of Analytical and Applied Pyrolysis, 2003, 66 (1-2) : 123-144.

[6] Ledesma E B, Marsh N D, Sandrowitz A K, et al. Global kinetic rate parameters for the formation of polycyclic aromatic hydrocarbons from the pyrolyis of catechol, a model compound representative of solid fuel moieties[J]. Energy & fuels, 2002, 16 (6) : 1331-1336.

[7] Ma S, Lu J, Gao J. Study of the low temperature pyrolysis of PVC[J]. Energy & Fuels, 2002, 16 (2) : 338-342.

[8] Wang Z, Wang J, Richter H, et al. Comparative study on polycyclic aromatic hydrocarbons, light hydrocarbons, carbon monoxide, and particulate emissions from the combustion of polyethylene, polystyrene, and poly (vinyl chloride) [J]. Energy & Fuels, 2003, 17 (4) : 999-1013.

[9] Williams P T, Williams E A. Interaction of plastics in mixed-plastics pyrolysis[J]. Energy & Fuels, 1999, 13 (1) : 188-196.

[10] Gordillo G, Annamalai K. Adiabatic fixed bed gasification of dairy biomass with air and steam[J]. Fuel, 2010, 89 (2) : 384-391.

[11] Yu H, Zhang Z, Li Z, et al. Characteristics of tar formation during cellulose, hemicellulose and lignin gasification[J]. Fuel, 2014, 118: 250-256.

[12] Lv P, Yuan Z, Ma L, et al. Hydrogen-rich gas production from biomass air and oxygen/steam gasification in a downdraft gasifier[J]. Renewable Energy, 2007, 32 (13) : 2173-2185.

[13] Kwon E E, Castaldi M J. Urban energy mining from municipal solid waste (MSW) via the enhanced thermo-chemical process by carbon dioxide ($CO_2$) as a reaction medium[J]. Bioresource Technology, 2012, 125: 23-29.

[14] Zhou H, Meng A, Long Y, et al. An overview of characteristics of municipal solid waste fuel in China: physical, chemical composition and heating value[J]. Renewable and Sustainable Energy Reviews, 2014, 36: 107-122.

[15] Wang D, Xu X, Zheng M, et al. Effect of copper chloride on the emissions of PCDD/Fs and PAHs from PVC combustion[J]. Chemosphere, 2002, 48 (8) : 857-863.

[16] Kleen M, Gellerstedt G. Influence of inorganic species on the formation of polysaccharide and lignin degradation products in the analytical pyrolysis of pulps[J]. Journal of Analytical and Applied Pyrolysis, 1995, 35 (1) : 15-41.

[17] Williams P T, Horne P A. The role of metal salts in the pyrolysis of biomass[J]. Renewable Energy, 1994, 4 (1) : 1-13.

[18] Kuroda K I, Inoue Y, Sakai K. Analysis of lignin by pyrolysis-gas chromatography. I. Effect of inorganic substances on guaiacol-derivative yield from softwoods and their lignins[J]. Journal of Analytical and Applied Pyrolysis, 1990, 18 (1) : 59-69.

[19] Hayashi S, Amano H, Niki T, et al. A new pyrolysis of metal hydroxide-mixed waste biomass with effective chlorine removal and efficient heat recovery[J]. Industrial & Engineering Chemistry Research, 2010, 49 (22) : 11825-11831.

[20] Masuda Y, Uda T, Terakado O, et al. Pyrolysis study of poly (vinyl chloride) -metal oxide mixtures: quantitative product analysis and the chlorine fixing ability of metal oxides[J]. Journal of Analytical and Applied Pyrolysis, 2006, 77 (2) : 159-168.

[21] Cheng W H, Liang Y C. Catalytic pyrolysis of polyvinylchloride in the presence of metal chloride[J]. Journal of Applied Polymer Science, 2000, 77(11): 2464-2471.

[22] Müller J, Dongmann G, Frischkorn C G B. The effect of aluminium on the formation of PAH, methyl-PAH and chlorinated aromatic compounds during thermal decomposition of PVC[J]. Journal of Analytical and Applied Pyrolysis, 1997, 43(2): 157-168.

[23] Montaudo G, Puglisi C. Evolution of aromatics in the thermal degradation of poly(vinyl chloride): a mechanistic study[J]. Polymer Degradation and Stability, 1991, 33(2): 229-262.

[24] Shukla B, Koshi M. A novel route for PAH growth in HACA based mechanisms[J]. Combustion and Flame, 2012, 159(12): 3589-3596.

[25] Jiang G, Nowakowski D J, Bridgwater A V. Effect of the temperature on the composition of lignin pyrolysis products[J]. Energy & Fuels, 2010, 24(8): 4470-4475.

[26] Asmadi M, Kawamoto H, Saka S. Thermal reactions of guaiacol and syringol as lignin model aromatic nuclei[J]. Journal of Analytical and Applied Pyrolysis, 2011, 92(1): 88-98.

[27] Mastral A M, Callén M S. A review on polycyclic aromatic hydrocarbon (PAH) emissions from energy generation[J]. Environmental Science & Technology, 2000, 34(15): 3051-3057.

[28] Gui B, Qiao Y, Wan D, et al. Nascent tar formation during polyvinylchloride (PVC) pyrolysis[J]. Proceedings of the Combustion Institute, 2013, 34(2): 2321-2329.